뚜벅뚜벅

일만리 도보여행

뚜벅뚜벅

이만리 일도보여행

스토리텔링과 함께하는 해파랑길, 제주 올레길

글과 사진 · **권숙찬**

좋은땅

책을 펴내면서

1978년 초에서 1980년 말까지 강원도 양구 21사단 최전방에서 군 복무를 마치고 경북 포항에 위치한 포스코에 입사를 하였다. 입사 후 27살에 결혼을 하고 직장 생활과 애들 키우며 살다 보니 취미 생활을 모르고 살았다. 그 시절에는 취미 생활이라는 개념이 별로 없던 시기라 대부분의 동료들은 다 그렇게 살았다.

포스코에 입사를 하여 친구와 동료들과 어울리는 것을 좋아하니 자연적으로 술자리가 늘어나고 비례하여 체중과 뱃살은 늘어만 갔다. 뱃살이 늘어도 운동에 의한 다이어트 개념 또한 별로 없던 시기라 그냥 그렇게 살아왔다. 어느 날 집사람이 같이 등산을 하자고 한다. 강원도 산에서 3년간 군 복무를 하여 산은 쳐다보기도 싫다 했더니 그래도 등산화를 사다 주며 권해서 마지못해 한 것이 등산과 걷기의 시작이다.

등산을 시작하고 얼마 후 회사의 근무 체계가 바뀌면서 쉬는 날이 늘어나자 사내에 등산 동호회가 조직되기 시작했다. 같은 부서 선배의 권유로 포스코 알프스 산악회 가입하여 본격적인 산행을 시작했다. 그때 사내 여러 산악 동호회에서 백두대간 종주 바람이 불어 타 부서 회원들과 교류를 하면서 2년 반에 걸쳐 지리산 천왕봉에서 인제 향로봉까지 약 700km 산길을 무사히 종주를 했다. 그리고 휴일에 전국의 유명 산을 한 달에 서너 번 열심히 다녔다.

등산으로 뱃살을 빼 볼까 하여 산행을 시작했는데 등산을 하니 술자리는 더 늘어났다. 산 정상에서 정상주, 하산하면 하산주, 그리고 별별 이유를 들어 술자리를 마련하고 주도하였다. 주택단지에 돌아오면 다시 술자리가 끊임없이 이어지니 뱃살은 그대로였다. 그래도 그 시기 함께했던 동료들과 지금까지 끈끈한 정을 유지하며 교류하고 모임을 같이하고 있다.

회사 외부 위탁 검진에서 이상이 왔다. 서울의 모 대학병원에서 수술을 하고 회사는 몇 개월 휴직을 하게 되었다. 수술을 하고 퇴원을 할 때 담당 주치의 선생님이 걷기 운동을 많이 하라고 했다. 집으로 돌아와 저녁을 먹고 매일 같이 주택단지 둘레 약 5.5km를 열심히 걸었다. 수술을 하고 술을 먹지 않으니 술을 함께 마시던 친구들이 멀어지고 자연적으로 시간적 여유가 많게 되었다.

많아진 시간을 이용하여 그동안 못 했던 독서를 하기로 했다. 역사에 관심이 많아 역사책을 독서실에 대여를 해서 보고 필요하면 구입을 해서 보면서 역사에 대한 안목을 넓혀 갔다. 특히 조선시대사에 관심이 많아 집중적으로 책을 보며 공부를 했다. 그리고 문화원에 등록을 하여 강의를 듣고 문화재 답사를 병행하였다.

수술 후 5년이 가까워지면서 완치 판정을 받으면 무엇을 먼저 할까를 생각해 보았다. 어떻게 보면 새 생명을 얻은 변곡점인데 이대로는 보낼 수 없었다. 무엇인가 나름 이벤트를 해야겠다 하여 생각한 것이 고향 마을까지 걸어가는 것이다. 새 생명을 얻은 포항에서 내가 태어난 고장 충주까지 걸어가는 것이 의미 있다 생각되어 계획을 세웠다. 5월 1일 노동절과 5월 5일 어린이날의 휴일과 토, 일요일까지 포함하여 일주일을 계획을 하였다. 사전에 체력을 길러야 하는데 방법을 찾은 것이 회사의 사무실과 현장까지 7.5~10km를 걸어서 출퇴근하는 것이다. 4월 1일부터 출퇴근 걷기를 시작하여 한 달 가까이 했더니 몸이 날아갈 것같이 가벼워지고 체력이 좋아진 것을 확연히 느낄 수 있었다.

5월 1일 포항 집을 출발하여 포항 → 청송 → 안동 → 점촌 → 문경 → 수안보 → 충주로 이어지는 약 235km를 4박 5일 만에 무사히 완주를 했다. 고향 방문 완주 후 집으로 돌아와 회사까지 출퇴근 걷기를 계속하여 정년 퇴임 때까지 약 8년을 계속 걸어 다녔다. 계속 걸어 다녔더니 우리 부서에서 걷기의 유명 인사가 되었다.

회사를 정년퇴직하던 해 퇴직 기념으로 이벤트를 해 보자 해서 시작한 것이 동해안 해파랑길 걷기이다. 해파랑길 걷기를 2016년 1월 1일 시작을 하면서 이번엔 아내와 함께하기로 했다. 해파랑길은 부산 오륙도에서 고성 통일전망대까지 770km로 동해안의 아기자기한 해안 길과 항구를 주로 통과하는 길이다.

그동안 산행과 걷기에서 정확한 기록을 남기지 않아 아쉬움이 많았는데 이번 걷기를 시작하면서 기록을 남기기로 했다. 걷기를 끝내고 집에 오면 자료를 정리해서 카카오스토리에 글과 사진을 올려 회원들과 공유를 했다. 이렇게 올렸던 글과 사진을 보고 친구들과 회원들이 답사기를 책으로 출판하라고 권유하여 졸필이지만 늦게나마 자료와 기록을 재정리해서 출판을 하게 되었다.

정년 퇴임을 앞두고 퇴직 후에 매년 하나씩 하고 싶은 버킷 리스트를 생각해 두었다. 우선 퇴직하고 바로 뉴질랜드 동생 집에 가서 조카의 결혼식 참석과 여행을 다녀오는 것이었다. 다음으로 제주에서 한 달 살기와 올레길 걷기 그리고 영남대로, 삼남대로, 관동대로를 걸어 보기로 했다. 국내 걷기를 마치면 마지막으로 카톨릭 신자는 아니지만 걷기꾼들의 로망이라는 스페인 산티아고 순례길 800km를 꼭 걸어 보고 싶었다.

2016년 10월 약 한 달간의 뉴질랜드 여행에서 돌아와 농사일을 마무리하고 포항으로 내려왔다. 겨울을 보내고 이듬해 2017년 봄에 아내와 제주 올레길 걷기에 나섰다. 승용차에 한 달 살기에 필요한 물건을 챙겨서 고흥에서 차량을 선적하여 제주도로 들러 갔다. 약 20일간에 걸쳐 제주 올레길 약 437km를 전 구간 완주하고 제주의 풍경을 느끼고 가슴에 담는 소중한 시간을 보냈다. 이번 제주 올레길 걷기에서도 함께 걸어 준 아내에게 감사한다. 남들처럼 비행기와 차를 타고 다니면서 맛있는 음식을 먹고 여행을 하면 좋은데 괜히 고생을 시킨 것 같아 더욱 미안하고 고마웠다.

제주 올레길 걷기를 끝내고 고향에 가서 농사를 마무리하고 초겨울 포항으로 내려오려고 했는데 친지의 부탁으로 아내와 서울에서 일 년 가까이 일하며 살았다. 지방에서만 살던 촌놈이 서울에 살면서 어느 분의 말씀처럼 세상은 넓고 할 일은 많다는 것을 알았다. 그래서 사람은 태어나면 서울로 보내고 말은 제주도로 보내라는 말이 회자되는가 보다. 서울에서 겨울 동안 농한기 몇 달만 살려고 했으나 예상외로 기간이 길어져 약 일 년 가까이 살았다.

2018년 서울 생활을 하며 휴일마다 고향에 내려가 농사일을 해야 하는 관계로 시간은 부족했지만 걷기 운동은 매일 아침 상암동 월드컵공원과 하늘공원 걷기를 하며 체력은 유지를 했지만 뭔가 아쉬움이 남았다. 그러다 아파트에서 멀지 않은 곳에 외식을 갔다 주변에 서오릉이 있는 것을 알았다. 목표로 정했던 버킷 리스트를 하지 못하는 대신에 그동안 공부를 했던 조선시대사와 연계해서 왕릉 답사를 하면 좋을 듯하여 휴일에 서오릉과 서울의 동쪽에 있는 동구릉를 답사를 하게 되었다.

조선왕릉은 인류의 문화유산으로 탁월한 보편적 가치를 인정받아 세계문화유산 및 자연유산의 보호에 관한 협약에 따라 2009년 6월 스페인의 세비야에서 개최된 세계유산위원회에서 위원들의 만장일치로 15분 만에 유네스코 세계유산으로 지정되어 등재되었다.

조선왕릉 42기 가운데 개성에 있는 두기를 제외하고 40기가 유네스코 세계유산으로 등재되어 있다. 왕릉은 조선왕조에서 유교사상에 입각하여 엄격하게 관리되어 왕릉과 주변의 환경이 전혀 훼손되지 않고 완벽하게 보존되었다. 그래서 왕릉에 가면 숲 또한 완벽하게 잘 보존되어 관리되고 있다. 특히 세조의 광릉이 있는 광릉수목원은 국내 최고의 산림 생물종 연구 기관으로 식물과 생태계에 대한 다양한 역할을 담당하고 있다.

서울 생활을 마치고 고향으로 내려가 가을 추수를 완료하고, 겨울을 포항 집에서 보내고 이듬해 봄 아내가 친구들과 해외여행을 떠났다. 혼자 집에 있기 무료해서 버킷 리스트 중에 하나인 영남대로 걷기에 혼자 나섰다.

부산 동래에서 출발하는 영남대로는 조선 통신사가 걸었던 길이며 임진왜란 때 왜적이 부산에 상륙해서 한양으로 올라왔던 길이다. 영남대로는 오늘날 경부고속도로와 같은 조선의 대동맥이다. 특히 영남의 선비들이 한양으로 과거를 보러 가던 길이고 보부상들이 등짐을 지고 걸었던 우리 민족의 혼이 깃들어 있는 길이다. 10일간 영남대로를 걸으며 우리의 역사를 뒤돌아보고 지나는 고장의 아름다운 풍경과 풍광을 가슴에 담아 두는 소중하고 귀한 시간이었다. 특히 역사의 순간과 고비마다 우리 민족과 함께했던 소중한 문화유산을 답사하고 기록을 남길 수 있어 좋았다.

영남대로를 걷기를 마치고 2019년 연말 무렵부터 코로나19가 전 세계적으로 대유행하였다. 잠시 끝날 줄 알고 2020년 봄 삼남대로 걷기를 하려고 겨울 동안 자료 준비와 코스를 정해 놓고 코로나가 끝나기를 기다렸으나 코로나 팬데믹은 아직 끝나지 않고 있다.

2022년 봄 코로나 팬데믹이 조금 잠잠해지는 것 같아 지인 분의 캠핑카를 타고 제주도로 내려가 제주 오름 탐방과 중산간 지역 걷기를 하였는데 코로나에 걸려 며칠 고생을 많이 했다. 코로나가 역사상 인류에게 가장 큰 변화를 주고 삶의 영향을 준 최대 사건이다. 아울러 러시아와 우크라이나 전쟁으로 세계는 혼돈의 소용돌이 속에 빠져든 것 같다. 그러나 요즘 코로나가 다소 진정되고 소용돌이 속에서 조금씩 빠져나오는 것 같다. 빨리 우크라이나 전쟁과 코로나 팬데믹이 종료되어 예전과 같이 돌아갔으면 좋겠다 바람을 가져 본다.

코로나 팬데믹 때문에 나머지 버킷 리스트는 다음에 하기로 하고 그동안 모아 두었던 자료와 사진을 정리하여 우선 해파랑길과 제주 올레길을 출판하기로 했다. 문학과 글쓰기에 전혀 지식이 없어 막막하기만 했지만, 좋은땅 출판사의 편집진과 사장님의 도움으로 책을 발간하게 되어 감사의 말씀을 드린다.

미진한 책이 걷기를 시작하시는 분들에게 부족하지만 도움이 되고 내 삶의 일부를 함께 공유했으면 한다. 걷기 여행 중 도움을 주신 모든 분들에게 지면을 빌어 감사의 말씀을 드린다. 그리고 카카오스토리에 올린 글을 보고 격려와 응원을 해 주신 모든 분들에게도 감사의 말씀을 드린다.

그동안 함께 걸어 주고 묵묵히 짐을 챙겨 주며 응원해 준 사랑하는 아내이자 인생의 동반자인 이수정에게 이 책을 바친다. 끝으로 항상 응원해 준 소중한 우리 아들과 딸 그리고 사위에게 고맙다는 말을 전하며 양가 부모님 항상 건강하시길 기원하며 글을 끝낸다.

2023년 6월

포항시 지곡동 포스코 주택단지에서 권숙찬

목 차

해파랑길 경주 구간 72

해파랑길 포항 구간 97

해파랑길 영덕 구간 143

해파랑길 울진 구간 172

해파랑길 삼척 동해 구간 200

해파랑길 강릉 구간 263

해파랑길 양양 속초 구간 319

해파랑길 고성 구간 358

제주 올레길은

해파랑길은

동해의 상징인 '떠오르는 해'와 바다색인 '파랑', 함께라는 뜻의 조사 '—랑'을 합쳐 '떠오르는 해와 푸른 바다를 보며 바닷소리를 벗 삼아 함께 걷는 길'이라는 뜻으로 동해와 남해의 분기점인 부산 오륙도 해맞이공원에서 고성군 통일전망대까지 이어지는 약 770km의 걷기(트레킹) 길이다.

영남과 강원 지역의 부산, 울산, 경주, 포항, 영덕, 울진, 삼척—동해, 강릉, 양양—속초, 고성의 10개 구간에 총 50개 코스로 구성되어 있다.

오륙도에서 차량으로 고성 통일전망대까지 가면 770km가 되지 않지만 해파랑길은 지방자치단체의 여러 산책로와 둘레길를 연결하고, 해안가 공단 또는 군부대 등을 피해 내륙 깊숙이 들어갔다 돌아 나오는 구간과 해안가 마을과 마을 안길을 연결하여 길이가 늘어나게 되었다.

해파랑길은 여러 지방의 명승지와 유적지도 함께 답사를 할 수 있는 기회이며 우리나라 금수강산의 동쪽을 돌아볼 수 있는 소중한 시간이다. 해파랑길은 올해 휴일 등을 이용하여 완주를 하고 내년엔 제주도 올레길과 영남대로를 걸어 보고 준비를 철저히 해서 스페인 산티아고 순례길 800km에 도전을 해 보고 싶다. 정년 퇴임을 하고 나이가 들면서 안일하게 생활하지 말고 더 열심히 체력 관리를 해서 건강한 노후를 즐기기 위하여 해파랑길을 시작하고 기록을 남겨 본다.

TRAIL

해파랑길 부산 구간

해파랑길 770km가 떠오르는 동해의 시작점,
오륙도 해맞이공원!

해파랑길 부산 구간은 한반도의 남해와 동해를 가르는 분기점인 오륙도 해맞이공원 앞에서 시작해 간절곶을 지나 진하해변까지 4개 코스 73.7km로 되어 있다. 770km 해파랑길 대장정의 시작점은 동해와 남해의 분기점인 부산 오륙도 공원 즉, 동해 최남단이 해파랑길의 출발점인 셈이다.

첫걸음을 내딛자마자 좌중을 압도하는 이기대 길의 해안 절벽은 감탄사가 절로 나온다.

광안리해변은 광안대교의 웅장한 위용과 고운 백사장이 장도를 시작한 나그네의 마음을 쿵쿵 뛰게 한다.

해운대는 신라 최치원이 속세를 버리고 가야산으로 들던 길에 빼어난 경치에 반해 자신의 자(字)인 해운(海雲)을 바위에 새겨 넣은 후 해운대라 불리게 되었다. 지금도 동백섬 바위에 최치원이 새겼다는 해운대 글씨가 또렷하다. 달빛을 머금으며 걷는 달맞이고개의 문탠로드를 지나는 질박한 길은 멸치 집산지로 이름난 대변항에 이른다.

여기서 기장 죽성리 왜성으로 넘어가던 옛 고갯길은 오로지 두 다리에 의존해야 소통할 수 있었던 고단했던 옛사람들의 애환이 고스란히 남아 있다. 단선 철로가 애틋한 그리움을 자극하는 동해남부선 월내역을 거치면, 해파랑길은 울산으로 바통을 넘긴다.

해파랑길 1코스

오륙도 해맞이공원 → 4.8km → 동생말 → 4.0km → 광안리해변 → 6.7km → APEC House → 2.3km → 미포: 17.8km

오륙도는 부산광역시 기념물 제22호이다. 부산만의 승두말에서 남동쪽으로 약 600m 지점에 있으며, 총면적은 0.019km^{2}이다. 승두말에서부터 우삭도(방패섬 : 높이 32m), 수리섬(32m), 송곳섬(37m), 굴섬(68m), 등대섬(밭섬: 28m) 등 5개의 해식 이암(離岩)으로 이루어져 있다.

오륙도라는 이름은 우삭도가 간조 시에는 1개의 섬이었다가, 만조 시에 바닷물에 의해 2개의 섬으로 분리되어 보이는 것에서 유래된 것이며, 《동래부지 東萊府誌》에도 오륙도에 관한 기록이 있는 것으로 보아 오래전부터 불러온 것으로 여겨진다. 그리고 오륙도를 기점으로 편리상 동쪽을 동해 바다 서쪽을 남해 바다로 구분을 한다. 또 오륙도가 우리에게 익숙하게 된 가장 큰 이유는 조용필의 노래 〈돌아와요 부산항〉이 빅 히트하면서다.

오륙도 공원에서 이기대로 가는 계단을 오르면서 뒤돌아보니 오륙도 섬들과 푸른 바다가 아침 햇살에 반짝인다. 한참을 힘들게 오르면 편안한 길이 이어지고 해파랑길과 부산 갈맷길이 함께 간다. 평탄한 흙길과 계단과 나무다리 등을 여러 번 걷고 나면 이기대 절벽의 농바위 전망대에 도착을 하고 절벽 바닷가에 농바위가 아찔하게 서 있다.

지나온 길과 비슷한 길을 가면 멀리 해운대의 고층 빌딩과 광안대교가 잘 보이기 시작한다. 광안대교를 보면서 계속 직진을 하면 동생말이란 간이 공연장에 도착한다. 동생말을 지나 광안리해수욕장엔 휴일을 맞이하여 많은 사람들이 나와 휴일을 즐기고 있었다. 이곳에서 해운대 I PARK를 바라보며 수영만을 따라 올라가면 방파제에 나무 테크로 산책로를 잘 만들어 놓았다. 수영만을 가로지르는 민락교를 건너면 부산 수영만 요트 계류장이 나온다. 요트 계류장 부두를 걸으며 외국 영화에서나 보았던 요트 등을 처음으로 많이 보았다. 요트는 외국 부자들만 타는 것으로 알았는데 우리나라에도 이렇게 다양한 요트가 있는 줄 몰랐다.

요트 계류장 끝부분에서 해운대 영화 거리가 시작되고 해운대 주상 복합 아파트 방파제에 천만 명 이상의 관객을 동원한 영화 제목과 주연배우 그리고 영화 내용이 간략하게 부조 형식으로 새겨져 있다. 그동안 천만 관객 이상을 모은 영화에 많은 것을 모른 내겐 거의 충격에 가깝다. 영화 거리가 끝나는 지점에서 조금 더 가서 동백섬 이정표를 보고 우측으로 다리를 건너면 부산에서 유명한 곳 중에 한 곳인 해운대 동백섬이다.

동백섬 산책로를 따라가면 APEC 정상회담 장소인 동백섬 누리마루에 도착을 한다.

누리마루는 세계의 정상들이 모여 회의를 하는 집이라는 뜻이 담겨 있으며, 노무현 대통령 집권기인 2005년 9월에 준공하여 그해 11월 제3차 APEC(아시아태평양경제협력체) 정상회담이 열린 장소이다. 정상회담에 참가한 사람들과 국내외 언론을 통해 알려진 역대 정상회담장 가운데 풍광이 가장 뛰어난 곳으로 평가를 받았다고 한다. 회담이 끝난 후 부산시에서 일반인에게 개방하여 관광객들이 회담장을 관람할 수 있다.

동백 등대에서 웨스틴 조선 호텔 사이 절벽에 계단과 다리를 만들어 놓아 이동하기 편리하고 중간 바닷가에 인어 동상도 있다. 인어 동상 전망대 앞쪽으로 해운대 백사장이 넓게 펼쳐 있다.

해운대의 유래는 이렇다. 신라 말 대학자인 최치원 선생이 누리마루가 있는 동백섬에 와서 바닷가 바위에 자신의 호인 해운(海雲)이라는 글을 새기고 술 한잔에 시 한 수를 지으며 노래를 불렀다고 한다. 최치원 선생은 신라 말 당나라에 가서 당나라 과거에 합격을 한 수재로 당나라 관리를 하다 황소의난이 일어나자 토황소격문을 발표하여 신라보다 당나라에서 더 이름을 날렸던 학자이다. 기울어 가는 신라를 다시 일으켜 보려고 당나라에서 귀국을 했으나 육두품이라는 한계를 극복하지 못하고 벼슬을 버리고 한 많은 세월을 술과 시, 여행을 통해 울분을 삭혔던 최치원이 동백섬 바위에 자신의 호를 따서 해운(海雲)이라고 새겼다고 한다. 최치원의 호는 해운(海雲)과 고운(孤雲)이다. 최치원의 호인 고운(孤雲)의 이름을 딴 사찰은 의성에 가면 고운사(孤雲寺)가 있다. 내가 영남 지역에서 가장 좋아하는 사찰 중 한 곳이다.

이곳 해운대 해변은 광안리해수욕장보다 많은 사람들이 휴일에 봄맞이를 나와 있다.

백사장 여러 곳엔 거리 공연을 하고 백사장에선 젊은이들이 쌀쌀한 날씨지만 웃통을 벗고 축구를 하고 있다. 해운대 해변을 따라 가면 동쪽 끝 부분이 부산의 대표적인 미항인 미포항이고 이곳이 해파랑길 1코스 종점이다.

해운대

누리마루

해파랑길 2코스

미포항 → 2.4km → 달맞이공원 어울마당 → 4.5km → 송정해변 → 4.3km → 해동용궁사 → 5.1km → 대변항: 16.3km

우측으로 도로 옆을 따라가면 길 건너는 고급 빌라와 약간 규모가 작은 멋진 호텔과 카페들이 들어서 있다. 부산 해운대 맛집으로 소개된 해운대 기와집 대구탕 집을 지나 우측으로 나무 계단을 내려서면 본격적으로 문텐로드가 시작된다.

문텐로드 중간 지점인 전망대에서 바다 쪽을 보니 오늘 지나온 구간과 해운대의 전경이 한눈에 들어온다. 날씨 좋은 날 보름에 이곳에서 달맞이를 하면 하늘에 달이 하나 또 바다에 하나 그리고 내 가슴속에도 달이 하나 모두 세 개의 달을 볼 수 있을 것 같다. 문텐로드 소나무 숲속을 따라가다 달맞이어울마당 이정표를 보고 좌측으로 오른 후 한참을 가면 청사포에서 해운대구로 넘어가는 고갯길을 만난다.

도로를 횡단 후 조금 올라가다 우측으로 리본을 보고 산속으로 들어서면 다시 소나무 숲속으로 해파랑길과 갈맷길이 이어진다. 해파랑길 아래 동해남부선 폐철길엔 손잡고 걸어가는 연인들도 볼 수 있다. 청사포 전망대를 지난 후 해파랑길은 좌측으로 오르막을 한참을 걸은 후 다시 편안한 길로 내려서면 해운대 삼대 미항 중 한 곳인 구덕포 마을이 나온다. 마을 상가 지역을 지나 바다 쪽으로 가면 이곳이 송정해수욕장이다.

해수욕장엔 휴일을 맞이하여 윈드서핑을 배우는 서핑족들이 추운 바다를 아랑곳하지 않고 바다에 들어가 배우고 있고 백사장엔 대학생들이 MT를 왔는지 각종 게임을 하면서 봄 바다를 즐기고 있다.

송정해수욕장 해변을 걸어 죽도공원으로 들어갔다. 공원 동쪽에 송일정이라는 정자가 바다를 배경으로 그림같이 서 있다. 요즘 기장 지역은 미역과 다시마 수확 철로 바닷가에서 미역을 건조하는 아줌마들의 손길이 바쁘다. 그런데 이렇게 차가 다니는 길가에서 말려도 되는지?

바닷가 길을 따라가면 공수 포구가 나온다. 공수 포구에도 미역을 많이 말리고 방파제와 갯바위엔 휴일에 날씨가 좋아서인지 가족 단위로 낚시를 하는 사람들이 많다. 공수 포구를 지나면 관광 위락시설을 짓기 위해 넓게 부지를 조성하면서 해파랑길이 변경되고 없어져 도로 쪽으로 나와 인도를 걸어가면 해동용궁사 이정표가 있다.

이정표를 보고 해동용궁사로 오르막길을 올라가면 넓은 주차장과 국립수산과학원이 있다. 절로 들어가는 입구엔 관광객과 각종 가게들 때문에 사람들이 밀려들어 갈 정도로 많다. 해동용궁사엔 별다른 문화재 하나 없지만 바다를 배경으로 절의 위치가 절묘하게 배치되어 일 년 내내 사시사철 기도객과 관광객이 북적인다. 해동용궁사 경내로 들어서 경내 다리를 건너지 않고 좌측 작은 길로 들어서니 바다를 배경으로 황금빛 지장보살상이 바다를 배경으로 앉아 있다. 국립수산과학원 바다 쪽 담장 아래로 이어진 해파랑길을 따라가면 동암마을 포구이다.

동암포구를 지나면 바닷가에 거대한 건축물을 공사 중이다. 6성급인 랜드마크 호텔과 프리미엄 콘도 공사가 휴일이지만 한창 공사 중인데 그 규모가 어마어마하다. 이 호텔과 콘도가 완공되면 이곳은 해운대와 더불어 부산의 신도시가 될 것 같고 또 다른 명물이 될 것 같다.

공사장 앞 비포장길을 따라가다 소나무 숲속을 예전 군 순찰로를 지나면 오랑대 공원이 나온다. 기도객들이 공원 앞 바다 바위에 불상을 만들어 놓은 곳을 향해 기도를 하고 한쪽에서 꽹과리를 두드리며 굿판이 한창이다. 이곳 오랑대는 동암마을과 서암마을의 경계로 옛날 기장으로 유배온 친구를 만나러 시랑 벼슬을 한 다섯 명의 선비들이 이곳에 왔다가 술을 마시고 놀았다고 해서 지명이 되었다는 설과 오랑캐들이 쳐들어와 오랑대라고 불렀다는 설이 있다. 지금은 동해안 일출 명소로 수많은 사진작가들이 찾는 곳 중의 한 곳이라고 한다. 오랑대 공원에서 서암마을 간의 바다 쪽 공터는 별장형 콘도 건설 지역으로 길이 끊겨서 해광사 쪽으로 다시 해파랑길과 갈맷길을 연결했다.

해광사 표지석에서 도로의 인도를 따라가다 서암마을로 들어선다. 서암마을에서 북동쪽 바다엔 죽도라는 작은 섬이 그림같이 보인다. 죽도에는 예전 3공화국 때 코리아 게이트로 유명한 박동명 씨의 별장이 있었다고 하는데 현재는 철거하였다. 지금은 바다를 매립하여 육지와 연결되어 있다. 죽도는 기장 2경으로 예전엔 많은 묵객들이 자주 찾았던 기장의 대표적인 명소이다. 죽도 입구엔 휴일에 많은 관광객들과 장사하는 사람들이 북적인다. 죽도 입구를 지나면 본격적으로 대변항이 시작되고 대변항 삼거리 지점이 2코스의 종점이다.

송정해수욕장

해동용궁사

해파랑길 3코스

대변항 → 3.8km → 죽성리 왜성 → 1.9km → 봉대산봉수대 → 2.3km → 기장군청 → 2.9km → 일광해변 → 9.6km → 임랑해변: 20.5km

대변초등학교 울타리 담장 안에 대원군의 척화비가 안내판과 함께 있다. 이 척화비는 조선 말 고종 때 섭정 자리에 있었던 흥선대원군이 병인양요와 신미양요를 겪은 후 전국적으로 세운 척화비 중 하나이다. 비석의 내용은 「**양이침범(洋夷侵犯) 비전측화(非戰則和) 주화매국(主和賣國)**으로 서양 오랑캐가 침범하였는데 싸우지 않으면 화의하는 것이요, 화의를 주장함은 나라를 파는 것이다.」라는 것이다. 전국적으로 여러 곳에 척화비가 세워졌는데 모두 포구를 중심으로 대부분 세워졌고 그 내용은 모두 동일하다. 임오군란 때 대원군이 청나라에 납치되고 조선이 여러 나라와 통교를 하게 되자 일본 공사의 요구로 전국적으로 철거되었다. 기장 대변항 척화비는 당초 대변항 안쪽 방파제에 세워져 있었는데 일제시대 항만을 축조하면서 바다에 던져 버렸던 것을 1947년경 마을 청년들이 인양하여 지금의 위치로 옮겨 놓았다고 한다. 척화비를 보고 대변항을 걸어가니 도로 양쪽의 가게엔 멸치 고장답게 온통 멸치 관련 상품과 멸치회와 멸치 쌈밥을 파는 식당이 즐비하며 요즘 수확 철인 미역과 다시마를 여기도 많이 팔고 있다. 대변항에서 숲속 길을 통과 후 논밭을 지나면 다시 해파랑길은 월전포구에서 바다와 만난다.

월전포구를 지나 다시 작은 두모포구를 지나면 방파제 바닷가에 죽성 성당 건물이 그림같이 서 있다. 이 성당은 사용하지 않는 드라마 세트 건물로 SBS 월화 드라마 〈드림〉 오픈 세트장이다. 드라마 세트장엔 휴일을 맞이하여 관광객들이 많다. 드라마 세트장은 어디를 가나 경치와 풍광이 좋아서인지 휴일에 많은 사람들이 찾고 있다. 드라마를 만드는 작가나 PD 등도 대단하지만 이렇게 멋진 장소를 헌팅하고 섭외하는 분들도 참 대단하다는 생각을 해 본다. 드라마 세트장을 지나면 두호포구 입구에 황학대라는 정자가 바다를 향해 멋지게 서 있다.

조선시대 가사문학가이자 정치가인 고산 윤선도가 광해군 시절 북인 정권의 핵심인 이이첨, 박승종, 유희분 등의 죄상을 알리는 상소를 올렸다가 오히려 모함을 받고 함경도 경원으로 유배를 갔다 1년 후 이곳 죽성리로 이배된다. 고산 윤선도는 이곳 황학대 부근에서 6년간 유배 생활하며 많은 작품을 남기고 마을 뒷산인 봉대산에서 약초를 캐어 병마에 시달리는 민초들을 보살폈다고 한다. 인조반정 후 유배에서 풀린 후 잠시 관리를 하다 사직을 하고 고향 보길도로 내려가 은거를 하면서 오우가 등의 우리나라 대표적인 가사문학을 남기게 된다. 고산 유선도는 송강 정철과 함께 조선 중기 대표적인 가사문학가이자 정치가였다. 송강 정철은 선조시대 서인의 핵심이고 고산 윤선도는 광해군 집권기 남인의 거두로 살았던 시기와 차이가 있지만 치열한 당쟁 속에서 주옥같은 가사문학을 남기는 공통점을 지닌 정치가이자 문학가였다.

황학대를 지나 이정표를 잘 보고 가야 한다. 이정표를 못 보고 직진을 하면 두호포구로 바로 들어간다. 이곳에서 좌측으로 이정표를 보고 마을 안쪽으로 들어가 죽성리 왜성 아래를 돌아 나가면 죽성리에서 기장군청으로 가는 4차선 도로가 나온다. 급경사 등산로를 힘겹게 오르면 봉대산 정상이고, 봉대산 정상엔 봉수대 안내판이 있지만 봉수대는 흔적만이 남아 있다. 봉수대는 없지만 이곳의 조망은 대단히 좋아 동해안의 풍광이 한눈에 들어오며 시간적 여유가 있으면 오래 머물면서 조망을 감상하고 싶은 곳이다. 봉대산 정상 부근 체육 시설을 뒤로하고 다시 급경사 내리막을 내려오면 기장군청이다.

기장군청에서 다시 해안으로 나와 일광해수욕장 끝에서 이천포구를 지나면 한국유리공업 기장 공장이다. 한국유리공업 담장 아래로 난 해파랑길을 지나면 이동마을과 포구가 나온다. 이동항 북쪽 신기물산 건물에서 도로로 나와 한참 가면 소나무 사이로 고리원자력발전소가 잘 보이는 간이 휴게소에 도착을 한다. 동백포구를 지나면 알로하펜션 앞 신평소공원이다. 잘 만들어진 공원이지만 갈 길이 바쁘고 체력이 많이 떨어진 집사람 때문에 바로 통과를 한다. 동백포구를 지나면 기장군 칠암항으로 많은 식당들이 아나고(붕장어) 횟집이라는 간판을 달고 영업을 하며 이곳이 기장 아나고(붕장어) 회로 유명한 곳이다.

바다에는 여러 종의 장어가 서식하고 있으나 부산 지역에서 주로 많이 먹는 붕장어(아나고)와 꼼장어에 대해 간단하게 소개를 한다. 부산 지역에서 특히 미식가들이 많이 먹는 아나고는 일본어 이름이고 우리나라 표준어는 붕장어이다. 부산 지역인 이곳 칠암항 주변의 횟집에는 붕장어 회만 전문적으로 취급하는 식당이 많다. 칠암항 주변의 횟집에서는 붕장어의 기름기와 피를 탈수기로 제거한 뒤 잘게 썰어 보실보실하게 해서 주로 먹는다. 붕장어의 피에는 약한 독성이 있어 피를 제거하지 않고 섭취를 하면 식중독을 유발하기 때문이다. 또한 지방이 많아 과식할 경우 설사할 수 있어 기름기를 제거한다. 이곳 칠암항 주변에서는 매년 붕장어가 많이 잡히는 계절에는 붕장어 축제를 한다고 한다.

전국적으로 많은 미식가들이 좋아하는 것이 꼼장어이다. 꼼장어는 학술적 용어로는 먹장어로 불리지만 부산 지역에서는 느리고 꼼지락거리는 움직임으로 인해 꼼장어라 부른다. 꼼장어의 표준어는 곰장어이다. 꼼장어는 주로 양념 볶음으로 해서 주로 먹으며, 부산 자갈치시장이나 해운대시장 등의 식당에서 크게 성업 중이다. 부산 기장읍에는 양념 볶음과 함께 짚불 구이가 유명하여 매스컴 등에 많이 소개되었다. 짚불 구이는 짚불이 순간적으로 크게 불길이 일고 금방 사그라드는 특성을 이용한 요리로 먹을 수 없는 껍질은 강한 불길에 타 재가 되고 껍질 속의 살코기들은 순간적으로 익기 때문에 꼼장어 특유의 육즙이 잘 보존되는 점이 큰 장점이라 한다. 칠암항의 방파제엔 건어물 좌판과 관광객이 많고 바다 쪽 방파제인 야구등대가 저녁 햇살을 받으며 멋지게 서 있다.

신평소공원

칠암항을 통과 후 문동포구를 지나 도로를 따라가면 소나무 사이로 임랑해변이 보이고 고리원자력발전소의 거대한 돔도 한눈에 들어온다. 임랑교를 지나 조금 가면 임랑삼거리 이정표가 있고 이곳 교차로 부근에 우리 회사(POSCO) 전 회장이며 현재는 고인이 되신 박태준 회장의 생가가 있는데 현재는 기장군에서 기념관으로 만들기 위해서 담장을 치고 공사 중이다.

죽성성당

해파랑길 4코스

임랑해변 → 4.2km → 봉태산 숲길 → 8.0km → 나사해변 → 2.5km → 간절곶 → 4.4km → 진하해변: 19.1km

임랑해변에서 바다를 향해 하얀 2층 집이 있다. 이 집은 7080세대를 풍미했던 가수 정훈희, 김태화의 해변 카페 건물이다. 건물 벽에 정훈희 씨의 커다란 사진이 걸려 있으며 아래층은 라이브 카페이고 위층은 살림집으로 저녁에는 직접 라이브 공연도 한다고 한다. 오늘은 이른 아침이라 인기척이 없고 한 시절 유명 인사였던 정훈희 씨가 모든 것 내려놓고 이곳에서 여유로운 노후를 보내는 것이 부럽기도 했다.

임랑해변을 지나 월내항에서 다시 도로 쪽으로 나와 31번 국도를 횡단하여 가면 동해남부선 철도 월내역이다. 월내역 입구 서낭당에서 북쪽으로 철길 옆으로 난 길을 따라간다. 다시 마을로 들어와 또다시 31번 국도를 따라가 월내교를 건너면 길천교차로이다. 길천교차로에서 동쪽으로 난 도로가 고리원자력발전소로 들어가는 입구이고, 길천교차로를 조금 지나서 서쪽으로 해파랑길은 내륙으로 들어간다. 원자력발전소가 바닷가에 위치한 관계로 해파랑길은 국도와 원자력발전소를 피해 내륙으로 들어가고 원자력발전소를 지나 신리항에서 다시 바닷가로 이어진다.

마을 안길을 가다 해파랑길은 봉태산 자락 등산로를 지나게 되며 이 산이 부산 기장군과 울산 서생면 경계 지점이다. 애견 훈련소를 지나 지방도를 따라가면 호암천이라는 하천이 나오고 이곳에서 하천을 따라 내려가면 하천 옆 논은 거의 전부 미나리밭으로 지금이 한창 수확 철이라 농부들이 허리를 구부리고 미나리 수확을 하고 있다.

하천을 따라 계속 가면 엉뚱한 곳으로 가니, 조금 가다 전봇대에 부착된 표시기를 보고 우측 농로를 따라가면 낮은 야산에 서생 배밭이 많고 지금이 개화기로서 흰 배꽃이 만개하여 보기 좋다. 배밭 부근에서 표시기를 보고 우측으로 배밭 사이를 통과하면 마을이 나오고 마을을 지나 31번 국도 신기삼거리이다. 도로를 횡단하여 신리항 쪽으로 내리막길을 내려가면 길가 양쪽의 벚꽃나무에서 떨어진 꽃잎이 도로가에 눈과 같이 쌓여 있다.

신리교차로 고리원자력발전소 후문에서 좌측으로 가면 아기자기한 신리항이다.

신리항을 지나면 신암항이다. 신암항을 지나 마을로 들어와 자율 서생중학교를 지나면서 해파랑길은 다시 31번 국도와 함께 가지만 차도 옆에 인도를 잘 만들어 놓아 위험하지는 않다. 해파랑길은 나사해변 입구에서 다시 바닷가로 들어가고 나사해변을 지나면 펜션 단지로 많은 펜션들이 저마다의 특색으로 멋진 모습으로 바다를 바라보고 있다.

신암 근처에서 점심 식사 후 천천히 바닷가를 걸어가니 멀리 간절곶등대가 보이기 시작을 한다. 간절곶은 겨울철 우리나라 본토에서 가장 먼저 해가 뜨는 곳으로 해맞이 장소로 포항 호미곶과 함께 유명한 곳이다. 겨울에는 경도가 똑같아도 남쪽으로 갈수록 일출이 빨라지기 때문에 간절곶에서 먼저 뜬다. 지구 자전축이 기울어 있는 연유로, 같은 경도라고 해서 무조건 일출 시각이 같지는 않다.

겨울에는 위도가 낮을수록 더 서쪽에서 해가 뜨기 때문에 간절곶이 경도상 약간 서쪽에 있어도 해가 먼저 뜨는 것이다. 호미곶보다 1분, 강원도 강릉시 정동진보다 5분 정도 빨리 뜬다고 한다. 여름에는 반대로 호미곶에서 더 일찍 뜬다. 하지만 호미곶의 경우 꼬리 부분이라는 지도에서 눈에 확 띄는 위치라 호미곶보다는 간절곶이 전국적 인지도는 아직 떨어지는 편이다. 또한 2000년 이전에 누구도 간절곶이 호미곶보다 일출이 빠르다고 생각을 하지 못했다.

조약돌해변을 지나 해변가 송정공원을 가로질러 나와 31번 국도를 따라가면 솔개공원이다. 솔개공원에서부터 오늘의 목적지인 진하해수욕장이 멀리 보이고 이곳을 내려서면 솔개해변이다. 대바위공원도 조망이 대단히 좋아 진하해변과 멀리 온산공단까지 한눈에 들어온다.

대바위공원에서 진하해변으로 내려와 해변가에 만들어진 나무 데크를 따라가 오늘의 목적지인 진하해변 팔각정에 도착을 했다. 진하해변엔 쌀쌀한 날씨지만 패러 윈드서핑을 즐기는 서핑족들이 많고 오늘은 바람이 많이 불어 속도가 무척 빠르다.

간절곶

대바위공원

TRAIL

해파랑길 울산 구간

솔마루길과 십리대밭길의 위엄,
생태도시 울산이 보이는 길!

해파랑길 울산 코스는 진하해변에서 정자항까지로 5개 코스 82.1km로 되어 있다.

간절곶은 동해에서 겨울철 해가 가장 먼저 뜬다는 수식어로 해파랑길 울산 구간의 시작을 연다. 명선도 일출로 이름 높은 진하해변에 다다르면 길은 바다를 등지고 공단 지역을 피해 내륙으로 꺾어진다.

수줍은 듯 고요히 흐르며 임진왜란의 슬픈 역사를 간직한 회야강을 따라 내륙 깊숙이 올라간 해파랑길은 국내 옹기 문화의 메카를 자처하는 외고산 옹기마을로 접어 들어 전통문화와 끈끈한 만남을 시도한다. 나날이 발전하는 울산에 아직도 이런 곳이 남아 있을 것 같지 않은 덕하역 주변은 21세기로 넘어오다 갑자기 멈춰 버린 듯한 거리 모습이 이색적이고, 덕하 전통시장도 정겹다.

울산 해파랑길은 공업도시라는 표현이 어울리지 않는 아름다운 숲길과 강변길로 이어진다. 소나무로 거대한 숲을 이룬 곳에 놓인 솔마루길 양쪽은 울산대공원이 조성되어 있으며, 십 리에 걸쳐 사철 푸른 태화강 십리대밭길은 울산이 생태도시로 거듭나는 전초기지가 된다.

태화강을 따라 내려가 하류에서 염포에서 비로소 바다와 해후하는 길은 염포산을 올랐다가 내려와 본격적으로 북진한다. 그 길에는 울산의 발전을 이끈 대표적 기업인 현대중공업과 현대자동차가 있고, 울산 방어진은 현대를 떠나서는 생각을 할 수 없다.

일광해수욕장 입구엔 신라 문무왕비의 설화가 깃든 대왕암과 대왕암 공원이 자리한다.

왜구의 침입을 알리는 봉대산 주전봉수대에서는 끝없이 펼쳐지는 짙푸른 동해의 풍광에 두 눈이 황홀하다.

해파랑길 5코스

진하해변 → 9.1km → 덕신대교 → 6.8km → 청량운동장 → 1.7km → 덕하역: 17.6km

해파랑길은 진하해변에서 회야강 강둑을 따라 온양 방향으로 자전거 길과 함께 간다. 강둑 남쪽 길 건너 산 위에는 서생포왜성이 있다. 서생포왜성은 임진왜란 당시 왜군의 선봉장인 가토 기요마사가 축조를 한 성으로 임진왜란 종전 후 조선군이 사용을 하면서 지금도 원형이 잘 보존되어 현재 역사교육 현장으로 활용을 하고 있다. 임진왜란에 대하여는 따로 소개를 한다.

진하해변

회야강을 따라 올라가면 중간중간에 벤치를 만들어 놓아 휴식을 할 수 있고 온양읍 남창역에서 온산으로 들어가는 동해남부선 지선 하부를 통과하여 남창천을 건너면 해파랑길은 두 갈래로 나누어진다. 남창중학교를 지나 다리를 건너 동해남부선 철길 하부를 통과하여 14번 국도를 횡단 후 다리를 건너면 철로 변에 고산리 마을 표지석이 있다. 표지석을 보고 철로 변을 따라가면 울산 부산 간 전철화 공사장이 있고 이곳을 지나 계속 도로를 따라가면 고속도로가 나온다. 고속도로와 만나는 지점에서 우측으로 마을로 들어가 다시 전철화 공사장을 지나면 외고산옹기마을이다.

외고산옹기마을은 국내 최대의 전통 옹기 마을로 재래식 옹기 제작 과정을 직접 확인할 수도 있고 제작과 판매를 함께 하고 있다. 이곳 외고산 마을은 14호 국도 변에 위치하며 동해남부선 철도와 접하고 있어 교통도 편리하다.

1957년 허덕만 씨라는 분이 이곳에서 질 좋은 백토를 발견하고 이주를 하여 옹기를 굽기 시작하면서 옹기촌이 형성되었고 한국전쟁 이후 증가된 옹기 수요로 인해 옹기 기술은 배우려는 이들이 모여들어 마을이 급속히 성장했으나 플라스틱과 스테인레스 그릇의 등장으로 쇠퇴를 하다가 최근 옹기의 우수성이 알려지면서 예전과는 못해도 다시 활기를 찾아가는 중이라고 한다. 외고산 옹기마을을 울산시가 전통 옹기 체험 마을로 지정하였고 마을에는 울산옹기박물관, 옹기전시관·상설 판매장, 옹기 제작을 직접 할 수 있는 옹기아카데미 등이 있다.

마을의 작은 고개를 넘어가면 옹기문화공원 조성을 위하여 터를 넓게 조성해 놓았고, 해파랑길은 공터의 중간을 가로질러 통정대부 비석이 있는 산길로 들어간다. 야산을 통과 후 해파랑길은 동해남부선 철길과 나란히 좁은 콘크리트 포장길을 따라간다. 포장길이 끝나는 지점에서 철길을 통과한 후 14번 국도를 따라가 망양삼거리 횡단보도를 건너 계속 직진하면 회야강 동천교에 도착을 한다.

동천교를 지난 후 바로 우측으로 나무 데크를 내려서면 해파랑길은 다시 헷갈리기 시작을 한다. 다음 지도에는 직진을 하게 되어 있으나 해파랑길 홈페이지에는 다리 아래를 통과하여 강둑을 따라가게 되어 있다. 표시기가 걸린 방향인 다리와 철교 하부를 통과하여 강둑을 조금 따라가니 해파랑길은 우측으로 농로 사이로 이어진다.

농로가 끝나는 지점에서 우측으로 가면 길 건너에 회야 정수장이 있다.

제네삼거리에서 14번 국도로 가지 않고 온산국가산단과 덕하리 이정표를 보고 도로를 따라가면 우측으로 공사장이 보이고 한참을 가서 청량초등학교 사거리에서 도로를 횡단 통과 후 직진을 하면 우측으로 덕하시장이고 곧이어 덕하역이다.

옹기마을

임진왜란

대한민국 정규 교과과정을 배운 학생이라면 임진왜란에 대해 대부분 알고 있다. 전쟁이 어떻게 전개되었는지 대충은 알고 있을 것이다. 해파랑길을 걸으면서 울산 죽성리왜성과 서생포왜성을 보면서 임진왜란을 다시 한번 공부하고 기억해서 다시는 이 땅에 이렇게 한심한 일은 없어야 되겠다는 생각에서 임진왜란에 대해 기술해 본다.

조선은 1392년 태조 이성계가 조선왕조를 건국 후 친명 사대 외교로 전쟁의 공포 없이 평화로운 시대를 맞이하고 있었다. 물론 압록강과 두만강 유역에서 여진족과 소규모 전투가 있었고, 남해안에서 왜구들의 노략질은 간간히 있었으나 대체적으로 200년간 평화를 유지하고 있었다. 전쟁이 없고 평화를 유지하다 보니 조선은 무(武)보다는 문(文)을 더욱 중시하고 조선왕조는 건국 이념인 문(文)이 사회 전반을 지배하는 유교 사회가 되었다. 특히 고려 말 주자의 성리학(性理學)이 들어와 조선 사회에 자리를 잡으면서 조선 사회는 문(文)을 중시하는 풍조가 더욱 만연하였고, 무(武)를 더욱 무시를 하게 된다. 반면 일본은 무로마치 막부 시대 말기인 1464년 하극상으로 일어난 오닌의 난으로 시작된 전국시대(戰國時代)로 약 1세기 동안 걸쳐 전쟁을 한다.

전국시대(戰國時代) 태국에서 마카오로 가던 포르투갈 상선이 일본 남부 규수 다네가시마에 표류를 하여 그곳 다이묘(영주)에서 조총을 선물한 것이 일본에 조총이 들어 온 시초였다. 전국시대에 조총의 위력을 알아본 오다 노부나가는 나가시노 전투에서 반대파인 다케다 가쓰요리를 조총을 이용하여 승리를 한다. 그는 일본을 다시 통일 직전에 혼노지(本

能寺)에서 아케치 미쓰히데에게 배신을 당해 자결한다. 오다 노부나가 뒤를 이어 도요토미 히데요시가 일본을 통일하면서 엄청난 군사적 힘을 비축하게 된다.

일본은 조총을 철포(鐵砲)라고 불렀다. 철포에 대한 재미있는 일화가 있어 소개를 한다. 철포(鐵砲)가 일본어로 뎃뽀이고 전쟁에서 뎃뽀를 갖고 있지 않은 쪽을 무뎃뽀(無鐵砲)라고 했다. 일본의 전국시대 뎃뽀를 가진 오다 노부나가 진영에 무뎃뽀(無鐵砲)로 창과 칼로 덤벼들던 다케다 가쓰요리 진영은 조총 앞에 무참히 나가떨어지고 만다. 오다 노부나가는 나가시노 전투의 승리로 일본 통일의 발판을 마련하고, 일본 역사는 이 전쟁을 역사상 가장 중요한 전쟁 중 하나로 평가를 한다. 이렇게 해서 무뎃뽀라는 말이 생겨나고 그 말이 한국에 들어와 무데뽀(無鐵砲)가 되었다고 한다. 무데뽀(無鐵砲)의 사전적 의미는 죽을 줄 모르고 달려드는 무모한 행위를 말한다. 참고로 조총이라는 말은 명나라에서 들어온 말로 조총의 개머리판 앞부분의 튀어나온 쇠 부분이 황새의 부리를 닮았다고 해서 조총이라고 하고, 또 하나는 날아가는 새도 떨어트린다고 해서 조총이라고 한다.

전국시대 백 년간의 전쟁 경험으로 전쟁에 이골이 난 왜군은 조총으로 무장을 하고 1592년 4월 13일 약 14만 병력으로 부산포, 서생포(울산)을 통해 상륙하여 파죽지세로 북상을 한다. 왜군이 송상헌이 지키던 동래성을 함락 후 영남대로를 통해서 북상을 하여 충주 탄금대에서 신립 장군이 지키던 관군을 물리치고 한양 도성 동대문에 도착한 것이 4월 30일이다. 부산에서 서울까지 당시 길로 계산을 하면 천 리 길을 전쟁을 하고 물자를 운반하며 만 18일 만에 주파를 했으니 무혈입성이라고 해도 무관할 것이다. 이때 선조는 신립(申砬) 장군이 충주에서 패전했다는 소식을 듣고 한양도성 수비는 생각하지도 않고 광화문을 나와 무악재를 넘어 일단 개성으로 파천을 한다. 선조의 파천을 따라간 인원이 백 명이 넘지 않았다고 하니 한심할 정도이다. 이때 조정의 관료들은 아마도 조선왕조가 망한다고 생각을 하고 모두 자기 살길을 찾아 나선 것이다. 개성을 거쳐 평양으로 들어간 선조는 평양의 백성들에게 평양 수호를 약속을 했으나 전황이 불리해지자 몰래 평양성을 빠져나와 의주로 도망을 친다. 의주로 도망을 간 선조는 여차하면 명나라로 들어가려고 했던 것 같다.

1597년 6월 13일 평양성을 점령한 고니시 유키나가(소서행장 小西行長)는 의주의 선조에게 다음과 같은 편지를 보내서 조롱을 한다.

> "조선 국왕 전하 우리 수군이 증원군과 보급 물자를 싣고 서해 바다를 거슬러서 대동강으로 들어와 평양성으로 오면 전하는 명나라로 가시렵니까, 아니면 함경도로 가시렵니까. 그러지 마시고 지금 항복을 하시요."

그러나 고니시 유키나가의 말은 실현되지를 못한다. 그 이유는 바로 조선의 이순신 수군과 곽재우 등의 의병들이 왜군의 보급로를 차단을 했기 때문이다. 이순신의 수군은 한산도 대첩과 몇 차례 해전 승리로 왜군을 움직이지 못하게 묶어 놓고, 한산도 해협의 좁은 수로를 지키는 관계로 일본 수군이 증원군과 보급 물자를 운반하지 못했다. 수로의 보급선이 차단되자 일본군들은 육로를 통해서 보급 물자를 수송하려고 했으나 보급로 곳곳에서 곽재우 등의 의병들이 보급로를 습격하여 보급로가 차단되자 고니시 유키나가와 가토 기요마사(加藤清正) 등의 왜군은 고립무원에 빠지게 된다. 이때 이순신이 한산도의 좁은 해협을 차단하지 못하고 왜군 수군이 한강이나 대동강까지 올라왔다면 그때 조선은 망하고 말았고, 선조는 생포되었거나 압록강을 건너지 않을 수 없었을 것이다. 그래서 이순신의 한산도 대첩과 이순신의 전공이 위대한 것이다.

보급 물자를 기다리던 평양성의 왜군은 음력 9월부터 북쪽에서 불어닥치는 살인적인 추위와 보급 부족으로 굶주린 상태에서 조명 연합군의 공격을 받아 평양성을 빼앗기고 한양 쪽으로 철수를 한다. 도망치는 왜군을 추격하던 명나라 이여송의 군대는 서울 외곽 고양 벽제관 전투에서 대패를 하고 개성으로 물러나서 다시 싸울 생각을 하지 않고 있었다. 벽제관 전투에서 승리한 왜군은 3만 명의 병력을 동원하여 이 기회에 조선 관군을 확실히 제압하기 위해 권율 장군의 행주산성을 수차례 공격했으나 약 2,300명의 민관군 합동 연합군에 패한다. 행주산성 전투에서 여인들이 행주치마에 돌을 넣어 날라서 전쟁을 승리를 했고, 후일 산성의 이름도 행주산성이 된다. 행주산성 대첩은 이순신의 한산도 대첩, 김시민의 진주 대첩과 더불어 임진왜란 3대 대첩이다. 행주산성 전투에서 패한 왜군은 한양에서 주둔을 하면서 명나라와 강화회담을 시작한다.

한양의 강화회담에서 명나라 심유경과 왜군의 고니시 유키나가는 수차례 왜군은 경상도로 철군을 하고 대신 안전하게 한강을 건널 수 있게 해 달라고 한다. 한강을 건너는 왜군을 요격하라는 선조의 명의 받은 권율은 왜군을 공격하려고 했으나 명군에 의해 제지를 당하고 명나라의 에스코트를 받고 한강을 건넌 왜군은 경상도 지역으로 철군을 하여 드디어 한양이 수복되고, 선조는 약 일 년 만에 한양도성으로 돌아온다.

경상도로 철군한 왜군은 거제도 장문포, 웅천 남산, 울산, 울산 죽성리, 울산 서생포 등에 왜성을 쌓고 대마도로 무역선을 띄워 가며 칩거한다. 왜군을 따라 경상도로 내려온 명군은 전쟁을 하지 않고, 왜군과 강화회담만 하고 왜군은 왜성과 포구에서 나오지 않고 이순신 장군은 나오지 않는 왜군을 기다리고 이렇게 4년을 보내는 이상한 전쟁으로 돌아가고 있었다.

전쟁이 계속 소강상태에 빠지면서 한산도의 이순신 장군은 여러 가지 이유로 깊은 시름에 빠지게 된다. 이때 이순신 장군은 다음과 같은 시로 자신의 심경을 나타낸다.

閑山島 明月夜(한산도 명월야)
上戍樓 撫大刀(상수루 무대도)
深愁時 何處一聲(심수시 하처일성)
羌笛更添愁(강적갱첨수)
閑山島 夜吟 李舜臣(한산도 야음 이순신)

한산섬 달 밝은 밤에
수루에 홀로 앉아 큰칼 옆에 차고
깊은 시름 하던 차에
어디서 일성호가는 남의 애를 끊나니

경상도에 주둔한 명군이 전쟁을 하지 않고 조선 백성들에게 얼마나 많은 민폐를 끼치고 수탈을 했으면 왜군은 얼레 빗, 명군(되놈)은 참 빗이라는 말이 생겨날 정도로 명군에 의한 피해가 심각했지만 육군이 무너진 조선은 항변도 할 수 없었다. 명군은 전쟁을 하지 않고 왜군은 나오지 않자 다급해진 선조는 이순신 장군에게 부산에 주둔하고 있는 수군과 육군을 토벌하라고 수차례 명령을 내린다. 전력이 월등한 왜군의 본거지로 들어갈 수 없는 사유를 이순신은 비변사를 통해서 장계를 올리고 조선 조정은 다시 토벌하라고 명령을 내린다.

그러다 일본 첩자의 농간에 놀아난 선조는 일본에서 돌아오는 가토 기요마사(가등청정)를 잡아 오라는 명령을 듣지 않았다고 이순신 장군을 삼도 수군통제사에서 해임하고, 한양으로 압송하여 취조를 하고 투옥시켰다가 권율 장군 휘하에 백의종군하라고 내려 보낸다. 이순신 장군 후임으로 삼도 수군통제사가 된 원균은 조정의 권유에 못 이겨 전 수군을 출정시켰다가 칠천량해전에서 전멸을 하여 수년간 이순신 장군이 이루어 놓았던 조선 수군이 와해가 된다.

이때 천만다행으로 충청 수사 배설 장군이 자신의 휘하 12척의 배를 가지고 전라도 지역으로 도망을 쳐서 조선 수군에게 12척만이 남게 된다. 배설 장군은 영화 〈명량〉에서 이순신을 배반하고 거북선을 불태우고 도망치다 화살에 맞아 죽은 것으로 나오지만 사실은 이순신에게 12척을 인계하고 신병을 핑계로 고향으로 도망을 갔다 종전 후 잡혀 사형을 당하지만 후일 복권되어 공신에 책봉된다. 이순신 장군과 명량해전을 함께했다면 역사에 남을 위대한 인물이 될 기회를 잘못된 판단으로 위수 구역을 이탈했다는 죄목으로 잡혀 사형에 처하게 된다. 이렇게 다시 시작된 전쟁이 정유재란이다. 멍청한 명령을 내려 이순신을 파직하고 조선 수군을 와해시킨 장본인이 선조이고, 정유재란의 책임은 전적으로 선조에게 있다고 할 수 있다. 이렇게 전쟁의 환란 속에 제대로 대처를 하지 못한 선조를 아들인 광해군은 전란 속에 조선을 구했다고 시호에 종(宗)이 아닌 조(祖)을 붙여 주는 웃지 못할 일을 했다.

칠천량해전의 패전 소식을 들은 선조는 이순신 장군을 복직시켜 삼도수군통제사에 다시 임명하면서 수군이 와해되었으니 권율 장군의 휘하에 들어가서 싸우라고 하지만 이순신 장군은 다음과 같은 말을 남기고 거절한다.

> "신에게는 아직도 전선 12척이 남아 있나이다. 죽을 힘을 다하여 막아 싸운다면 능히 대적할 수 있사옵니다. 비록 전선은 적지만 신이 죽지 않은 한 적은 감히 우리를 업신여기지 못할 것입니다."

이순신 장군이 남해안을 돌면서 옛날 부하들을 모아 전쟁 준비를 철저히 하여 12척의 배로 진도 울돌목에서 왜군을 물리치는 명량해전은 우리가 익히 알고 있어 생략을 한다.

명량해전에서 만약 이순신이 패해 왜군들이 전라도와 충청도를 점령하여 곡창지대에서 보급을 받으면서 전쟁을 했으면 그때 조선은 망했을 것이다. 이순신은 임진왜란 초기 한산도의 좁은 물길을 지켜 조선을 구했고, 다시 정유재란 때는 울돌목의 명량해전에서 승리를 하여 또다시 조선을 구한 것이다. 명량해전에서 패한 왜군의 고니시 유키나가는 순천에 왜성을 쌓고 주둔을 하고 가토 기요마사는 울산 서생포왜성에서 주둔을 하게 된다. 임진왜란은 1598년 도요토미 히데요시가 죽으면서 왜군이 철수를 하게 되고, 고니시 유키나가의 뇌물을 먹은 명나라 수군 장군 진린이 왜군의 정탐선을 몰래 보내 주어 고니시 유키나가를 구하기 위해서 사천에서 쳐들어온 시마즈 요시히로의 500척 대군과 마지막으로 한 해상 전투가 노량해전이다. 노량해전에서 이순신 장군은 적탄에 맞아 죽으면서 다음과 같은 말을 남기게 되고 7년간의 전쟁은 막을 내리게 된다.

"전방급 진물언아사(戰方急 愼勿言我死),
싸움이 한창이고 급하니 나의 죽음을 알리지 마라."

이순신 장군이 노량해전에서 전사하여 처음 시신이 육지로 올라온 곳이 남해 관음포이다. 이곳에 가매장되었다가 후일 고향인 아산으로 이장을 하게 된다. 이장을 위하여 이순신 장군의 유골이 고향으로 돌아갈 때 유골이 지나는 전 고을의 수령과 백성들이 나와 배웅을 했다고 한다. 이순신 장군의 시신이 처음으로 올라왔던 관음포엔 이순신 장군의 사당인 이락사와 관련 유적지가 있다.

이락사 비문

해파랑길 6코스

덕하역 → 3.9km → 선암호수공원 → 6.3km → 울산대공원 → 3.6km → 고래 전망대 → 1.8km → 태화강 전망대: 15.6km

덕하역에서 시내 방향으로 조금 가서 14번 국도 횡단보도를 통과 후 다시 내려가 이정표를 보고 동해남부선 철도 지하 통로를 지나 철길과 나란히 해파랑길을 따라간다. 다시 큰 도로와 만나 두왕사거리에서 횡단보도를 표시기를 보고 두 번 건너가면 좌측으로 상개주택이라는 표지석이 있다. 표지석에서 좌측으로 마을로 들어가다 해파랑길 안내판을 보고 선암호수공원 방향으로 등산로를 올라가면 울산 함월산 정상이다.

함월산 정상에서 내려오면 여러 갈래의 등산로가 많은데 간간히 있는 표시기를 잘 보고 내려오면 선암호수공원이다.

선암호수공원은?

선암댐을 중심으로 조성된 공원이다. 이곳은 일제강점기 때 농사를 목적으로 선암제(仙岩堤)라는 못(淵)이 만들어진 곳으로 1962년에 울산특정공업지구로 지정된 후 울산·온산공업단지에 비상 공업용수의 공급이 늘어나면서 1964년에 선암제를 확장하여 선암댐이 조성되었다. 이후 수질 보전과 안전을 이유로 1.2km²의 유역면적 전역에 철조망이 설치되어 있었으나 철조망을 철거하고 선암댐과 저수지 주변의 수려한 자연경관을 적극 활용하여 과거, 현재, 미래의 테마가 공존하는 생태 호수 공원을 조성하여 2007년 1월 30일에 개장하였다.

선암호수공원 둘레에 조성된 탐방로를 따라 좌측으로 돌아가면 작은 공연장이 나온다.

이곳에서 차도를 따라가면 안 되고 좌측으로 신선산 등산로 안내판을 보고 나무 계단을 올라간다. 이곳 신선산의 조망이 대단히 좋아 북쪽으로 울산 시내가 한눈에 들어온다.

멀리 서쪽의 낙동정맥으로부터 태화강 그리고 태화강 하구가 파노라마처럼 펼쳐 있다.

신선정에서 좌측으로 등산로를 따라 내려오면 신선로 차도가 나온다. 차도를 따라 내려가 횡단보도를 지나면 좌측으로 울산해양안전서 건물이 보인다. 해양안전서를 통과하여 육교를 건너면 활고개교차로이다.

신선산에서 본 울산 시내

활고개에서 울산 솔마루길을 따라가면서 보니 해파랑길 리본이 하나도 보이지 않고 표시기도 일부러 누군가 훼손을 한 것을 처음부터 볼 수 있다. 울산 시민 중에 투철한 시민정신(?) 또는 삐뚤어진 애향심을 가진 사람이 솔마루길에 해파랑길 표시기와 리본을 걸어 둔 것이 기분 나빠서 훼손을 한 것 같다. 귀가를 하여 다음 날 울산시청 담당자에게 문의를 했더니 자기들은 모르는 일이고 즉시 시정 조치를 한다고 하는데 두고 볼 일이다. 개인적인 이기주의와 지역주의보다는 공존하면서 함께 살아갈 수 있는 성숙한 시민의식이 더 필요하지 않을까 하고 생각을 해 보았다.

이곳 두왕육교부터 해파랑길은 울산의 솔마루길과 태화강 전망대까지 같이 가고 해파랑길 6코스인 이곳은 울산의 대표적 도심 공원인 울산대공원으로 솔마루길 좌우 측에 공원이 조성되어 있다.

특히 5월 말에서 6월 초 장미축제 기간엔 장미를 주제로 한 다양한 행사가 울산대공원을 중심으로 열린다. 솔마루 숲속 길엔 울산의 상징인 고래를 형상화한 전등을 곳곳에 설치하고 솔마루 안내판이 잘 되어 있어 울산 시민들의 좋은 휴식 장소와 운동 코스로 이용되고 있다. 솔마루길은 해발 약 80~120m 전후의 등산로를 끝없이 오르고 내리는 코스로 해발이 높지는 않지만 체력 소모가 많은 구간이다.

이정표를 잘못 보고 도로까지 내려갔다가 다시 유턴하여 솔마루 하늘길 쪽으로 내려가니 도로 위에 솔마루 하늘길이 있다. 솔마루 하늘길을 통과하면 좌측으로 울산광역시 보건환경연구원이 있고 솔마루 산성이라는 작은 통문을 통과하여 가면 울산 삼호산이다. 삼호산 동쪽 양지바른 곳에는 울산공원묘지가 있고 북측으로 태화강과 십리대밭길이 보인다. 삼호산 솔마루 정자에 오르면 태화강과 십리대밭길이 더 잘 보이고 이곳에서 신발도 벗고 잠시 휴식을 하며 태화강을 주변을 감상했다. 솔마루 정자에서 내려와 다시 동쪽으로 이동을 하면 고래 전망대가 있다.

고래 전망대에서 다시 급경사를 내려와 횡단보도를 지나서 울산 태화강 전망대에 도착을 했다. 태화강 전망대는 4층 건물로 3층은 360도 회전 카페이고 4층은 전망대로 태화강과 십리대밭을 조망할 수 있는 좋은 곳이다.

태화강 전망대

해파랑길 7코스

태화강 전망대 → 4.8km → 십리대숲 → 5.9km → 내황교 → 6.4km → 염포삼거리: 17.1km

해파랑길 7코스는 울산의 생명줄 같은 태화강 변을 걷는 코스로 울산의 대표적 명물인 태화강십리대밭과 최근 복원된 태화루를 지나 현대자동차 울산공장이 있는 염포까지 태화강 변을 따라 걷는다.

태화강 전망대에서 강을 거슬러 올라가면 자전거길과 도보용 길을 우레탄으로 만들어 놓아 자전거를 타는 사람들과 태화강 강둑을 따라 걷는 사람들이 많다. 태화강 남쪽 고수부지에도 최근에 울산시에서 십리대밭과 같이 대밭을 조성하여 강둑을 따라 대밭을 보면서 걸을 수 있다. 대밭이 끝나는 지점에서 조금 더 가면 태화강 구 삼호교가 나온다.

삼호교 아래를 지나 삼호교 위로 올라와 다리를 건너 다시 다리 아래를 통과하여 태화강 변을 따라 하구 쪽으로 해파랑길이 이어진다.

구삼호교는 1924년 5월 22일 준공된 남구 무거동과 중구 다운동을 잇는 교량으로 태화강에 건설된 최초의 근대식 철근콘크리트 교량이다. 울산 지역의 최초 근대식 교량이라는 역사적 상징성과 더불어 교량 건축의 시대성을 살펴보기에 좋은 역사적 자료로 여겨진다. 시공과 설계는 일본인이 하였고 일제강점기부터 울산과 부산 간 내륙 교통의 큰 역할을 해

왔다. 1990년대 신 삼호교가 건설되고 일부 교각 일부가 철거되었고 현재는 노후된 교각과 교량 일부 손실로 인해 차량 통행은 금지되고 보행자 전용 교량으로 사용하고 있다.

구 삼호교에서 태화강을 따라 하구 쪽으로 내려가면 강변 고수부지에 인조 잔디 축구장을 여러 면 만들어 축구를 하며 휴일을 즐기는 젊은이들이 많다. 우리나라 경제가 어렵고 힘들던 시절엔 잔디 구장이 서울운동장 한 곳뿐이었다. 국가대표 선수들이 각종 국제 대회에서 지면 맨 먼저 나오는 말이 잔디 구장이 없어 실력 향상이 어렵다는 말이었다. 이제는 전국 어디를 가나 천연 또는 인조 잔디 구장을 볼 수 있으니 그동안 세상 참 많이 변하고 발전을 한 것 같다.

인조 잔디 구장을 지나면 바로 태화강십리대밭이다. 십리대밭 입구엔 몇 년 전 복원된 오산 만회정이라는 정자가 대밭을 등지고 태화강을 바라보며 서 있다. 만회정 정자 넓은 마루엔 울산 시민들이 휴일을 맞이하여 자리를 깔아 놓고 음식 등을 먹으면서 휴일 오후 망중한을 즐기고 있다. 만회정을 지나면 바로 십리대밭 속으로 산책로가 이어진다.

십리대밭이 형성된 이곳은 무거동 삼호교부터 태화동 동강병원 근처까지로 폭은 20~30m, 전체 면적은 약 29만m^2이다. 태화강 변에 대밭이 조성된 연유는 일제시대에 큰 홍수로 인해 태화강 변의 전답들이 소실되어 백사장으로 변했을 때, 한 일본인이 헐값에 백사장을 사들여 대밭을 조성하고 그 후 주민들이 앞다투어 대나무를 심음으로써 오늘에 이르게 되었다고 한다. 한때 주택지로 개발될 뻔하였으나 시민들의 반대로 대숲을 보존할 수 있었다. 그 후 간벌 작업과 친환경 호안 조성 작업, 산책로 조성 작업을 벌여 현재는 울산을 대표하는 생태공원이다.

십리대밭 만호정

산책로를 따라가면 중간중간에 벤치를 만들어 놓아 앉아서 쉴 수 있고 십리대밭 중간 부근에 넓게 휴식 장소를 만들어 놓아 울산 시민들과 관광객들이 대나무 숲속에서 산림욕을 즐길 수 있다. 십리대밭을 나와 십리대밭교 아래를 통과하여 해파랑길은 강가에 조성된 산책로를 따라가고 좌측으로 태화강 대공원으로 각양각색의 꽃밭과 공연장 그리고 습지 생태공원이다. 십리대밭교를 통과하면 최근엔 복원된 태화강 변의 태화루가 보이고 강가 산책로를 지나 강둑 도로로 올라와 태화루 안으로 해파랑길이 이어진다. 태화루는 임진왜란 때 불타서 태화루라는 터만 전하던 것을 에스오일의 지원을 받아 2013년 복원 공사를 시작하여 2014년 5월 14일에 준공하였다. 에스오일이 외국 자본 회사이지만 기업의 사회적 책임에 감사한다.

태화교에서 번영교까지 거의 일직선이고 번영교에서 다시 학성교까지 일직선 길이 지루하게 이어지고 맞바람을 맞으면서 땡볕 아래 걷기가 힘든 구간이다. 학성교를 지나 조금 가면 이곳부터 태화강억새군락지로 억새밭 사이로 나무 데크를 설치하여 가을에 억새를 즐길 수 있도록 해 놓았고 현재 작년 억새는 쓰러져 거름이 되고 새순이 올라오고 있다. 억새군락지를 통과하여 천연가스 매설 공사 중인 곳에서 해파랑길은 강변이 아닌 태화강 강둑을 따라 아산로와 함께 태화강 하구 쪽으로 간다.

명촌대교를 지나서부터 도로는 고 정주영 회장님의 아호를 따서 도로 이름을 아산로라고 하며 도로 입구엔 아산로라는 커다란 표지석이 있다. 오늘날의 울산이라는 거대한 공업도시가 있기까지는 고 박정희 대통령과 고 정주영 회장님 등의 덕분인 것 같다. 고 박정희 대통령의 지시에 의한 경공업에서 중공업으로 정책 방향 전환과 고 정주영 회장님의 뚝심이 오늘날의 울산이 있기까지의 초석인 것 같다. 고 정주영 회장님이 자동차 정비 공장부터 시작을 하여 드럼통을 두드려서 철판을 만들고 미군 폐차에서 나온 엔진으로 자동차 만들기를 시작한 도전 정신으로 오늘날 현대자동차가 세계에 자동차를 수출하는 기업으로 성장을 했다. 물론 현대자동차의 성공 이면에는 정주영 회장님의 도전 정신과 함께 노동자와 연구진의 열정과 도전 정신이 있었기에 가능했을 것이다.

아산로를 따라 해파랑길은 태화강 둑을 따라 하구 쪽으로 같이 가고 반대쪽엔 울산현대자동차주행시험장이고 양정2교를 지나면 본격적으로 울산 현대자동차 공장 건물과 주차장엔 수많은 자동차가 보이기 시작을 하고 태화강 하구엔 최근에 건설된 울산대교인 현수교와 자동차 운반선이 보인다. 조금 더 내려가 울산 현대자동차 선적장 교차로 앞 부두엔 자동차 운반선 두 척과 수많은 자동차가 선적을 기다리고 있다.

현대자동차 앞 교차로를 지나 성내 고가 다리 하부를 따라가서 성내 교차로에서 좌측으로 횡단보도를 통과하여 현대자동차 회사 담장을 따라 가면 염포삼거리이다.

삼포 개항은 1426년(세종8년) 대마도주 사다모리의 청에 따라 기존에 개방하였던 웅천(진해)의 내이포, 동래의 부산포 이외에 울산의 염포를 추가로 개항하고 일본과 교역을 허락한 일이다. 1510년 삼포왜란으로 잠시 폐쇄되었다가 1512년(중종7년) 임신약조를 체결하고 내이포와 부산포만 개항하고 염포는 제외하였다.

임진왜란 당시 왜군의 일부 병력이 이곳 염포와 서생포로 상륙 후 부산으로 상륙한 본진과 합류하여 북상을 하였다. 남쪽으로 후퇴 후 울산과 서생포에 왜성을 쌓고 염포를 통해서 일본과 왕래를 하였다. 지금의 염포는 울산 현대자동차의 수출용 선적장으로 자동차 수출의 주력 항구이다.

삼포 개항지

해파랑길 8코스

염포삼거리 → 4.0km → 울산대교 전망대 → 3.5km → 방어진항 → 2.9km → 대왕암공원 → 2.1km → 일산해변: 12.5km

염포삼거리에서 북쪽으로 인도를 따라가다 주유소를 지나면 바로 염포산 등산로 이정표가 있다. 이정표를 따라 올라가면 등산로 초입부터 소나무재선충으로 벌목을 하고 살충제를 넣고 훈증 처리하는 비닐 포장 소나무 무덤이 무척 많다. 최근에 벌목한 100년은 넘었을 것 같은 소나무 밑동을 보니 가슴이 아프다. 소나무 에이즈라고 하는 소나무재선충은 한번 걸리면 치료 방법이 없어 전부 고사를 하니 정말 큰일이다. 이러다가 우리나라도 일본처럼 소나무를 포기하는 지경까지 가지 않을까 걱정이다.

염포산 등산로 안내표시기와 해파랑길 리본을 따라 한참을 땀 흘려 올라가면 염포산 정상 부근에 도착을 한다. 이곳부터 방어진 쪽에서 올라온 등산객들이 많다. 산악자전거대회 길과 등산로 길을 따라 방어진 쪽으로 이동을 하면 곳곳에 운동 시설을 만들어 놓고 등산로 정비도 잘 되어 있어 울산 동구 주민들의 좋은 운동 코스이다. 한참을 평범한 길을 따라가면 울산대교 전망대가 보이기 시작을 한다. 울산대교 전망대는 울산대교와 울산 시내 그리고 울산을 대표하는 공업단지를 조망할 수 있다. 특히 야경이 좋아 울산 12경에 포함되었다고 한다.

울산대교는 남구 매암동에서 동구 일산동을 잇는 1,800m의 현수교다. 2009년 11월 30일에 착공해 2015년 6월 1일에 개통했다. 주탑과 주탑 사이 거리인 단경간이 1,150m인 현수교로, 최장 단경간인 중국 룬양대교(단경간 1,400m), 장진대교(단경간 1,300m)에 이어 동양에서 세 번째로 길다. 현재 울산대교 이용 시 통행료를 내는 유료 도로이며 이륜차와 보행자는 통행이 금지된 자동차 전용 도로이다.

울산대교의 개통으로 울산광역시 남구와 동구 간 이동하는 데 약 40분 걸리던 것에서 20분 수준으로 크게 단축되었으며 울산대교 동쪽 진입로에 전망대를 설치해 울산광역시의 새로운 관광 명소가 되고 있다.

전망대를 지나 급경사 내리막길 포장길을 따라 내려오면 좌측으로 축구장이 보인다. 울산을 대표하는 기업인 현대중공업 회장을 지낸 정몽준 회장이 축구협회장을 지내서인지 울산 시내에는 곳곳에 잘 만들어진 축구장이 많다.

염포산을 내려와 차도를 만나 우측으로 방어진 이정표를 보고 인도를 따라간다. 방어진항은 장생포항과 함께 울산을 대표하는 어항이었으나 장생포항은 공업항으로 더 많이 사용을 하지만 방어진항은 어항의 기능을 유지하는 울산 동구의 대표적인 포구이다. 방어진 활어회 센터를 지나 방어진항 끝으로 가면 오피스텔 공사장이 있고 이곳에서 도로 쪽으로 잠시 나왔다가 다시 항구 쪽으로 되돌아가면 울산수협 위판장이다.

수협 위판장을 지나 조금 더 가면 슬도 방파제가 있다.

슬도는 파도가 칠 때 거문고 타는 소리가 난다고 하여 슬도라고 하였으며 시루를 엎어 놓은 것 같다고 하여 시루섬이라 하기도 하고, 거북이 모양과 같다고 하여 구룡도라고도 한다. 슬도는 원래 작은 섬이었으나 현재는 방파제로 연결이 되어 있고 각종 조형물과 작은 등대가 있어 많은 관광객들이 찾고 있다. 슬도를 지나 마을 안길로 해서 다시 바닷가로 나오면 비포장 흙길이 나오고 비로소 울산 진하해변에서 육지 쪽으로 들어왔던 해파랑길이 이곳부터 다시 본격적으로 동해의 푸른 바다를 따라간다.

흙길을 따라 조금 더 가면 멀리 울산 대왕암 바위가 보이기 시작을 한다. 한참을 이동 후 좌측으로 울산교육수련원을 지나 계단을 올라가면 울산 대왕암공원이다. 슬도와 대왕암 사이의 해안은 과개안(너븐개)이라고 하는데 다음과 같은 설명이 있어서 소개를 한다.

> 대왕암공원 남쪽 연수원 아래 몽돌이 있는 해안으로 순우리말로 '너븐개'라 하며 1960년대까지 동해의 포경선들이 고래를 이곳으로 몰아 포획하던 곳이다.

울산 대왕암은 감포 대왕암과 달리 육지 가깝게 있어 육지 바위와 철교를 놓아 대왕암 바위까지 다리와 난간을 이용하여 오고 갈 수가 있다.

울산 대왕암

삼국통일을 이룩했던 신라 30대 문무왕은 평시에 지의법사(智儀法師)에게 이렇게 말했다.

> "나는 죽은 후에 호국대룡이 되어 불법을 숭상하고 나라를 수호하려고 한다."

대왕이 재위 21년 만에 승하하자 그의 유언에 따라 동해구(東海口)의 대왕석(大王石)에 장사를 지내니 마침내 용으로 승화하여 동해를 지키게 되었다. 이렇게 장사 지낸 문무왕의 해중릉을 대왕바위라 하며 그 준말이 댕바위로 경주시 양북면 봉길리 앞바다에 있다.

대왕이 돌아가신 뒤에 그의 왕비도 세상을 떠난 후에 용이 되었다.

> 문무왕은 죽어서도 호국의 대룡이 되어 그의 넋은 쉬지 않고 바다를 지키거늘 왕비 또한 무심할 수 없었다. 왕비의 넋도 한 마리 큰 호국룡이 되어 하늘을 날아 울산을 향하여 동해의 한 대왕암 밑으로 잠겨 용신이 되었다고 한다. 그 뒤 사람들은 이곳을 지금의 대왕바위라고 불렀고 세월이 흐름에 따라 말이 줄어 댕바위(대왕암)라 하였으며 또 용이 잠겼다는 바위 밑에는 해초가 자라지 않는다고 전해 오고 있다.

이상의 대왕암 전설은 대왕암 입구 안내판의 내용이다.

울산 대왕암의 용이 되었다는 문무왕의 부인은 자의황후로 신라 31대 신문왕의 어머니이다. 문무왕 사후 권력 투쟁을 평정하고 몇 달 후에 붕어한 것으로 되어 있는데 정확한 기록과 무덤에 대한 기록 또한 없다. 그러다 보니 문무왕의 수중 대왕릉을 보고 이곳의 바위가 대왕암과 비슷하여 울산 대왕암 전설이 생긴 것이 아닌가 한다. 이곳 울산 대왕암은 감포 대왕암과 달리 해변가에 가까이 있어 철교로 다리를 만들어서 관광객들이 안전 난간과 다리를 통해서 대왕암 바위 끝까지 갈 수가 있다.

울산 대왕암을 지나 대왕암공원 울기등대 쪽으로 해서 해파랑길은 이

전망대에서 본 울산대교

어진다. 1906년에 설치된 울기등대가 있어 1962년부터 울기공원이라고 불리다가 2004년 대왕암공원으로 명칭을 변경하였다. 진입로부터 펼쳐진 소나무 숲길을 따라 600m쯤 가면 동해 뱃길의 길잡이가 되는 울기등대가 나온다. 우리나라에서 3번째로 오래된 등대이다.

울기등대 주변 해송 숲을 지나면 소나무 숲 사이로 일산해변이 보이기 시작을 한다. 일산해변은 포항의 영일대해수욕장 부산의 광안리 해운대 해수욕장과 같이 도심과 연결되어 있어 휴일을 맞이하여 많은 사람들이 즐기고 있다.

울산 대왕암

해파랑길 9코스

일산해변 → 3.0km → 현대중공업 → 4.9km → 주전봉수대 → 3.4km → 주전해변 → 3.2km → 강동축구장 → 4.8km → 정자항: 19.3km

일산해변을 따라 북쪽으로 이동을 하면 일산관광안내센터 건물이 바닷가에 있다. 홈플러스 사거리에서 횡단보도를 건넌 후 북쪽으로 가면 울산의 대표적 기업인 현대중공업 담장이 나온다. 현대중공업 담장을 따라 한참 이동을 하면 정문 근처 부근부터 현대그룹 관련 각종 시설과 건축물이 도로 건너편에 있다. 현대예술공원, 울산대학병원, 현대백화점, 현대예술관 등이 현대중공업 정문 앞에 있어 울산이 현대그룹과 밀접한 관련이 있음을 다시 한번 느낄 수 있다.

현대중공업 주변 도로 가로수인 이팝나무가 활짝 피어 나뭇가지에 흰 눈이 내린 것 같다. 이팝나무는 입하 무렵에 꽃이 피기 때문에 이팝나무라고 불렸다는 설과 나무에 열린 꽃이 쌀밥 즉 이밥(흰밥)과 같다고 하여 이팝나무라고 불렸다고 한다. 이팝은 흰 쌀밥을 말하는 것으로 그 유래는 다음과 같다. 고려 말 무장이었던 이성계와 정도전 등의 신진사대부가 위화도회군으로 권력을 잡으면서 고려 권문세족의 공전(토지)과 사전 그리고 사찰에서 소유한 막대한 토지를 개혁 후 과전법을 실시하여 비로소 토지를 소유한 일반 백성들이 흰 쌀밥을 먹을 수 있었다고 한다. 그래서 이성계 李氏가 쌀밥을 먹게 해 주어 이팝이라고 했다고 한다.

현대중공업을 지나 약간의 경사 길을 오르면 옛날 말을 기르면서 도망가지 못하게 목장 둘레에 돌로 담장을 쌓아 만든 남목마성이 있다. 남목마성 삼거리에서 좌측으로 임도를 따라가서 통신 기지를 지나면 길가에 봉대산(183m)라는 표지석과 봉호사 표지석이 함께 길가에 있다. 이곳에서 내리막을 내려가면 봉호사 주차장이다.

봉호사 주차장에서 남쪽으로 현대중공업이 잘 보인다.

현대중공업 담장을 따라오면서 높은 담장 때문에 공장을 보지 못하고 지상 크레인만 보고 왔는데 이곳 봉호사 주차장에선 잘 보인다. 내가 재직 중인 포스코의 규모도 대단하지만 현대중공업의 규모도 정말 대단하다. 현대중공업 건설 시 고 정주영 회장님이 울산조선소 건립 이전에 30만 톤의 거대한 대형 선박을 미리 수주받기 위해서 오백 원짜리 지폐를 외국 은행장에게 보여 주며, 우리는 500년 이전에 이미 철갑선을 만들 정도의 훌륭한 선박 건조 기술을 보유하고 있음을 강조하여 결국 그를 설복시켰다는 일화가 유명하다.

봉화사 뒤쪽의 주전봉수대의 조망이 대단히 좋다.

그래서인지 옛날에 이곳에 봉수대를 세웠는가 보다. 봉수대를 내려와 좌측으로 흙길을 따라 한참을 내려가서 31번 국도 하부 굴다리를 통과 후 해변가로 다시 내려서면 주전가족캠핑장으로 어린이날 연휴를 맞이하여 야영객과 차량들이 뒤엉켜 통행이 불가할 정도로 복잡하다. 일산해변에서 잠시 육지로 들어와 봉대산을 넘어 다시 이곳부터 해파랑길은 동해의 푸른 파도를 따라 북상을 한다. 이곳부터 해안도롯가에는 각종 음식점과 많은 펜션들이 있고 작은 포구를 지나면 주전항에 도착을 한다. 주전항을 지나면 바로 주전몽돌해변으로 작고 검은 조약돌들이 해변을 덮고 있는 몽돌해변으로 유명한 곳이다.

주전몽돌해변에는 다음과 같은 설명이 있어서 소개를 한다.

'울산9景 주전해변 몽돌 파도 소리'

주전해안은 동해안을 따라 1.5km의 해안에 직경 3~6cm의 새알같이 둥글고 작은 까만 자갈(몽돌)이 길게 늘어져 절경을 이루고 주변에 노랑바위, 샛돌바위 등 많은 기암괴석이 있다.

주전해변을 통과하여 구암마을을 지나 우측으로 당사해양낚시공원 쪽으로 가면 용바위 옆에 낚시 공원에 다리를 만들어 놓고 다리를 통과하는데 일반인은 1,000원 낚시꾼은 10,000원의 통행료를 받고 있다. 이곳은 낚시 공원이지만 용바위 일출이 좋은 곳으로 청동으로 용 조형물을 만들어 놓았고 관리 건물 계단엔 소원을 적은 리본을 많이 달아 놓았다.

당사항을 지나면 해파랑길은 또다시 바닷가 길을 벗어나 우가산으로 간다. 도로를 횡단하여 강동축구장으로 올라간다. 강동축구장은 2002년 한일월드컵 대회 때 터키 국가대표팀이 훈련을 하던 곳으로 현대중공업에서 만들었다고 한다. 강동축구장엔 휴일에 젊은이들이 가족과 함께 축구를 하면서 휴일을 즐기고 있다. 해파랑길은 축구장 뒤쪽으로 해서 우가산 임도를 따라간다. 우가산 임도와 등산로는 강동사랑길이라고 하며 강쇠길, 옹녀길 이정표를 따라 산에서 내려온다.

산에서 내려와 도로를 횡단 후 제전해양체험마을 이정표를 보고 마을로 들어간다. 제전항을 지나 바닷가 마을 안길을 따라가면 해변 수변공원이고 곽암 안내판에 있다. 공원을 지나가면 우측으로 정자천에 강동섶다리가 있고 도로를 개설하면서 나온 울산 신생대 화석을 도로변에 모아 놓고 안내판을 세워 놓았다.

현대중공업

당사항해양낚시공원

해파랑길 경주 구간

파도 소리가 들려주는 천년 고도
신라 경주의 바다 이야기!

해파랑길 경주 구간은 울산 정자항에서 포항시 양포항까지로 비교적 짧은 3개 코스 46.4km로 되어 있다. 경주 구간은 동해안 용암 주상절리 중에서도 으뜸으로 치는 강동화암주상절리가 화려하게 시작한다. 읍천항 주상절리와 그 뒤를 그림들이 1km쯤 도열한 읍천항 벽화마을이 잇는다. 촤르르~ 파도와 몽돌이 빚어내는 경쾌한 소리가 일품인 나아해변을 지나면, 신라의 중요한 세 가지 유적을 차례로 만난다.

신라 30대 왕으로 죽어서도 용이 되어 나라를 지키겠다던 문무왕의 수중릉이 그 첫 번째요, 용이 된 아버지가 머물 수 있도록 신문왕이 지었다는 감은사지와 삼층석탑이 그 두 번째다. 문무왕이 용으로부터 만파식적을 만들 대나무를 건네받았다는 이견대가 마지막을 장식하며, 문무왕 전설의 3단 구조를 완성한다. 세 가지 유적을 모두 거친 해파랑길은 동해구에서 해안을 따르며 동해가 들려주는 파도 소리에 젖으며 동해 남부의 중심 어항인 감포항에 다다른다. 이후 길은 여전히 바다를 길동무 삼아 굽이굽이 이어진다. 이 구간에는 야간에 통행금지인 군 해안 경계 루트가 다수 포함되어 야간 통행은 삼가야 한다.

해파랑길 10코스

정자항 → 2.8km → 강동화암주상절리 → 3.9km → 관성해변 → 6.3km → 읍천항 벽화마을 → 1.1km → 나아해변: 14.1km

정자항은 전국 100대 미항에 들어 있을 정도로 이름이 알려진 항구로 포구엔 수많은 어선이 정박을 하고 항구 주변엔 각종 해산물 관련 음식점이 무척 많다. 특히 정자항 활어 센터엔 수많은 해산물 가게와 회를 사는 관광객과 상인들이 어버이날을 맞아 발을 들여놓을 틈이 없을 정도로 북적인다.

정자항을 지나 방파제 끝을 돌아가면 정자해수욕장 끝부분에 거대한 아파트 단지가 있다. 이곳 울산 끝자락에 이렇게 거대한 아파트 단지가 들어선 것이 약간은 의아하지만 정자해변에서 울산 시내까지 도로가 확장되어 교통편이 좋아지고, 특히 경주시에 위치한 양남 원자력발전소 직원들과 방폐장 직원 그리고 한전 본사 직원을 상대로 분양을 하는 것 같다. 핵 관련 시설은 경주에 건설하고 돈은 울산으로 들어가는 것이 아닌가 해서 안타깝다. 곰은 재주나 부리고 돈은 되놈이 번다는 말이 어떻게 보면 딱 맞는 말인 것 같다.

정자해수욕장 끝부분에는 화암주상절리가 있다. 2010년 8월 초 경주시 양남면 읍천항 부근에서 주상절리가 발견되었다고 매스컴에 소개된 적이 있었다. 사실 오래전부터 있었던 것이니 발견보다는 세상에 알려졌다고 하는 표현이 맞을 것 같다. 예전부터 이곳 읍천리 마을 사람들은 주상절리를 알았으나 학술적 가치는 모르고 그냥 모양이 특이하고 기왓장을 비슷하게 닮았다고 해서 기와 돌이라고 불렀다.

주상절리가 발견되기 전에는 양남면 부근 일대로 무장 공비의 침투가 빈번한 관계로 이곳에 해병대 초소가 위치하여 일반의 출입이 철저히 통제된 탓에 아는 사람만 아는 곳이었으나 몇 년 전 군 초소가 철수하면서 일반인의 출입이 가능해졌다. 이후 이곳을 다녀간 관광객들의 입소문과 매스컴에 여러 번 소개되면서 현재는 감포 문무대왕릉과 함께 경주 동해안의 최고 관광 명소가 되었다. 현재 경주시에서 읍천항과 하서항 사이 1.7km 구간에 주상절리를 감상할 수 있는 주상절리 파도소리길을 만들고 읍천항 근처에는 출렁다리도 만들어 관광객들의 편의를 제공하고 있다.

화암마을 지나 신명 해안 공원을 통과 후 신명교를 지나 다시 해안으로 내려선다. 지경포구에서 다시 해파랑길은 31번 국도 쪽으로 나오면 주상절리 5km, 관성마을이라는 표지판이 있고 조금 더 가면 좌측으로 도로 중앙 부근에 경상북도를 알리는 표지석이 있다. 구도로를 잠시 따라가서 시인과 바다 식당 전에 다시 바닷가로 들러 해안을 따라가니 바다에서 제트스키를 타는 사람들이 보인다. 해안 백사장을 지나 수렴포구 마을 정자에 올라가 신발을 벗고 간식도 먹으면서 잠시 휴식을 하고 출발하였다. 이곳은 수렴1리로 다음과 같은 마을 안내판이 있다.

수렴1리는 임진왜란 때 수병의 병영이 있는 곳이라 하여 수영포(水營浦)라 하였으며, 매년 정초 어민들이 무사고를 기원하며 제사를 올리던 영검한 바위가 있는 마을이라 영암(靈巖)이 라 불렀다고 한다. 이 부락을 합하여 수렴이라 부른다.

수렴1리 안내판을 지나면 수렴리 할매바위라는 작은 바위가 안내판과 함께 있고 조금 더 가면 하서해안공원이다. 공원 입구 좌측 도로 건너엔 유명한 양남국수공장이 보인다. 이렇게 작은 시골 마을의 국수공장이 2대 60년에 걸쳐 살아남아 전국적으로 유명한 국수공장이 되었고 현장 구매와 인터넷 구매가 가능하다.

하서해안공원 솔밭오토캠핑장엔 야영객이 많고 공원에는 어버이날을 맞이하여 관광객과 행락객들이 오월의 바다를 즐기고 있다. 공원엔 무장공비 격멸 전적비와 6·25참전용사명예선양비가 근처에 나란히 있어 분단의 아픔을 이곳에서도 느낄 수 있어서 조금은 씁쓸하다. 양남면 소재지를 통과하여 하서천을 건넌 후 다시 해안으로 가면 작은 하서해변과 하서항이 있고, 하서항엔 주상절리 관광객을 위한 주차장을 크게 만들어 놓았다.

하서항 방파제 끝부분엔 빨간 사랑의 열쇠를 크게 만들어 놓아 보기 좋았다.

어느 분의 아이디어인지…. 이렇게 작은 포구에 사랑의 열쇠라는 조형물을 만들 생각을 했는지 기발한 발상에 감사를 한다. 하서항부터 읍천항 사이는 주상절리를 감상할 수 있는 주상절리 파도소리길을 만들어 놓아 관광객들이 주상절리를 보면서 걸을 수 있도록 배려를 해 놓았다. 주상절리를 지나가면 읍천항인데 이곳에도 주상절리 관광객을 위한 넓은 주차장을 만들어 놓았고 주차장에 차량이 가득하다. 주상절리 하나가 시골의 작은 포구마을을 천지개벽 시켜 놓았다. 주상절리 주변엔 음식점과 카페 등이 성업 중이고 현재에도 많은 건축물 등을 만들고 있다.

사랑의 열쇠

부채꼴 주상 절리

주상절리의 방향은 냉각이 진행되는 방향과 일치한다.

뜨거운 용암이 지표로 분출하여 빠르게 냉각될 때 일반적으로 아래로는 지표면, 위로는 공기와 접촉하여 냉각된다. 따라서 대체로 수직 방향으로 절리가 발달하게 되며, 수직 기둥 모양의 주상절리가 만들어진다. 하지만 신생대 말기에 이곳에 분출한 현무암질 용암에서 발달하는 주상절리는 흔히 관찰되는 수직 방향보다는 수평으로 누워 있는 수많은 주상절리들이다. 이는 마치 부챗살과 같이 사방으로 펼쳐져 있는데, 그 모습이 마치 한 송이 해국이 바다 위에 곱게 핀 것처럼 보여 '동해의 꽃'이라고도 부른다.

읍천항을 지나면 읍천항 벽화마을이다. 읍천항 벽화마을은 2010년부터 월성원전의 지원으로 벽화를 그리기 시작을 하여 매년 공모를 통하여 선정된 작품을 예전 작품을 지우고 그리거나 아니면 새로 그리고 있다.

주상절리(동해의 꽃)

읍천항 벽화마을을 지나 나아포구를 지나면 앞쪽으로 나아해수욕장이 넓게 펼쳐 있고 해수욕장 끝부분엔 월성원자력발전소의 거대한 돔이 보인다. 원자력발전소 때문인지 나아해변엔 관광객이 별로 보이지 않고 상가도 별로 없어 황량하고 쓸쓸한 감이 있다.

읍천항 벽화

해파랑길 11코스

나아해변 → 6.3km(차량 이동) → 봉길해변(문무대왕릉) → 2.4km → 감은사지 → 1.2km → 이견대 → 6.9km → 전촌항 → 2.0km → 감포항: 18.8km

포항과 경주 경계인 성황재를 넘어 도로변에 위치한 기림사에 들렀다. 기림사는 평상시 입장료를 받았으나 오늘은 부처님 오신 날을 맞아 산문을 활짝 열고 모든 사부대중을 맞이하고 있다. 기림사는 일제시대엔 전국 31본산 중에 한 곳으로 불국사를 말사로 거느릴 정도로 규모가 큰 절이었으나 지금은 반대로 대한불교 조계종 제11교구 본사 불국사의 말사로 되어 있다. 대적광전을 비롯하여 여러 점의 보물을 간직하고 있고 신문왕 호국 행차 길의 종점이다.

함월사 기림사(祇林寺)를 간단히 소개를 한다.

경상북도 경주시의 함월산 자락에 위치한 대한불교조계종 소속의 사찰이다. 신라 때 인도 승려인 광유(光有)가 창건하고 이름은 임정사(林井寺)라고 했다. 643년에 원효가 중창한 뒤 기림사로 이름을 바꾸었다고 전해진다. 기림사는 석가모니의 기원정사(祇園精舍)에서 '기' 자를 따와 붙인 이름이다.

삼국유사에 신라 신문왕이 감포 앞바다에서 동해의 용왕으로부터 만파식적과 옥대를 선물로 받았다는 전설이 실려 있는데, 이때 신문왕이 귀환하는 도중에 기림사 서쪽에서 쉬었다 갔다는 기록이 나온다. 따라서 창건 연대는 적어도 신문왕 대로 거슬러 올라간다. 신문왕이 아버지 문무왕을 위해 지은 감은사와 문무왕릉이 가까운 거리에 있다. 임진왜란 때는 전략적 요충지라 승병 운동의 중심지였다.

기림사를 둘러보고 방폐장 주변의 청정누리공원에서 걷기를 시작하였다.

해파랑길 11코스는 나아해변에서부터 시작을 해야 하는데 월성원전 북쪽으로 경주 방폐장을 건설하면서 기존의 31번 국도와 해변이 폐쇄가 되었다. 대체 국도를 만들면서 방폐장 부근 산으로 터널을 뚫어 길을 내면서 해파랑길이 없어졌다. 터널은 도보로 통과할 수 없고 산 위로는 방폐장 관련하여 통행이 금지되어 나아해변에서 청정누리공원 입구까지 구간은 차량을 이용해야 한다. 해파랑길을 관리하는 한국의 길과 문화 담당자에게 문의하니 대체 구간이 개발될 때까지는 차량으로 이동을 해야 하고 빠른 시일 안에 대체 코스를 개발하겠다고 한다. 방폐장 저준위 폐기물은 안전하게 보관하여 누출 등에 의한 위험성이 없다고 하면서 통행을 못 하게 하는 것이 이상하다. 위험성이 없으면 통행을 시키면서 위험성이 없다는 것을 증명해야지 이렇게 못 가게 하는 것을 보면 위험성이 있다고 판단할 수밖에 없지 않은가? 어느 것이 장담인지 도통 이해를 못 하겠다.

청정누리공원 입구에서 바닷가로 내려서면 봉길리 해변이다. 해변에서 200m 정도 안쪽 바다에는 우리가 익히 잘 알고 있는 신라 31대 문무대왕의 바다 무덤(海中陵)이 있다. 현재 학계에서 해중릉을 문무왕릉의 유골을 장사 지낸 장골처냐 아니면 유골을 뿌린 산골처 이냐에 대한 의견이 분분하지만 어느 것이 진실인지 알 수 없고 문무대왕만이 진실을 알고 있

문무대왕 수중릉

으리라! 문무대왕은 죽은 후 불교식으로 화장하였다. 문무대왕의 비석은 경주 낭산 자락에 있는 사천왕사에 세웠는데 비석은 없어지고 귀부만이 사천왕사 앞 풀밭에 누워 있었다.

최근에 발견된 문무대왕 비석 파편 기록에 따르면 "나무를 쌓아 장사 지내다.", "뼈를 부숴 바다에 뿌리다." 등의 기록이 남아 있고, 경주 김씨의 조상이 김알지가 아니고 북방 민족인 흉노 투호 김일제로 되어 있다. 비문의 발견은 역사학계의 엄청난 파장을 불러왔고 경주 김씨 족보를 처음부터 다시 써야 하고 삼국유사의 김알지 탄생 설화부터 부정을 해야 한다. 그리고 KBS 역사스페셜 문무대왕 비문의 비밀이라는 제목으로 방영되어 엄청난 센세이션을 일으킨 적이 있다. 또 다른 기록에는 왕이 임종 후 열흘 안에 고문(庫門) 밖 뜰에서 화장하라, 상례 제도를 검약하게 하라고 유언을 하였다.

그래서 학자들이 경주 반월성 궁궐에서 남쪽에 있는 경주 낭산 자락의 능지탑을 문무대왕을 화장한 곳으로 추정을 하지만 정확한 장소를 알 수 없다. 다만 능지탑 부근에서 문무대왕비의 파편도 발견되어 능지탑이 있는 곳을 화장지로 추정할 따름이다. 문무대왕은 삼국통일의 기틀을 마련한 태종 무열대왕 김춘추의 아들이자 김유신의 외조카이다. 태종 무열왕 김춘추가 삼국통일을 이룩하지 못하고 죽자 왕위를 이어받아 외삼촌인 김유신과 함께 삼국통일의 위업을 달성하고 당나라와 전투를 벌여 당군을 쫓아내고 대동강 이남의 영토를 통일하였다.

신라의 삼국통일을 근대 역사학자이면서 독립운동가인 단재 신채호 선생은 외세(당나라)를 끌어들여 형제를 멸(滅)한 자들이라고 평가절하를 한다. 북한에서는 삼국통일이라는 용어를 사용하지 않고 신라의 남부 백제 연합이라고 한다. 그러나 현재 우리나라의 많은 학자들은 신라의 삼국통일이 우리나라의 역사 중 제1대 사건이 이라고 평가하면서 현재의 우리가 민족의 동질성을 유지하고 사는 것이 삼국통일의 결과라고 평가를 한다.

봉길리 해변에서 국도로 나와 황룡사 대종의 전설이 있는 대종천 다리를 건너서 좌측으로 대종천 둑길을 따라간다. 대종천은 경상북도 경주시 양북면 장항리 토함산에서 발원하여 감은사터 앞을 지나 동해로 빠져나가는 하천이다. 이 하천은 황룡사 대종이 지나갔다고 해서 대종천이라 부르게 된 가슴 아픈 사연 있어서 소개를 한다. 지금은 대종천이 이견대 앞에서 바다로 흘러들지만 옛날에는 바닷물이 감은사지 앞쪽까지 흘러들어온 포구였다고 하며 경주에서 바다로 나가는 길목이었다. 감은사가 지금의 위치에 있는 것을 보면 그 당시 감은사 앞이 바다였다는 것을 알 수 있다.

고려시대의 일이다. 고종 25년(1238) 몽골의 침략으로 경주 황룡사의 목조 9층 탑을 비롯한 문화재가 많이 불타 버릴 때였다. 황룡사에는 에밀레종(성덕대왕신종)의 네 배가 넘는 무게 100톤에 가까운 큰 종이 있었는데 몽골 군들이 이 종을 탐내어 그들 나라(원나라)로 가져가기로 했다. 너무 크고 무게가 많이 나가 육지로는 운반이 불가능하자 뱃길을 이용하는 것이 당시로서는 가장 효과적인 운반 수단이어서 경주 추령 너머에 있는 하천을 이용하였다. 그러나 문무왕의 화신인 호국용은 몽골 군들이 큰 종을 내가도록 내버려 두지 않았다. 배가 대종천을 지나 봉길리 바닷가에 거의 다 왔을 때 갑자기 폭풍이 일어나 종을 실은 배가 침몰되면서 더불어 종도 바다 밑에 가라앉았다. 이후 큰 종이 지나간 하천이라고 해서 '대종천'이라는 이름이 붙게 된 것이다.

그 뒤부터는 풍랑이 심하게 일면 대종 우는 소리가 동해 일대에 들렸고 봉길리 마을 해녀들이 대종을 보았다 하여 노태우 정부 시절에 해군 특수부대와 잠수부들을 봉길이 앞바다에 투입을 하여 탐사하였으나 끝내 찾을 수 없었다.

대종천을 지나면 감은사지이다. 감은사는 신라 31대 문무대왕이 왜구의 침략을 막기 위해 짓다가 완성을 보지 못하고 죽자 아들 신문왕이 완성을 하고 부왕의 은혜에 감사한다는 의미에서 절 이름을 감은사(感恩寺)라고 했다. 감은사지 금당지에는 동해의 용이 된 문무왕이 드나들 수 있는 통로와 공간을 만든 특이한 구조라고 하며 통로는 지금도 볼 수 있다.

감은사를 완성한 신무왕과 신라의 보물 만파식적에 대해 소개를 한다.

신문왕(?~692년)은 신라 31대 왕이다.

문무대왕의 맏아들로 태어나, 665년 태자가 된 후에 681년 문무왕이 죽

감은사지

은 뒤 왕위에 올라 12년간 신라를 통치하며 강력한 전제 왕권을 확립했다. 676년 문무왕이 당나라를 몰아낸 후에 삼국통일을 이룩하는 과정에 협력했던 공신들과 왕실이 문무왕 사(死)후 충돌을 했다. 신문왕은 비대해진 공신 세력을 억압하려 하고 공신들은 왕의 권력 독점에 반발하며 자신들의 몫을 챙기려고 하는 과정에서 충돌이 발생하여 신문왕이 공신 세력들의 대표적 인물인 장인(김흠돌)을 왕비를 폐출시키며 처형하여 강력한 왕권을 확립한다.

신문왕은 왕권을 확실하게 확립 후 동해 바닷가에 아버지 문무왕이 왜구를 침략을 막기 위해 절을 짓다가 완성을 하지 못하고 죽자 신문왕 2년에 절을 완성하여 부왕의 은혜에 감사한다는 의미에서 절의 이름을 감은사(感恩寺)라고 했다. 삼국유사에는 682년 5월에 신문왕이 동해의 바닷가에 갔다가 용을 만나서 만파식적과 보물 옥대를 얻었다고 한다. 만파식적을 불면 적병이 물러나고, 병이 나으며 가물 때에는 비가 오고 비가 올 때는 맑아지는 신비한 피리라고 한다. 그리고 용을 보았다고 하는 곳이 이견대이고 용을 보았다는 곳에는 현재 이견대라는 정자가 있어 대왕암을 조망하기 좋다.

신문왕에 의해 전제 왕권이 확립되고 사회가 전체적으로 전쟁의 상처를 떨쳐 버리고 안정되면서 신문왕의 아들 효소왕에 이어 제33대 성덕왕 때부터 제35대 경덕왕 때를 거치는 동안이 통일신라시대 최고의 황금기를 맞이하게 되고 신라의 화려한 문화 예술의 꽃을 피우게 된다. 특히 이 시기에 성덕대왕신종(에밀레종)이 주조되어 봉덕사에 걸리고 경덕왕 때 현재 경주를 대표하는 문화재인 불국사와 석굴암이 창건된다.

신문왕이 문무대왕릉까지 갔다 온 길 165리(66km)를 기념하여 매년 10월 마지막 토요일 밤에 신라의달밤 165리 걷기대회를 한다. 신문왕이 갔다 온 길이 아닌 코스로 걷기 대회를 하는데 황성공원을 출발하여 보문호 → 덕동호 → 추령 → 석굴암 주차장 → 불국사 → 통일전 → 화랑교육원 → 박물관 → 대릉원 → 황성공원으로 돌아오는 코스이다. 매년 대회 때마다 많은 사람들이 참석을 하고 66km가 무리인 사람들을 위하여 30km 구간도 운영을 한다. 2015년에 66km에 도전을 하여 13시간 25분 만에 완주하였다.

해파랑길은 감은사지 뒤 민가 골목을 통과하여 산속으로 이어지고 이 길은 감포깍지길과 함께 간다. 감은사지 뒷산에 올라서면 동해를 조망하기 좋고 문무대왕의 수중릉과 대종천이 한눈에 들어온다. 이 바다를 우현 고유섭 박사는 "나의 잊히지 못하는 바다"라고 했고 그의 비석은 바로 이견대 아래 동해구(東海口)에 있다. 산에서 내려와 도로를 따라 감포 쪽으로 조금 가면 동해의 용을 보았다는 이견대가 있다.

이견대로 왔던 길을 되돌아가서 동해구(東海口) 표지석을 보고 좌측으로 바다 쪽으로 내려가면 여러 개의 비석이 보인다. 문무대왕의 유언을 적은 비석과 함께 스승 우현 고유섭 박사의 나의 잊히지 않은 바다와 고유섭 박사의 수제자 초우 황수영 박사, 그리고 수묵 진호섭 박사의 추모비가 있다. 그리고 작은 비석엔 우현 고유섭 박사와 제자 초우 황수영 박사, 수묵 진홍섭 박사는 개성삼걸(開城三傑)로 한국 고고미술 연구의 기반을 공고히 다지신 분들로 후학들이 이곳에 세 분의 선학과 업적을 영원히 기리고자 이 현창비(顯彰碑)를 세운다고 적혀 있다.

마을 안길 끝부분에 가곡항이 오른쪽에 있다. 가곡항을 지나 나정고운 모래해변 중간의 나정교를 지나면 전촌 솔밭으로 바닷가 해송 숲이 무척 좋은 곳이다. 종전에 차량으로 전촌 솔밭을 통과하면서 참 좋은 곳이구나 했는데 오늘 걸으면서 보니 훨씬 더 좋은 것 같다.

해파랑길은 전촌항 북쪽 절벽 지대를 피해 항구 북단에서 마을 안길로 해서 동네 뒷산을 넘어간다. 높지 않은 야산을 넘어가면 산자락 밭에 보리를 심어 놓았다.

파란 보리밭이 바람에 일렁이는 모습을 보며 아내와 잠시 옛날을 회상하면서 이야기를 했다. 어려웠던 시절 보리밥도 못 먹었던 사람이 많았다. 쌀의 절대 부족으로 혼식을 장려하여 학교에서 도시락 검사를 했던 시절도 있었다. 지금은 건강을 위해서 보리밥을 찾는 시절이 되었으니 근세기 세상이 변해도 엄청나게 변한 것 같다. 우리나라 기록의 역사 2,500년의 변화보다 근세기 50년의 변화가 더 많고 최근 몇 년간의 변화가 근세기 50년간의 변화보다 많다고 하니 세상 정말 정신없이 돌아가는 것 같다. 야산을 내려와 마을을 통과하면 감포 해변이다. 감포 해변 해안을 따라가면 경주시 최대 어업 전진기지인 감포항이다.

동해구

해파랑길 12코스

감포항 → 1.4km → 송대말등대 → 2.0km → 오류고아라해변 → 2.5km → 연동마을 → 7.6km → 양포항: 13.5km

항구를 따라 형성된 상가 지역을 따라가다 포구 중간 지점에서 내항 쪽으로 들어와 조금 가면 감포 수협 활어 직판장이 있다. 활어 직판장에는 각종 활어와 상인들이 손님을 맞이하고 있지만 울산 정자항과 같이 북적이지를 않는다. 비슷한 항구에 같은 활어를 판매하지만 울산과 경주의 경제력의 차이가 이만큼 나는가 싶은 게 새삼 경제력이 곧 구매력인가 싶다.

활어 센터 부근에서 골목으로 해서 31번 국도 쪽으로 나온다. 국도와 만나는 지점에서 우측으로 송대말항로표지관리소 표지판을 보고 가면 잘생긴 소나무 몇 그루를 지나 송대말등대이다. 이곳에서 감포항과 감포 소재지가 잘 보이고 육지와 해상의 작은 갯바위 위에도 등대가 있는데 해상의 등대는 문화체육관광부 한국관광공사 지정 사진 찍기 좋은 녹색 명소로 "이곳은 감은사지 3층석탑을 형상화한 등대로 푸른 동해 바다를 지키는 등대와 수많은 갯바위가 잘 어우러진 경관을 조망할 수 있습니다." 라고 적혀 있다. 송대말 등대에서 바닷가로 내려와 마을 안길을 따라가서 작은 포구를 지나고 오류포구와 오류2리 마을 회관을 지나면 오류고아라해수욕장이다.

오류고아라해수욕장의 끝 부근에서 개울을 건너 잠시 도로와 만난 후 다시 마을로 들어가면 모곡마을과 모곡항이다. 모곡항을 지나면 해파랑길은 다시 31번 국도와 만나 계속 북상을 한다. 다해횟집 부근에서 다시 해안 쪽으로 내려서면 연동마을과 연동항이 있다. 연동항을 지나 마을 안길을 끼고 가면 작은 개울이 나오는데 이곳이 경주시와 포항시의 경계 지역이다.

한참을 국도를 따라 북상을 하다 이정표를 보고 오른쪽으로 바닷가로 내려와 해변가 자갈길을 가니 파도에 밀려 나온 자연산 미역을 많다. 해파랑길 표시기를 따라 다시 도로 쪽으로 나오니 두원 어촌계에서 해산물 보호를 목적으로 철조망을 설치하여 통과할 수 없고 다시 뒤쪽으로 돌아가서 해병대 무인 초소 CCTV 설치 지역에서 도로 쪽으로 나와 낮은 쪽 철조망을 넘어서 나왔다. 어민들은 자신들의 재산을 보호할 목적으로 철조망을 설치하는데 이것도 어떻게 보면 불법이다. 해안 경관을 위해서 군 철조망도 전부 철거를 하는데 어촌계의 개인 이익을 위해 도로변에 철조망을 설치를 하다니, 물론 어민의 입장에서 보면 정부의 허가를 받아 해안에 각종 어패류 종패를 뿌리고 양식을 하는데 일부 몰지각한 사람들이 불법으로 채취를 하니 이렇게 하는 것 같은데 지혜로운 방법이 필요한 것 같다.

다시 31번 국도를 따라가다 해파랑길 이정표 양포항(4.2km)을 보고 바닷가로 내려서서 작은 해변을 따라간다. 해변이 끝나는 지점의 마을은 장기면 계원2리로 POSCO 제강부 4연주공장 자매 마을이라는 안내판이 있다. 우리 회사와 자매 마을이라는 안내판을 보니 무척 반갑고 포항 땅에 들어왔다는 기분이 확 든다.

감포항

계원마을로 들어와 포구를 지나 마을 안길을 통과하여 다시 31번 국도로 나온다. 국도를 따라가서 국도 변 구해병대 막사를 지나 잠시 구도로 쪽으로 나오면 양포항이 잘 보인다. 다시 31번 국도를 따라가서 이정표를 보고 오른쪽으로 들어가면 양포해변이다. 양포해변을 지나 다시 도로 쪽으로 나와 양포교를 건너 오른쪽으로 계속 직진을 하면 양포 내항 낚시 방파제이다. 방파제 끝 부근엔 작은 공연을 할 수 있는 공연장도 만들어 놓고 해서 가족 단위 낚시를 하기 좋은 곳이다. 낚시 방파제는 해파랑길에서 벗어나 있으나 한번 들러 보는 것도 좋다.

양포항에서 포항 쪽으로 나오면 장기읍이 있다. 장기읍은 포항 시내에서 유학이 가장 앞선 고장으로 조선시대 대표적 유배지로 소개를 한다.

조선시대 유배지 장기현과 송시열

장기현은 조선시대 많은 유학자들의 유배지로 조선왕조실록에는 62명으로 되어 있으나 지역 사학자들이 여러 문헌을 조사한 결과 105명이 왔던 것으로 파악된다. 특히 조선 중기 노론의 영수 우암 송시열과 실학자 정약용이 대표적 인물이다. 두 분과 많은 유학자들이 장기현으로 유배를 오면서 장기인들은 조선시대 최고 수준의 학문을 전수받을 수 있었다고 한다.

이렇게 많은 유학자들이 장기현(장기면의 옛 지명)으로 유배를 온 관계로 후일 포항시에서 가장 많은 서원이 있었고 유학(儒學)이 가장 앞선 고을이 되었다. 그 영향인지(?) 전 포항 남구 국회의원인 박명재 의원과 현 이강덕 포항시장이 이곳 장기면 출신이다. 해파랑길 12코스인 양포항

정약용

에서 장기면 소재지까지 약 4.0km 정도이고 해파랑길 12코스 두원리에서부터 13코스 모포리까지가 장기면에 걸쳐 있어 소개를 한다.

송시열을 한마디로 표현하면 '붓으로 세상을 움직인 노론의 영수'.

조선을 '송시열의 나라'라고 까지 연상하게 만든 우암(尤庵) 송시열(宋時烈, 1607—1689)은 조선 후기 정치계와 사상계를 호령했던 인물이다. 조광조와 더불어 조선을 유교의 나라로 만든 장본인이었던 그는 우리나라 학자 중 '자(子)를 붙인 유일한 인물로 역사상 가장 방대한 문집인 일명 송자대전(宋子大全)을 남겼다. 그에 대한 설명은 전부 다 기록을 할 수 없을 정도로 많아 요약해서 소개를 하고 장기현에 유배를 온 과정을 소개한다.

송시열은 장기현 마산촌에서 햇수로 5년간 유배를 했고 현재 유배지로 추정되는 곳은 장기초등학교로 유배지에 사적비를 세워서 송시열의 흔적을 찾을 수 있다. 그로부터 세월이 흘러 1801년엔 조선시대 실학자 정약용이 순조 집권기에 발생한 신유박해 때 초기 유배지로 약 220일간 유배를 했다. 황사영 백서 사건으로 다시 한양으로 불려 가 국문을 받고 이번엔 강진으로 유배되었다.

송시열은 과거에 급제 후 봉림대군(훗날 효종)의 사부를 지냈고 병자호란 당시 남한산성으로 호종되어 갔으나 인조가 항복을 하자 벼슬을 버리고 낙향을 한다. 인조 사후 효종에게 송시열은 1649년 기축봉사(己丑封事)를 올려 북벌론의 합당함을 제시하고 청나라 오랑캐에게 당한 치욕을 잊지 말 것과 북벌이야말로 국가 대의라는 것을 표방하였다.

송시열이 장기현으로 유배를 온 이유는 현종 집권 당시 부왕 효종이 승하를 하자 인조의 계비였던 할머니 조대비의 복상 문제로 남인들과 1차 예송 논쟁(기해예송)을 벌여 남인을 대거 실각시키고 서인이 집권을 하였다. 이번엔 다시 효종비가 승하하자 다시 벌어진 2차 예송 논쟁(갑인예송)에서 남인에게 패해 이곳 장기현으로 유배를 와서 햇수로 5년을 보내게 된다. 2차 예송 논쟁으로 집권에 성공한 남인은 숙종 초 허적(許積)의 유악 사건의 발단으로 벌어진 경신환국 때 남인이 대거 실각하고 다시 서인이 집권하였다.

다음 달 다시 정원로의 고변으로 허적의 서자 허견(許堅)의 역모가 적발되었다. 이른바 삼복의 변(三福之變)으로 인조의 손자이며 숙종의 5촌인 복창군, 복선군, 복평군 3형제가 허견과 결탁하여 역모하였다는 것이다. 이 역모 사건으로 허견과 복창군 3형제가 죽고 허견의 아버지 허적은 그 사실을 몰랐다고 하여 죽음을 면하였으나 뒤에 악자(惡子)를 엄호하였다 하여 죽임을 당하였다. 이로써 남인이 몰락하고 서인들이 득세하면서 송시열이 유배에서 풀려 한양으로 돌아가게 된다. 송시열이 유배에서 풀려 한양으로 돌아갈 때 지나는 전 고을들의 수령들이 나와 배웅을 했다고 하니 그의 영향력 얼마나 대단하였던가를 알 수 있다.

경신환국으로 집권을 한 서인은 송시열이 제자 윤증과 '회니시비(懷尼是非)' 사건으로 갈라지게 되는데 송시열과 윤증이 살던 지명인 회덕(懷德, 지금 대전시 대덕구 일대)과 이성(尼城, 지금 충남 논산시 일대)에서 따온 명칭이다. 그 발단은 1673년 11월, 윤증이 송시열에게 아버지 윤선거의 묘갈명(墓碣銘: 묘비에 새겨진 죽은 이의 행적과 인적 사항에 대한 글)을 부탁한 것에서 시작되었다. 송시열은 윤증의 부탁을 받고 묘갈명을 쓰면서 윤선거의 병자호란 때의 행적을 들어 좋게 써 주지 않았다. 이 사건으로 스승과 제자 사이가 벌어지는데 이를 계기로 송시열을 따르는 노장파는 노론으로 윤증을 따르는 소장파는 소론으로 갈리게 된다.

송시열은 다시 숙종 15년(1689년) 발생한 기사환국으로 실각을 하고 제주도로 유배를 갔다가 다시 국문을 받기 위해 한양으로 돌아오던 중 전북 정읍에서 사약을 받고 죽게 된다. 기사환국은 숙종과 장숙원 사이에 왕자가 태어나자 왕자 윤을 원자로 삼고 장숙원을 장희빈으로 삼으려 하는데 서인들이 아직 인현왕후의 나이가 젊으니 후사를 더 기다렸다가 해야 한다고 강력하게 반대를 한다. 그러나 숙종은 서인의 반대를 무릅쓰고 왕자 이윤(李昀)을 원자로 삼고 장숙원을 장희빈으로 책봉한다. 이때 서인의 영수인 송시열(宋時烈)은 상소를 올려 숙종의 처사를 잘못이라고 간하였다. 숙종은 원자 정호와 희빈 책봉이 이미 끝났는데, 한 나라의 원로 정치인이 상소질을 하여 정국(政局)을 어지럽게 만든다고 분개하여 제주도로 유배를 보내고 후일 사사를 한다. 이때 기사환국으로 인현왕후는 폐출되어 사가로 돌아가고 장희빈이 왕비가 된다.

송시열은 다시 숙종 20년 남인 집권 세력의 무능과 장희빈에 대한 실망으로 인현왕후를 복권시키고 장희빈에게 사약을 내려 사사하며 발생한 갑술환국으로 복권된다. 이렇게 파란만장한 삶을 산 우암 송시열은 조선시대 말기까지 집권 세력이 되는 노론의 영수로 추앙을 받고 문묘에도 배향된다. 그리고 갑술환국 이후 정국에서 남인은 더 이상 집권하지 못하고 인조반정 시 완전히 실각한 북인과 함께 집권하지 못하여 남인과 북인으로 분열되었던 동인은 거의 소멸하게 된다.

송시열 사적비

해파랑길 포항 구간

특화된 음식 문화의 즐거움과
색다른 문화 체험!

해파랑길 포항 구간은 포항 양포항에서 화진 해변까지 6개 코스 107.4km로 되어 있다. 해파랑길 중에서 가장 긴 구간이 놓인 포항은 여섯 개 코스에 걸쳐 아름다운 길이 굽이친다. 달빛이 가장 먼저 찾아든다는 양포항을 지나면 장길리 낚시공원에 조성된 편안한 휴식 공간을 만난다.

일제강점기의 침탈 흔적을 간직한 구룡포항은 실감 나게 복원한 구룡포근대문화역사거리의 일본인 거리에서 과거와 현재의 사진을 비교하며 걷는 재미가 좋다. 과메기로 대표성을 갖는 특화된 음식 문화도 이 구간에서 빼놓을 수 없는 즐거움이다. 연간 백만 명 이상이 찾는 호미곶은 포항의 상징이며, 생각지 못한 숲속 임도가 길이 장장 20km 이상 이어지며 색다른 묘미를 준다.

포항 시내를 지나는 구간은 포항 제철로 인식되는 이 지역의 특징을 고스란히 담으며 여타 구간과 차별성을 가진다. 시내 구간을 지나면 길은 다시 조용한 동해의 작은 포구를 구경하며 다음 구간 영덕으로 넘어간다.

해파랑길 13코스

양포항 → 2.6km → 금곡교 → 8.0km → 구평포구 → 1.5km → 장길리 낚시공원 → 6.9km → 구룡포항: 19.0km

양포항 수협 위판장에는 이른 아침 7시 30분인데도 벌써 활어와 수산물 위판 경매가 끝나고 일부 상인들과 수협 관계자 분들이 주변을 정리 중이다. 이른 아침에 활어와 수산물을 경매해서 대도시로 빨리 출하하여 다른 사람보다 더 좋은 가격을 받기 위한 경쟁인 것 같다. 포항 어시장에서 간혹 경매를 하는 것을 보면 삶의 치열함을 보는 것 같아 숙연해지기까지 한다. 우리나라 국민들의 이런 부지런함이 오늘의 대한민국을 만들었다. 미국으로 초기에 이민을 간 교포들이 그동안 뉴욕의 어시장을 지배하고 있던 유대인들 대신해 뉴욕의 생선 시장을 점령한 일화는 유명한 이야기가 되어 많이 회자되었다.

양포항 북쪽으로 가면 양포항공원이 있다. 이곳에 여러 종류의 조형물과 편의 시설을 만들어 놓았는데 오늘 와서 보니 야영객들이 공원을 거의 점령을 하고 있다. 많은 야영객들이 잔디밭에 텐트를 치고 야영을 하고 식수대에서 설거지를 하고 있는데 어떻게 된 것인지 모르겠다. 사용료를 받고 사용을 하는 것인지 무단으로 사용을 하는 것인지는 모르겠다. 이것도 아니면 관리 단체에서 지역 경제를 위해서 불법인지 알면서도 허락을 한 것인지 공공시설이므로 단속을 해야 하는 것인지 양면의 칼인 것 같다.

양포항공원을 지나 바닷가 길을 따라가 축양장을 지나면 장기면 신창2리로 앞쪽으로 신창해변 백사장이 넓게 펼쳐 있다. 신창2리를 지나 어부횟집에서 도로 쪽으로 나와 31번 국도를 따라 오른쪽으로 신창해변을 끼고 해파랑길이 이어진다. 이곳 신창해변 바닷가에 추어탕 집이라니 어울리지 않지만 포항 근교에서 조금은 유명한 맛집으로 알려져 있는데 가 보지는 않았다. 추어탕 집을 지나 신창해변 끝부분의 장기천 금곡교를 건너면 신창1리로 장기천이 바다와 만나는 지점에 장기 일출암이 있다.

일출암은 육담 최남선 선생이 조선 10경으로 선정한 곳으로 다음과 같이 안내판에 적혀 있다.

'일출암(日出岩)'

경치가 아름다운 '장기 일출암'은 장기천을 따라 내려오는 민물과 동해의 바닷물이 만나는 곳에 있는 바위로, 옛날부터 생수가 솟아난다고 해서 '날물치' 또는 '생수암(生水岩)'이라고도 불리어 왔다. 물에서 조금 떨어져 우뚝 솟은 바위 틈새로 그림처럼 붙어 자란 소나무들과 그 사이로 떠오르는 아침 해의 조화가 실로 절경이어서, 육당 최남선이 '장기 일출'을 조선 십경(十景)중의 하나로 꼽았을 만큼 빼어난 장관을 연출한다.
또한 장기면의 옛 지명도 해돋이와 관련이 있는 지답현(只沓縣, 只沓: 해뜰 때 물이 끓어오르는 모양)이라고 불렸다. 날물

일출암

치 해송과 해 돋는 바다가 어우러진 모양새가 너무나 아름다워 오늘날 이 바위를 '장기 일출암'으로 명명하고 있다.

'육담 최남선 선생의 조선 10경'

압록 기적(汽笛): 경적을 울리는 압록강의 기선
경포 월화(月華): 경포대 수면에 비치는 달
천지 신광(神光): 백두산 천지 풍광
연평 어화(漁火): 연평도 조기잡이 어선 불빛
대동 춘흥(春興): 대동강 변 봄빛
장기 일출(日出): 장기에서 뜨는 아침 해
금강 추색(秋色): 금강산의 단풍 비경
변산 낙조(落照): 변산 앞바다의 해넘이

재령 관가(觀稼): 황해도 구월산 동선령 풍경

제주 망해(望海): 제주도의 망망대해

신창1리 포구에서 영암1리까지는 해안가 절벽 지대를 피해서 해파랑길은 신창1리 마을 뒤 야산을 넘어서 간다. 임도와 작은 산길을 따라가면 영암1리 항구가 나온다. 여기서부터 마을 안 포장길을 가면 아기자기한 해변과 작은 포구가 이어지고 영암3리를 지나 해병대 휴양소를 지나면 대진해수욕장이다. 대진리 마을 안길을 통과하면 좌측으로 해군 훈련장 건물이 있고, 예전에 이곳이 우리 회사(POSCO) 하계 휴양소로 당시 이용률도 저조하고 바다의 수심이 깊어 위험한 관계로 해병대에게 무상 기증을 하여 현재 해병대 훈련장으로 사용 중이다.

해병대 훈련장 옆 개울을 지나면 포항시 구룡포읍 모포리로 장기면과 경계 지역이다. 구평1리를 지나 구평2리에서 다시 국도로 나와 국도를 따라가서 상정천을 건너면 좌측으로 폐교된 구룡포초등학교 구남분교가 보인다. 농촌의 젊은 인구의 급속한 감소로 농촌의 초등학교가 전부 폐교되는 현실이 가슴 아프다. 구남분교를 지나 국도를 한참 가다 장길리 복합낚시공원 안내판을 보고 장길리 항구 쪽으로 들어간다.

맑고 푸른 빛의 바다색과 드넓게 펼쳐진 수려한 해안 경관을 자랑하는 경북 포항시 구룡포읍 장길리복합낚시공원이 많은 관광객과 낚시꾼들에게 인기를 얻으면서 새로운 관광 명소로 부상하고 있다. 장길리복합낚시공원은 2009년부터 2015년까지 6년간 사업비 120억 원을 투입해 준공했다. 이곳은 확 트인 해안 데크 산책로와 조경 공원, 야경이 아름다운 경관조명 등대, 부유식 낚시터, 바다에 떠 있는 펜션, 카페 등 여러 부대시설과 편의시설이 조성돼 가족 단위 방문객들이 지속적으로 늘어나고 있다. 특히 바다 쪽을 향해 길쭉한 모양으로 자리하고 있는 '보릿돌 교량'이 2013년 말 완공돼 관광객들은 도보로 보릿돌까지 걸어가 낚시를 즐기고, 아름다운 장길리 바닷가를 더 가까이서 볼 수 있게 됐다. 장길리복합낚시공원에서 다시 국도로 나와 국도를 따라 걷다가 하정1리 안내판을 보고 다시 마을 안길로 들어간다. 그동안 수없이 구룡포와 장길리 쪽으로 많이 다녔지만 하정리 쪽으로는 처음으로 들어오는 것 같다.

하정리와 병포리 마을 안길을 따라가면 앞쪽으로 경북 최대 어업 전진기지인 구룡포항이 보인다. 구룡포항 남쪽 조선소를 우회하여 마을을 지나 다시 해안으로 들어서면 구룡포 내항과 연결된 구룡포 읍내이다.

읍내에는 구룡포근대문화거리가 있어 소개를 한다.

동해 최대의 어업 전진기지인 구룡포는 일제강점기인 1923년 일제가 구룡포항을 축항하고 동해 권역의 어업을 관할하면서 일본인들의 유입이 급격히 늘어났다. 그러면서 현재 구룡포근대문화역사거리가 위치한 거리에는 병원과 백화 상점, 요리점, 여관 등이 늘어서고 많은 인파가 몰리면서 지역 상권의 중심 역할을 했다. 해방 후 남아 있던 일본 가옥들은 각종 개발 과정에서 철거되고 오랜 세월 동안 훼손되면서 과거 우리 민족의 아팠던 역사의 산 증거물이 사라져 가는 실정을 맞았다. 이에 포항시는 지역 내 가옥을 보수, 정비하여 일제강점기 때 일본인들의 풍요했던 생활 모습을 보여 줌으로써 상대적으로 일본에 의해 착취되었던 우리 경제와 생활 문화를 기억하는 산 교육장으로 삼고자 '구룡포근대문화역사거리'를 조성했다.

2011년 3월부터 시작된 정비 사업을 통해 457m 거리에 있는 27동의 건

구룡포근대문화역사거리

물을 보수한 '구룡포근대문화역사거리'는 2012년 12월 국토해양부가 주관하는 '제2회 대한민국 경관대상'에서 최우수상을 수상하며, 도심 활성화 사업의 우수 사례로 선정됐다. 이곳에 일제시대 가옥이 많은 관계로 영화와 드라마 촬영이 많았고 특히 1991년 최재성, 채시라, 박상원, 고현정이 출연했던 MBC 드라마 〈여명의 눈동자〉가 이곳에서 일부 촬영되어 인기를 끌었다.

구룡포는 일본인이 들어오기 전 작은 어촌 마을에 불과했는데 가가와현(香川縣)의 고깃배들이 물고기 떼를 좇아 이곳까지 오게 된 것이다. 이후 많은 일본의 어부들이 구룡포로 이주했다. 1932년에는 그 수가 300가구에 달했다니 상당한 규모였음을 알 수 있다. 구룡포근대역사관의 자료에 따르면 가가와현의 어부들이 처음 한반도 해역에 나타난 것은 1880년~1884년경으로 알려진다. 당시 가가와현의 세토내해는 어장이 좁아 어부들의 분쟁이 끊이지 않았다. 결국 힘없는 어부들은 더 넓은 어장을 찾

구룡포항

아 먼바다로 나섰고 풍부한 어족 자원을 품은 한반도에 정착하게 되었다.

지난 1월 1일 구룡포에서 해파랑길을 시작하여 울진 원전이 있는 부구삼거리에서 더 이상 북상하지 않고 해파랑길 1코스 출발 지점인 부산 오륙도에서 출발하여 오늘 구룡포에서 해파랑길을 연결하였다. 이제 다음부터는 부구삼거리에서 출발하여 강원도 삼척으로 들어간다.

광남서원과 충비 단량

포항시 장기면 장기초등학교 모포 분교를 조금 지나 구포삼거리에서 좌회전하여 포항 시내 쪽으로 약 1.0km를 가면 광남서원이 있다. 광남서원은 해파랑길에서 벗어나 있으나 광남서원에 배향된 황보 인(皇甫 仁)이라는 역사적 인물과 단량이라는 여종이 황보 인의 후손을 지켜낸 가슴 아픈 사연이 있어 소개를 한다.

○ 광남서원(廣南書院): 경상북도 포항시 남구 구룡포읍 성동리

단종을 보좌하다 1453년 계유정난 때 수양대군에게 살해된 황보 인(皇甫 仁)과 함께 살해당한 아들 황보 석(皇甫 錫), 황보 흠(皇甫 欽)을 배양하기 위해 1791년(정조 15)에 지방 유림과 그 후손들이 세웠다. 세덕사라 하다가 1831년(순조 31)에 '광남서원'이라고 사액(賜額)되었으며, 흥선대원군(興宣大院君)의 서원 철폐령으로 1868년(고종 5)에 훼철(毁撤)되었다가 1900년에 복원되어 오늘에 이르고 있다. 향사 인물 중 황보 인은 사간원 정언, 집현전 학사, 형조 참의, 강원도 관찰사, 병조판서를 거쳐 계유정난 당시 영의정을 지냈다. 고명대신으로 단종을 보좌하다 1453년 계유정난(癸酉靖難) 때 역모죄로 몰려 살해되었으며, 단종 복위와 함께 신원이 회복되어 충정이라는 시호가 내려졌다.

광남서원

○ **충비 단량(忠婢 丹良)**

광남서원 한쪽 담장 아래 예전부터 있었던 충비단량지비(忠婢丹良之碑)가 있고 새롭게 만든 비석은 비각 안에 세워 놓았는데 오늘 와 보니 예전에 만든 비석이 비각 안으로 들어가고 새롭게 만든 비석이 예전 담장 아래 비석 자리로 나와 있다. 예전 것이 모두 좋은 것은 아니지만 잘못되었다고 생각했는데 이제 바로잡은 것 같다. 이렇게 광남서원 안에 여종 즉 노비의 비석이 세워진 가슴 아픈 사연이 있어 소개를 한다.

세종이 죽고 문종이 즉위 후 2년 만에 병석에 눕게 된다. 문종은 자기가 죽으면 어린 아들 단종이 엄마도 없이 홀로 궁궐에 남겨지는 게 염려되어 영의정 황보 인과 좌의정 남지, 우의정 김종서 등을 불러 자기가 죽은 후에 어린 왕을 잘 보살펴 줄 것을 간곡히 부탁하고 죽는다. 이렇게 문종의 고명을 받은 대신을 고명대신이라 하며 어린 왕을 대신하여 정사를 독단하게 되면서 고명대신들에게 막강한 힘이 실리게 된다. 특히 황표정사로 조정의 인사권을 독단하면서 종친들과 반대파의 불만이 쌓여 간다. 특히 수양대군이 신권이 왕권을 능가하는 것을 두고 볼 수 없다고 해서 일으킨 난이 계유정난이다.

계유정난(癸酉靖難)은 단종 1년(1453년) 10월 10일 일어난 정변으로 맨 처음 수양대군이 김종서를 찾아가 김종서와 아들을 수하를 시켜 철퇴로 주살하고 궁궐로 들어와 왕명을 핑계로 대신들을 궁궐로 불러들여 한명회가 미리 만든 생살부(生殺簿)에 따라 반대파를 무참히 살해 또는 숙청하고 정권을 잡는다.

계유정난 과정에서 영의정인 황보 인의 집안도 역적으로 몰려 멸문지화(滅門之禍)를 당한다. 황보 인과 두 아들 그리고 장성한 손자가 죽고 다만 100일이 되지 않은 손자가 살아남아서 가문을 잇게 된다. 황보 인의 집안이 풍비박산 날 때 이 집의 계집종인 단량이 영의정 황보 인의 손자 황보 단을 물동이에 넣고 집을 빠져나온다. 차가운 날씨에 갈 길이 막막한 단량은 황보 인의 막내 사위 윤당(尹塘)이 살고 있는 경북 봉화군 상운면 닭실마을까지 800여 리를 피신해 왔다. 윤당은 함께 살다가 발각되면 함께 멸문지화를 당하니 아주 멀리 가서 숨어 살고 황보 단이 성인이 되면 집안의 내력을 말해 주라고 한다. 윤당에게 노자를 받은 단량은 무작정 집을 나와 도망을 치다 더 이상 도망칠 곳이 없는 동해안 바닷가에 이르러 어렵사리 터를 잡고 업고 온 황보 단을 김 씨로 속여서 친자식처럼 키우니 그곳이 포항시 남구 호미곶면 구만리 집신골이다. 구만리라는 지명은 더 이상 고만 가라고 해서 고만이었다가 구만이 되었다고 한다.

후일 충비 단량은 황보 단이 20세가 되자 조상에 대한 슬픈 사연과 내력, 그 자초 지정을 말해 주면서 조심해서 살 것을 당부하였다. 성장한 황보 단은 가문을 보존하기 위해 후손들에게 조상의 사실을 전하고 4대를 숨어 살다가 증손 황보 억이 뇌성산(212m) 아래 구룡포읍 성동리로 이거해 와 세거지를 이루었다. 그 후 정조 치세 연간에 누명이 풀리고 황보 인이 복권되면서 충정공으로 시호가 내려지고 성을 되찾아 황보氏 가문이 다시 살아난다. 그렇게 되자 지방 유림과 후손이 정조 15년(1791년) 성동리에 세덕사를 창건하여 수양대군에 의해 살해당한 황보 인과 장자 석(錫), 차자 흠(欽)을 배향하였다. 그때 빠트리지 않고 충성스러운 계집종이면서 가문을 잇게 해 준 충비 단량의 비석도 함께 세웠다고 한다. 다시 40년이 지난 후 순조 31년(1831년) 광남서원으로 사액을 받았다가 대원군 집권기 사원 철폐령에 훼철된 후 1900년에 다시 복원되었다.

이렇게 황보 인의 후손들이 이거해 왔던 세거지 성동리도 세월의 변화 앞에는 어쩔 수 없이 마을 전체가 광남서원만 남기고 없어지고 말았다. 오늘 해파랑길 13코스를 구룡포에서 마치고 귀갓길에 광남서원에 들렀더니 포항 블루밸리 공단에 마을 전체가 들어가 광남서원만 빼고 전부 사라지고 없다. 호미곶 구만리 집신골에서 이곳으로 왔던 황보인의 후손들은 이제 모두 뿔뿔이 헤어지는 아쉬움을 남기게 되었고 광남서원만이 옛터를 쓸쓸히 지키게 되었다.

단량비

해파랑길 14코스

구룡포항 → 1.7km → 구룡포해변 → 12.4km → 호미곶: 14.1km

구룡포 차량 환승센터 근처 구룡포항에서 출발하여 구룡포근대문화역사거리를 통과하여 호미곶까지 가는 코스이다. 포항에 살면서 수없이 호미곶을 가면서 차를 타고 이동을 했고, 몇 년 전 동해안 무박 100km 걷기에는 도로를 따라서 걸었는데 해파랑길은 어촌 마을과 마을 연결해 주는 도로와 해안선을 따라 걸어 어촌 마을의 속살을 보면서 걸어간다. 오늘 새해 첫날 동해의 일출을 보기 위해 엄청난 인파와 차량이 몰려서 동해안이 들썩이는 것 같다. 중간중간의 멋진 펜션엔 행락객과 야영객들이 넘쳐 나고 여름에만 야영을 하는 것이 아니고 한겨울에도 야영을 하는 것을 보니 부럽기도 했다.

구룡포 버스 환승 센터를 출발하면 구룡포항의 아라광장이고, 광장엔 어선 모양의 조형물, 배 위엔 어부가 그물을 거둬 올리는 형상을 하고 있다. 아라광장은 일명 과메기 문화 거리 아라광장으로 과메기에 대한 설명이 간단히 되어 있어 소개를 하고 자세한 것은 따로 소개를 한다.

과메기의 유래

동해안의 한 선비가 한겨울에 한양으로 과거를 보러 해안가를 걸어갔다. 민가는 보이지 않고 배는 고파 오는데 해안가 언덕 위 나무에 생선이, 눈이 나뭇가지에 괴인 채 말라 있는 걸 보고 찢어 먹었는데 너무나 맛이 좋았다. 과거를 보고 내려온 그 선비가 집에서 겨울마다 생선 중 청어나 꽁치를 그 방법대로 말려 먹은 것이 과메기의 기원이라고 한다.

아라광장 끝부분 길 건너에 구룡포근대문화역사거리가 있다. 일제강점기 시절 일본인들이 이곳에 터전을 잡고 고기잡이와 가공업으로 번창을 하였던 곳으로 해방 후 일본 가옥들이 철거되고 노후화된 것을 포항시에서 옛날 모습으로 복원을 하고 정비하여 구룡포근대문화역사거리로 조성을 하였다. 일본인 가옥 거리를 지나 도로를 따라가 포항과학기술고등학교를 지나 바닷가로 내려가 마을과 절벽 지대를 통과하면 구룡포해변이다. 구룡포해수욕장은 수심이 얕고 물이 깨끗해서 여름철 해수욕장으로 인기가 높고 가을철 오징어 풍어기엔 오징어를 풀어놓고 오징어 축제도 하는 곳이다. 구룡포해변을 지나 개울을 건너 언덕을 올라가면 구룡포 주상절리 공원이고, 구룡포 주상절리는 다른 지역과 달리 화산이 폭발하는 모습을 연상시키는 특이한 형상을 하고 있어 당시 용암이 나오는 형태 그대로 멈추어진 듯한 형상을 하고 있다고 한다.

주상절리를 통과하면 삼정해변으로 작은 해변과 포구가 같이 있다.

겨울엔 삼정포구 주변에 과메기를 말리는 곳으로 온 동네에서 비릿한 냄새가 날 정도이다. 이곳 삼정항 주변이 요즘 전국적인 상품이 된 구룡포 과메기의 주산지이다. 삼정해변을 지나 조금 가면 바닷가에 포스코

패밀리 수련원이 있다.

석병리 포구에서 바닷가로 내려가면 절벽 지대에 목재 데크를 만들어 놓아 바다를 보면서 갈 수 있도록 되어 있다. 절벽 지대를 통과하면 강사1리이고 이곳에서 다시 강사2리 포구까지 절벽과 바위에 목재 데크를 만들어 놓아 바다 풍경을 이곳 역시 즐기면서 갈 수 있다.

목재 데크를 지나면 호미곶 광장까지는 포장도로를 따라가고 해송모텔 근처 도롯가에 해국 자생지라는 간판이 있다. 지금은 겨울이라서 해국을 볼 수 없지만 가을엔 노란 해국을 볼 수 있다. 해국(海菊)은 국화과의 여러해살이풀로 바닷가에서 잘 자라서 해변국이라고도 한다. 줄기는 다소 목질화하고 가지가 많이 갈라지며 비스듬히 자라서 높이가 30~60cm가 된다. 꽃은 7~11월에 피고 연한 보랏빛 또는 흰색이며 가지 끝에 두화(頭花)가 달린다. 열매는 11월에 성숙하고 관모는 갈색이며 한국과 일본에 분포한다.

해국 자생지를 지나면 좌측으로 야영장이 있는데, 한겨울인데도 해맞이 야영객이 많고 텐트의 크기도 무척 크고 모양과 색상도 다양하다. 예전엔 여름철에만 야영을 하는 줄 알았는데 요즘은 전천후로 야영을 즐기고 있다. 텐트의 기능도 좋아지고 야영장에서 전기도 대여를 해 주어 추운 겨울에도 따뜻하게 야영을 할 수 있다 한다. 새해 첫날 해맞이를 위하여 야영을 하는 젊은이들을 보니 부럽기도 한다.

강사2리 바닷가에는 예전에 이곳이 고향인 후배 사원이 입사를 하여 저녁 식사 초대를 받아 온 적이 있다. 그때의 음식 중에 생오징어를 내장을 빼지 않고 찜솥에 쪄서 식힌 후 썰어 주는데 먹을 수 없었다. 오징어 내장을 빼지 않아 누런 내장이 그대로 들어 있는데 음식을 별로 가리지 않는 나도 도저히 젓가락이 가지 않았다. 그러나 고참 사원과 바닷가에 오랜 산 동료들은 최고의 맛이라고 잘 먹는다. 내가 먹지 않았더니 자꾸 먹어 보라고 해서 눈 딱 감고 먹어 보았더니 내장에서 나는 독특한 맛이 일품이었다.

대보1리 포구를 지나면 호미곶등대와 상생의 손이 잘 보인다. 호미곶에 도착을 하니 해맞이가 끝났어도 아직 집으로 돌아가지 않은 인파들이 상생들의 손을 배경으로 사진 촬영도 하며 새해 첫날을 만끽하고 있다. 배낭을 메고 있는 행락객은 나 이외에는 없는 것 같아 사진 촬영을 하고 서둘러서 호미곶 광장을 빠져나와 해파랑길 15코스를 바로 시작을 했다.

호미곶 상생의 손

상생의 손은 새천년을 축하하며 희망찬 미래에 대한 비전을 제시한다는 차원에서 1999년 6월에 제작해 착수한 지 6개월 만인 그해 12월에 완공하였다. 상생의 손은 국가 행사인 호미곶 해맞이 축전을 기리는 상징물이다. 육지에선 왼손, 바다에선 오른손인 상생의 손은 새천년을 맞아 모든 국민들이 서로를 도우며 살자는 뜻에서 만든 조형물인 상생의 손은 두 손이 상생(상극의 반대)을 의미한다.

성화대의 화반은 해의 이미지이며, 두 개의 원형 고리는 화합을 의미한다. 상생의 두 손은 새천년을 맞아 화해와 상쇄의 기념 정신을 담고 있다. 현재 호미곶 하면 상생의 손일 정도로 인지도가 높아져서 호미곶 광장을 찾는 관광객 대부분이 바다의 상생의 손을 배경으로 사진을 찍고 간다.

상생의 손

호미곶등대와 호미곶 박물관

호미곶등대는 대한제국 융희 원년(1907년)에 일본 수산 실업 전문 대학 실습선이 대보리 앞바다에서 암초에 부딪쳐 좌초되어 4명이 사망하자 일본인들이 대한제국의 책임이라고 하여 세워지게 되었다. 프랑스인이 설계하고, 중국인 기술자가 시공을 맡아 1908년 12월에 준공되었다. 높이 26.4m의 팔각형으로 서구식 건축양식을 보여 준다. 기초에서부터 동탑의 중간 부분까지 곡선을 그리면서 폭이 점차 좁아지는 형태이며, 다른 고층 건물과는 달리 철근을 사용하지 않고 벽돌로만 쌓은 것이 특징이다.

등대 내부는 6층으로 각층의 천장에는 대한제국 황실의 상징인 오얏꽃(李花) 모양의 문양이 조각되어 있다. 대한민국의 육지 최동단에 위치한 호미곶등대는 1908년 건립 당시 동외곶(冬外串) 등대였고, 1934년 장기갑(長鬐甲)등대로 개칭되었다. 다시 1995년 장기곶(長鬐串)등대로, 2002년 2월 현재 호미곶(虎尾串)등대가 되었다.

호미곶

해파랑길 15코스

호미곶 → 2.5km → 대보저수지 → 1.2km → 동호사 → 7.2km → 임도사거리 → 3.8km → 흥환보건소: 14.7km

호미곶 상생의 손을 지나 광장을 지나가니 금일 해맞이 행사로 거대한 가마솥에 떡국을 끓여 먹었는지 아직도 가마솥 부근에 열기가 남아 있다. 2000년 호미곶 광장에서 밀레니엄 행사를 하면서 만든 거대한 가마솥은 우리나라에서 가장 큰 솥이며 가마솥의 지름은 3.3m, 깊이 1.2m, 둘레 10.3m로 내부는 고강도 스테인레스이고 외부는 주철로 만들어졌으며, 무게는 약 1톤이다. 가마솥과 같이 설치된 아궁이는 내화벽돌 3,500장이 소요되었다고 하니 그 규모를 짐작할 수 있다.

가마솥을 지나 호미곶 새천년기념관을 뒤로하고 호미곶 광장을 나왔다. 구31번 국도 호미곶 버스 정류장 부근 횡단보도를 지나 농로를 접어들면 앞으로 새로 난 31번 국도 4차선 도로가 보인다. 국도의 굴다리를 통과하여 좌측으로 시멘트 포장길을 따라 남쪽으로 국도를 나란히 하고 걸어간다. 대보마을 입구의 애향동산을 지나면 호미지맥 쉼터인 작은 정자가 있다. 정자를 지나 다시 시멘트 포장길을 따라가면 길가에 다시 작은 정자가 나온다.

정자를 지나 조금 더 가면 우측으로 대보저수지가 나오고 이 저수지가 호미곶 일대의 식수와 농업용수를 공급하고 있다. 여러 해 전 이곳 일

호미곶 새천년기념관

대에 산불이 나서 진화 작업 자원봉사를 왔을 때 산불 진화에 출동한 헬기가 대보저수지의 물을 푸는 장면을 보았는데 저수지 수면 위에 아슬아슬하게 근접하여 물을 퍼서 올라가는 모습이 신기하기만 했다. 호미곶면 일대 화재 시 헬기와 포항 해변 사단 장병들의 헌신적인 노력으로 산불을 조기 진화하여 더 큰 피해를 막을 수 있었다.

대보저수지 북쪽 산 정상엔 거대한 레이더기지와 군부대가 주둔을 하고 있다. 이곳 레이더기지는 동쪽에서 우리나라로 들어오는 모든 항공기를 통제한다고 하고 노태우 정부의 비핵화 선언 전에는 핵무기를 보관했다는 말도 들은 적이 있으나 현재는 철수를 했다고 하는데 군사 비밀이라 알 수 없다. 다만 주변 산에 철조망을 이중으로 치고 지뢰를 매설하고 철저하게 통제를 한다. 대보저수지를 지나 동호사를 지나면 동호요양실버타운으로 최근에 건물을 준공하여 외관이 깨끗하지만 추위 때문인지 인적은 별로 없고 왠지 모를 쓸쓸함을 감출 수 없다.

예전에는 노인들이 아프면 자식들 집에서 요양을 했으나, 지금은 병들고 기력이 떨어져 거동이 불편하면 대부분 요양원으로 간다. 노인들이 요양원에 가면 자식들이 부모를 버렸다고 했는데 지금은 인식이 많이 바뀐 것 같다. 노인들이 거동이 불편한 상태에서 자식들이 맞벌이 등을 위하여 아침에 출근을 하면 홀로 아파트 등의 방에 남아 하루 종일 징역살이 같은 생활을 하다 요양원으로 오면 말 상대도 있고 요양 보호사들이 잘 보살펴 주어 대부분의 노인들은 집보다 좋다고 한다. 우리들의 부모님 세대는 일제 치하와 한국전쟁 등을 거치며 온몸으로 고생을 하면서 자식들을 가르치고 대한민국이 이 정도로 살 수 있도록 디딤돌을 놓아 주신 분들인데 생각해 보면 안타깝기만 하다.

포항 영일만 관광단지 예정지를 지나 비포장 임도를 따라 서쪽으로 가서 삼정리에서 올라오는 임도를 만나는 지점에서 이정표를 보고 우측으로 내려서면 홍환리로 가는 임도이다. 급경사 시멘트 포장길을 따라 한참을 내려가면 홍환리 마을이 나온다. 마을은 개울을 사이에 두고 양쪽으로 형성되어 있으며 겨울 밭에는 시금치와 월동초가 겨울 해풍을 맞으며 파랗게 자라고 있다.

마을을 내려가 중흥리로 가는 삼거리에서 우측으로 가면 SBS 〈백년손님〉 촬영지라는 간판에 이만기 교수와 이 교수 장모님의 사진이 함께 있다. 간판을 지나 다리를 건너면 홍환리 보건지소가 있고 이곳이 해파랑길 15코스 종점이고 16코스 출발점이다.

보건지소가 있는 홍환리 바닷가는 예전에 많이 놀러 왔던 곳으로 자가용이 없던 시절에 비포장길에 시내버스를 타고 놀러 오면 바다에 해산물이 많았다. 해변에서 조금 들어가면 갯바위에 그 당시 흔했던 홍합과 군

소가 무척 많아 채취를 하여 삶아 먹고 낚시도 하면서 놀았던 기억이 있다. 도로가 포장되고 자가용이 생긴 후엔 죽도시장에서 생오징어를 큰 노란 박스로 구입하여 홍환리 해변에서 오징어를 활복을 하여 널어놓으면 가을 햇살에 하루 정도면 구득 구득하게 말랐다. 물기를 빼고 구득하게 말린 오징어는 집에 가져와 옥상에 널어놓아 말리면 시장에서 사는 오징어와는 비교할 수 없는 맛을 느낄 수 있었다.

오징어를 활복한 내장을 바닷가 갯바위에 버리면 냄새를 맡고 황어가 몰려들어 낚싯바늘만 넣으면 황어가 잡혀 올라왔다. 오징어가 마르기를 기다리며 오징어와 황어 회를 먹으면서 하루를 즐겁게 보냈던 일을 친구들과 친구 와이프들은 지금도 가끔 이야기를 한다.

호미반도해안둘레길

호미곶에서 포항으로 오는 해파랑길 외에도 멋진 호미반도해안둘레길이 있어 소개를 한다. 호미반도해안둘레길은 한반도 지도에서 일명 호랑이 꼬리 부분으로 영일만을 끼고 동쪽으로 쭉 뻗어 나와 있는 동해면과 구룡포, 호미곶, 장기면까지 해안선 58km를 연결하는 트레킹 로드이다. 한반도 최동단 지역으로 해맞이와 석양이 아름다운 천혜의 해안을 따라 기암절벽과 찰랑이는 파도 소리를 들으며 무념으로 한나절 걸을 수 있는 힐링 로드로 전국 최고라 해도 손색이 없다.

이번에 공개된 코스는 절벽과 파도로 인해 접근이 불가했던 동해면 입암리 선바우에서 마산리까지 700m 구간을 14억 원의 예산과 마을 주민과의 협업으로 해상 데크 로드를 설치하여 끊어진 마을 간을 연결하였다. 그동안 감춰졌던 기암절벽에는 집단으로 자생하는 해국 군락지가 새롭게 발견되었다. 예전부터 전해 내려오는 이야기가 있는 선바우, 힌디기, 하선대를 비롯하여 여왕의 왕관를 닮은 여왕 바위, 계곡 바위, 킹콩바위, 배 바위 등 각종 사물을 닮은 바위들이 신비감을 더한다. 특히 해질 녘이면 기암절벽 사이로 넘어가는 석양이 너무 아름답다. 해가 지면 불야성의 포스코의 야경이 한눈에 들어온다.

호미곶 해맞이 광장에서 포항시 임곡면까지 오는 구간은 해파랑길, 지방 도로, 호미 반도길이 있다. 이번에 새로 개통된 구간인 호미반도해안둘레길은 영덕 블루로드 B 구간과 견주어도 손색이 없는 구간으로 경북 동해안의 명물 둘레길이 될 것 같다.

작은 포구엔 어부들의 손길이 바쁘고 해안과 절벽엔 해국이 피어 아름다움을 뽐내고 있다. 구만리에서부터는 호미곶면 마을 안쪽 포장도로를 따라간다. 이 구간 중 대동배 해변의 구룡소 구간이 가장 절경이고 멋진 구간이다.

호미반도해안둘레길

해파랑길 16코스

흥환보건소 → 6.4km → 동산공원묘지 → 5.1km → 도구해변 → 8.6km → 형산강변 → 2.3km → 송도해변: 22.4km

SBS 예능프로그램 〈백년손님〉의 촬영지 안내 표지판 부근의 보건지소가 출발점이다. 이곳 중흥리는 〈백년손님〉의 출연자 천하장사 이만기 씨의 처갓집 마을이다. 마을 안길로 들어가 소나무 삼거리에 중흥리라는 안내판을 보고 우측으로 한참을 올라가니 이만기 교수의 처갓집이 보이고 낯선 손님을 보고 개가 짖어 대고 있다. 이만기 교수 처갓집을 지나서 조금 가면 급경사 임도가 한참을 이어지고 호미곶에서 오는 임도와 만나는 지점에서 서쪽으로 방향을 틀어 계속 직진을 한다.

급경사를 올라와 뒤돌아보면 영일만의 푸른 바다가 넓게 펼쳐 있고 영일만 너머 환호동과 포항 시내의 북쪽 지역이 보인다. 둘레길 중간중간에 표시기가 있어서 길을 잃을 염려가 없고 한참을 직진하여 연오랑세오녀 감사 둘레길 쉼터를 지나 서진하여 영일만과 포스코를 보면서 도로에 내려서고 도구해변으로 해파랑길은 계속 이어진다.

이곳 동해면 도구리는 연오랑세오녀의 전설이 있는 곳으로 해병 사단 안에는 일월지가 있다. 포항 해병 1사단은 포항시 동해면과 오천읍에 걸쳐 있으며 귀신 잡는 해병이라는 별칭에 걸맞게 우리나라 최정예 해병 사

포스코

단으로 포항에 포스코가 생기기 전에는 포항 하면 먼저 해병대를 떠올릴 정도였다. 해병대 북문 부근엔 군부대에서는 퇴역한 비행기와 군 장비를 전시한 해군6전단 항공역사관이 있어 잠시 둘러볼 만하다. 해병대 북문을 지나면 청림초등학교 삼거리이다. 냉천교를 건너면 우측으로 포스코이고, 좌측으로 이마트 건물과 포스코 인덕 주택단지가 있다.

포스코 3문과 2문을 지나 포스코 동촌 생활관에 들어가 대식당에서 점심 식사를 했다. 지금은 동촌 생활관이라고 하지만 내가 포스코에 입사를 할 때는 이곳을 개척 독신료라고 했다. 금남(禁男)의 집이 아닌 금녀(禁女) 집이었다. 지금은 대부분 결혼을 한 고참들이 많지만 포스코가 한창 확장을 하고 외형을 넓혀 가던 시절엔 총각들이 기혼자보다 훨씬 많았다. 그래서 독신료 배정받기도 힘들었다. 독신료가 싫은 직원들은 독신료와 인접한 인덕동 등지로 나가 방을 얻어서 월식사 등을 했다. 나도 독신료에서 결혼 전까지 살았고 그 시절엔 시설도 별로 좋지 않았지만 지금은 냉난방 시설을 갖춘 숙소에서 총각 사원들이 지내고 있다. 지금은 동촌 생활관에 프로 축구장도 있고, 외부에 개방되어 외부인들이 자연스럽게 들어오지만 그때는 외부인들이 들어오려면 경비실을 통과하고 관리인들의 허락을 받아야 했다. 그래서 처녀 총각들 간에 독신료를 사이에 두고 웃지 못할 일도 가끔은 벌어지곤 했다.

동촌 생활관 호수를 나와 포스코 정문에서 도로를 횡단한 후 형산교를 향해서 걸어갔다.

포스코 정문엔 資源은 有限 創意는 無限(자원은 무한 창의는 유한)이라는 현판이 걸려 있다. 자원도 없고 자본도 없었던 시절 일제강점기 배상금으로 받은 돈으로 포항종합제철을 건설하면서 무수한 난관이 닥쳐왔지만 고 박태준 회장님의 리더십과 직원들의 헌신적인 노력으로 오늘날의 포스코를 건설하면서 조업을 할 수 있었다. 포항종합제철 건설 초기 선배 사원들은 제철보국(製鐵報國)이라는 신념으로 명절도 반납하고, 영일만의 모래바람을 맞으며 열심히 일을 했다. 제철소를 건설하지 못하면 동해 바다에 우향우하여 빠져 죽을 각오를 했다고 한다. 그래서 현재의 포스코는 제철보국과 우향우 정신으로 만들어진 회사라는 자부심을 가지고 있다.

포스코가 세워진 후 값싸고 품질 좋은 철강을 국내에 안정적으로 공급하여 국내 산업 전반에 엄청난 파급효과를 가져왔다. 특히 조선, 자동차, 건설 등에서 비약적인 발전을 하게 되었다. 이렇게 포스코가 대한민국의 산업 발전에 지대한 공을 세운 것은 부정할 수 없는 사실이다. 현재 포스코는 세계 철강업계의 과잉생산과 불황으로 다소 어렵지만 직원들의 역량과 혁신으로 충분히 헤쳐 나갈 것이며 세계 최고 철강사의 역할을 계속하리라 기대하고 있다.

포스코 (2)

포스코 1문과 현대제철 포항공장을 지나 형산강 다리를 통과하여 강둑을 따라서 내려간다. 형산강 둑길을 따라 하구 쪽으로 내려가면 포항제철 최초의 용광로인 1고로에서 4고로까지 형산강변에 위풍당당하게 서서 365일 쇳물을 토해 내고 있다. 용광로의 원료인 철광석과 유연탄을 전부 외국에서 수입 사용을 하며 자국산 원료로 제철업을 하는 외국에 비해 원가 부담이 많지만, 포스코 고유의 기술력과 원가절감의 노력으로 최대 생산과 최고 품질의 쇳물을 생산 중이다.

포스코 용광로를 바라보며, 발걸음도 가볍게 걸어갔지만 올해 9월이면 포스코를 퇴직하고 회사를 떠나야 하는 아쉬움이 교차하는 순간이었다. 푸른 영일만을 바라보면서 해파랑길 16코스 종점인 송도해수욕장 여인상에 기분 좋게 도착을 했다.

해파랑길 16코스 중간 지점인 도구면에 연오랑세오녀 기념 공원이 있어 소개를 한다.

설화 속의 연오랑세오녀(延烏郎細烏女)

삼국유사 제1권 기이 제1(三國遺事 卷第一 紀異 第一)

第八阿達羅王卽位四年丁酉 東海濱 有延烏郎 細烏女 夫婦而居 一日延烏歸海採藻 忽有一巖[一云一魚] 負歸日本 國人見之曰 此非常人也 乃立爲王[按日本帝記 前後無新羅人爲王者 此乃邊邑小王 而非眞王也] 細烏怪夫不來 歸尋之 見夫脫鞋 亦上其巖 巖亦負歸如前 其國人驚訝 奏獻於王 夫婦相會 立爲貴妃 是時 新羅日月無光 日者奏云 日月之稱 降在我國 今去日本 故致斯怪 王遣使來求二人 延烏曰 我到此國 天使然也 今何歸乎 雖然朕之妃 有所織細綃 以此祭天 可矣 仍賜其綃 使人來奏 依其言而祭之 然後日月如舊 藏其綃於御庫爲國寶 名其庫爲貴妃庫 祭天所名迎日縣 又都祈野

신라 제8대 아달라왕 4년 정유(157)에 동해 바닷가에 연오랑·세오녀 부부가 살고 있었다. 하루는 연오가 바닷가에서 해조(海藻)를 따고 있던 중 갑자기 바위가 연오를 싣고 일본 땅으로 건너갔다. 그 나라 사람들이 사실을 보고 말하기를 "이분은 예사로운 사람이 아니다." 그래서 연오를 비상한 사람으로 여겨 왕으로 삼았다.

세오는 남편 연오가 돌아오지 않은 것을 괴이하게 여겨 찾아 나섰다가 남편이 벗어 둔 신을 보고 그 바위에 오르니 바위가 또 세오를 일본으로 실어 갔다. 그 나라 사람들이 놀라 이 사실을 왕께 아뢰니 부부가 서로 만나 세오를 귀비로 삼았다.

이때 신라에서는 해와 달이 빛을 잃었다. 일관(日官)이 아뢰기를 "해와 달의 정기가 우리나라에 내려와 있었으나 지금은 일본으로 가 버렸기 때문에 이러한 괴이한 일이 생긴 것이옵니다."라 했다. 이에 국왕은 사자를 일본에 보내어 이들 부부를 오라고 하였더니 연오가 말하기를

"내가 이 나라에 온 것은 하늘이 그렇게 시킨 것이니 이제 어찌 돌아갈 수 있겠는가? 그러나 짐의 왕비가 짠 고운 비단이 있으니 이것으로 하늘에 제사 지내면 될 것이다."라 하면서 비단을 사신에게 주었다.

이에 사자가 가지고 돌아온 그 비단을 모셔 놓고 제사를 드렸더니 해와 달이 옛날같이 다시 밝아졌다. 비단을 창고에 모셔 국보로 삼고 그 창고를 귀비고(貴妃庫)라 하였으며, 하늘에 제사 지내던 곳을 영일현(迎日縣) 또는 도기야(都祈野)라 하였다. 연오와 세오의 이동으로 일월이 빛을 잃었다가 세오의 비단 제사로 다시 광명을 회복하였다는 일월지(日月池)의 전설과 자취는 지금도 영일만에 남아 있다.

연오랑세오녀 기념탑

해파랑길 17코스

송도해변 → 3.1km → 포항여객선터미널 → 5.0km → 여남동 숲길 → 5.4km → 영일만신항 → 4.4km → 칠포해변: 17.9km

포항 송도해변은 해변 가까이 해송(곰솔) 숲이 많아 송도이다. 포항공단이 형산강변에 들어서기 전에는 포항 시민들의 여름철 해수욕장이며 휴식 공간이었다. 이후 공단이 조성되면서 공단의 폐수와 인구의 급격한 증가에 따른 생활 오수 등의 유입으로 오염되어 송도해변을 찾는 사람들이 줄어들었다.

포항시에서 송도해변 되살리기에 나서 생활 오수 유입을 차단하고 또한 공단의 폐수 유입을 철저히 차단하면서 최근 수질이 많이 개선되면서 송도해변을 찾는 관광객들도 증가하고 허름한 건물을 철거하고 새 건물들이 들어서고 있다. 포항시와 공단 그리고 시민들이 함께 노력하여 옛날의 송도해변을 다시 찾을 수 있기를 기원해 본다.

송도해변을 출발하면 송빈대교 우측 부두엔 해군에서 퇴역한 포항함이 있다. 포항함은 서해에서 침몰하여 많은 사상자를 낸 천안함과 동급 함정으로 이제 해군에서 퇴역을 하고 항만 부두에 정박하여 관광객이나 시민에게 안보 교육장으로 개방을 하고 있다. 천안함의 침몰에 대해 여러 가지 말들이 많지만 다시 이런 사고로 젊은이들이 희생되지 않았으면

송도해수욕장

하는 바람이다.

동빈대교를 지나 북측으로 따라 내려가면 조업을 하지 않은 수많은 배들이 정박을 하고 있다. 항만이 끝나는 지점의 포항여객선터미널에서 울릉도를 왕복하는 배를 탈 수가 있다. 포항에서 울릉도까지 약 3시간 정도 소요되며 몇 년 전에 울릉도 여행과 성인봉 등산을 위해서 두 번 울릉도에 다녀왔다. 선착장을 지나면서 영일대해수욕장으로 예전 이름은 북부해수욕장인데 해안가에는 수많은 유흥 상가와 숙박 시설 등으로 포항 최고의 상권이며 야간엔 불야성을 이루는 곳이다. 특히 매년 7월 말에 개최되는 포항불빛축제 기간 중에는 수많은 인파로 발을 디뎌 놓을 곳이 없을 정도이다.

내가 처음 포항에 왔을 때 영일대해수욕장은 그냥 시골 동네 해수욕장이었으나 송도해수욕장에 입욕이 금지되고 영일대해변 주변으로 인구가 급격히 유입되었다. 아파트와 상가 건물이 들어서면서 부산의 해운대해수욕장과 같이 도심 가까이 있는 해변으로 변하고 있다. 영일대해수욕장 북쪽 끝부분엔 몇 년 전에 설치된 영일정이라는 정자가 바다 위에 세워져 있어 관광객들과 포항 시민들이 많이 찾고 있다. 그리고 바닷가 주변의 산책로에는 많은 Steel 조각품들이 전시되어 철강 도시 포항 이미지와 함께하고 있다.

포항 해파랑길 17코스 중 영일대해수욕장 영일대 정자 입구에 세워져 있는 이순신 장군의 동상을 보았다. 긴 칼을 옆에 차고 서 있는 모습이 아니고 왼쪽 겨드랑이에 책을 끼고 오른쪽 손에는 칼 대신에 붓을 들고 서 있는 동상이 신기했다. 이 동상을 만든 작가 분의 발상이 대단히 기발하고 어떤 생각을 하고 이렇게 동상을 제작했을까? 해파랑길을 걸으면서 다음과 같은 생각을 난 혼자 해 보았다.

고려 중기 최 씨 무신 정권기 무(武)가 지배하는 시절과 조선시대 유교(儒教)를 숭상하면서 문(文)이 지배하던 시대 시절, 그리고 8·15 광복 후 군사정권과 문민 정부를 거치면서 작가는 文과 武가 적절히 조화된 세상을 생각하면서 이런 동상을 세웠지 않은가 반문을 해 보았다. 이순신 장군은 우리나라 역사상 가장 훌륭한 장군이면서 풍전등화와 같았던 조선를 구해 주신 불세출의 영웅이라는 데 아무런 이의가 없다. 7년간의 임진

영일대해수욕장

왜란 중 유네스코에 등재된 난중일기라는 기록을 남기신 장군이 전쟁을 하며 어떻게 이런 기록을 남기셨는가를 생각해 보면 장군은 원래 문과를 준비하시던 분이었다. 장군의 형님인 요신은 서애 류성룡과 퇴계 선생에게서 함께 동문 수학을 하시던 분인데 일찍 요절을 하셨고 장군도 집안의 영향으로 문과를 준비했다. 대과에 합격하지 못하시고 무과로 전향을 해서 늦은 나이에 무인의 길로 나서시게 된다. 역설적으로 생각하면 우리나라를 보았을 때 장군이 문과에 떨어진 것이 얼마나 다행인지 모르겠다고 어떤 학자는 이야기를 한다. 이순신 장군은 율곡 이이 선생과 덕수 이씨 19촌으로 어느 교수분은 장군이 율곡 선생에게 학문에 대해 테스트를 받아 보고 율곡 선생이 무과로 전향하라고 조언을 했을 수도 있다고 한다.

장군은 엄밀히 말하면 서인 계열이지만 동인인 류성룡의 천거로 전라좌수사에 임명되었는데 장군의 형님인 요신과 서애 선생의 인연이 중요한 역할을 한 것 같다. 후일 서인에 의해 탄핵을 받았으니 역사의 아이러니라고 할 수 있다.

반대로 우리가 문인(文人)인데 무인(武人)으로 오해를 하고 있는 대표적인 인물이 조선 세종 시대 함경도에 6진을 개척하여 현재 우리나라 북방의 영토의 기틀을 마련하신 김종서 대감이다. 6진 개척기 여진족과의 전투 때문에 장군을 무인(武人)으로 잘못 알고 있는데 이분은 문과 과거에 합격하신 학자로 함경도 관찰사와 제찰사로 나가기 전에는 정통 문신 관료로 승정원에서 지신사(후에 도승지로 명칭이 변경됨)로 근무를 했고 함경도에서 돌아와서는 6조 판서 등을 거친 후 문종 사후 황보 인과 함께 고명대신으로 국정을 좌지우지했다. 이를 못마땅하게 생각한 수양대군이 일으킨 계유정난 때 수양대군의 부하에 의해 철퇴를 맞고 죽는다. 김종서 대감의 부친이 무인으로 집안의 영향으로 김종서 대감이 무인 기질을 자연스럽게 받아들여 문무를 두루 섭렵하신 분이 아닌가 생각을 해 본다.

해수욕장을 지나 환호공원 남쪽 도로를 따라 해안도로를 따라서 한참을 가면 여남동에 도착을 한다. 여남동도 예전에 한적한 시골 어촌이었는데 지금은 횟집과 상가들이 들어서며 도시화되고 있다. 여남동을 지나면 죽천리이다. 마을이 끝나는 지점에 있는 죽천초등학교에서 잠시 도로를 따라 내려가 다시 우목리에서 마을 안길로 다시 접어든다. 우목리를 지나면 포항 신항만이고 지금도 공사를 계속하면서 항만을 운영하는데 물동량이 적은 것 같아서 걱정이다. 항만 정문 부근에서 좌측으로 가면 휴일을 맞이하여 수많은 낚시꾼과 차량으로 주차장이 만원이고 예전에 비해 낚시점도 엄청나게 늘어났다.

낚시점이 끝나는 지점부터는 신항만 배후 단지가 많이 들어서 있는데 아직도 활성화가 되려면 아직 시간이 더 필요하고 해안선을 따라서 내려가면서 보면 17코스의 종점인 칠포해수욕장이 보인다. 신항만 배후 단지에서부터 해파랑길은 공사 관계로 길이 없어진 경우가 많은데 표시기를 잘 보고 찾아야지 길을 잃을 염려가 없고, 길을 잃으면 도로를 따라 내려가도 무방하다. 한참을 백사장 해안선을 따라 내려가 대구교육해양수련원을 끼고 잠시 내려가면 백사장으로 들어가는 작은 다리가 있고 이곳을 통과하면 포항 최고의 해수욕장인 칠포해수욕장이다.

장군 동상

포항 죽도시장과 겨울철 별미 과메기

ㅇ 죽도시장

경상북도 최대 재래시장이며 오늘날 포항 지역의 중심 역할을 맡고 있는 시장 중의 한 곳이 포항 죽도시장이다. 죽도시장이 있는 죽도동은 원래 형산강 하구 영일만에 토사가 쌓여 만들어진 섬이었다. 죽도 이외에도 대도와 상도, 해도, 송도 등이 모두 섬이었으나 형산강 하구를 정비하며 제방을 쌓고 다리를 건설하고 개천을 복개하면서 모두 육지가 되었다. 죽도는 예전에 갈대가 많아서 대섬이라 했다가 대섬을 한자로 표기하면서 대짜를 대나무 죽(竹)으로 섬짜를 도(島) 표기하며 죽도(竹島)가 되었다.

죽도 시장은 1950년대 칠성천이 복개되기 전 하천을 따라 하나둘 생선 등을 파는 좌판을 벌였던 노점상들이 처음으로 장사를 시작했다. 그러다 1970년대 칠성천이 복개되고 포항종합제철주식회사(POSCO)가 형산강 하구에 건설되면서 주변의 인구가 급격히 증가하여 주변의 농토와 갈대밭이 사라지고 주택과 상가가 들어서기 시작했다. 이후 포항의 경제는 형산강을 사이에 두고 포스코와 죽도시장을 중심으로 발전을 거듭해 왔다. 그러나 2000년대를 들어 Super Market과 백화점 등 대형 쇼핑센터가 들어서면서 포항 죽도시장도 내리막을 걷기 시작을 한다.

죽도 시장은 전국적으로 재래시장의 공통적 문제인 주차 시설이 부족하고 시장이 낙후되어 손님들의 발길이 줄어들며 시장경제가 악화되자 정부의 지원과 시장 번영회를 중심으로 아케이드를 설치하고 시설을 현대화하면서 조금씩 경기가 살아났지만 예전 같은 호경기는 기대하기 힘들다. 그러나 죽도시장의 어시장은 동해안 최대의 어시장으로 경상북도 최대 어업 전진기지인 포항구항과 붙어 있어 현재도 불경기를 모르고 있다.

죽도어시장은 동해안에서 최대 규모에 걸맞게 대구를 비롯한 경상북도의 도시로 수산물을 공급하는 창구 역할을 맡고 있기에 규모가 방대하다. 죽도어시장은 포항 영일만 앞바다와 가까운 곳에 있고, 횟집만 수백 곳에 이를 정도로 매우 활성화되어 있다. 죽도어시장에서는 다른 곳에서 먹기 힘든 고래 고기나 개복치 그리고 포항이 원조인 물회, 과메기 등을 먹을 수 있다.

죽도어시장은 새벽 5시면 하루를 시작한다. 영일만 앞바다에 잡힌 싱싱한 해산물이 경매를 통해서 각지로 팔려 나가고, 경매를 하는 것을 보면 치열하게 삶을 사는 것 같아서 심심하면 일찍 죽도시장에 와서 가끔 보곤 한다. 죽도시장에서 주로 위판되는 생선은 문어, 오징어, 대게, 홍게, 아귀, 꽁치, 가자미 등이 있다. 이 수많은 생선들이 경매를 통해서 팔리고, 수입 수산물과 타지에서 들어온 생선들도 함께 판매되고 있다. 특히 겨울철이면 포항의 특산물인 과메기의 판매가 죽도시장의 주 상품으로 된다.

죽도어시장은 포항 대구 간 고속도로와 KTX 개통으로 관광객이 증가하면서 휴일이면 어시장 내에 상인과 관광객 그리고 시장에 생선을 사러 나온 손님으로 북적인다. 죽도시장에서 싼값에 싱싱한 회를 먹으려면 횟집 골목에 있는 회를 썰어서 파는 곳에 가서 회를 구입하여 근처 식당에 들어가 상차림 돈을 주고 먹으면 싱싱하고 값싼 회를 먹을 수 있다. 특히 수조에 담긴 생선 중에 자기가 먹고 싶은 고기를 직접 골라 주인과 흥정을 해서 사면 싸고 싱싱하다. 주로 팔리는 수족관의 횟감은 숭어, 광어, 우럭, 오징어 등이 있고 겨울이면 농어와 방어 등이 나온다. 그리고 고래치, 새꼬시로 해서 먹는 도다리 등 자연산 생선들도 구입을 할 수 있고, 멍게와 요즘 귀한 생선 대접을 받는 해삼 등도 있다.

죽도시장

○ **과메기**

포스코에 입사를 해서 몇 년 후 포항이 고향인 후배 사원이 입사 후 겨울에 볏짚으로 엮은 과메기를 간식으로 회사에 가져와 먹어 보라고 하였다. 비리고 냄새가 나 음식을 별로 가리지 않는 나도 도저히 먹을 수 없었다. 포항에 오래 산 선배 사원과 바닷가에 살던 동료들이 내장과 껍질을 발라내고 붉은 꽁치 살을 초고추장에 찍어 정말 맛있게 먹는 것을 보기만 했다. 처음엔 못 먹던 과메기도 포항에 오래 살면서 점차 맛을 보니 점점 익숙해져 겨울철 회식을 가면 일단 과메기부터 찾게 되었다.

전라도 지역에서 홍어를 삭혀서 먹는 것처럼 포항 지역에서도 꽁치를 통째로 20마리씩 엮어 겨울에 그늘에서 얼었다 녹았다를 반복하면서 말리면 내장과 꽁치 살이 발효되면서 독특한 맛을 내는 통과메기(통마리, 혹은 엮거리)로 변하게 된다. 통과메기는 날씨가 춥지를 않으면 내장의 부패로 변하게 되어 먹지를 못한다. 통과메기로 말리는 시간이 많이 걸려 지금은 대부분 꽁치를 머리와 내장 그리고 뼈를 발라내고 반으로 갈라 말려서 과메기(배지기)로 만들고 있다. 이렇게 반으로 갈라 과메기를 만들면 바닷바람과 햇살에 빠르면 2~3일이면 만들 수 있고 날씨가 영하로 내려가지 않아도 된다. 반으로 갈라 머리와 내장을 제거하면 부패되지가 않고 냄새도 나지 않아 처음 먹는 사람들도 별로 거부감 없이 먹을 수 있다.

그러나 포항 지역에 살며 미식가를 자청하는 과메기를 좀 먹어 보고 맛을 안다고 하는 사람들은 반으로 갈라 말린 과메기는 맛이 없다고 먹지 않고 통째로 말린 통과메기를 즐긴다. 앞에서 언급했듯이 꽁치를 통으로 말려야 꽁치가 섭취한 내장의 새우 등이 발효되면서 꽁치 살과 함께 숙성되어 과메기가 더욱 비릿한 냄새가 나며 독특한 맛을 내게 된다. 처음엔 과메기가 포항 근교에서만 소비되었으나 현재는 전국적인 상품이 되었다. 외부로 나가는 과메기는 대부분 반으로 갈라서 말린 배지기이다. 통으로 말린 통과메기는 포항 지역에서 자칭 미식가라고 하는 사람들만이 선호를 한다. 물론 나도 포항에 오래 살면서 통과메기를 더 선호를 한다. 과메기는 겨울 한철 포항 어시장과 과메기 주산지인 포항시 구룡포 지역 관련 업종의 블루오션이다.

○ 과메기의 유래

과메기는 겨울철에 청어나 꽁치를 얼렸다 녹였다 반복하면서 그늘에서 말린 것으로, 경북 포항 구룡포 등 동해안 지역에서 생산되는 겨울철 별미이다. 원래 청어를 원료로 만들었으나 1960년대 이후 청어 생산량이 급격히 줄어들면서 청어 대신 꽁치로 과메기를 만들기 시작하였다. 과메기라는 명칭은 청어의 눈을 꼬챙이로 꿰어 말렸다는 관목(貫目)에서 유래한다. '목'을 구룡포 방언으로 '메기'라고 발음하여 관목이 '관메기'로 변하고 다시 ㄴ이 탈락하면서 '과메기'로 굳어졌다는 설이 유력하다. 그리고 과메기를 먹게 된 유래에는 여러 가지 설이 있다.

동해안의 한 선비가 한양으로 과거를 보러 가던 길에 배가 고파 바닷가 나뭇가지에 청어가 눈이 꿰인 채로 얼말려 있는 것을 먹었는데 그 맛이 너무 좋았다. 그래서 집에 돌아와서도 겨울마다 청어의 눈을 꿰어 얼말려 먹었는데 이것이 과메기의 기원이 되었다는 이야기가 재담집《소천소지(笑天笑地)》에 기록되어 전해진다.

또 뱃사람들이 배 안에서 먹을 반찬이나 할 요량으로 배 지붕 위에 청어를 던져 놓았더니 바닷바람에 얼었다 녹았다를 반복하여 저절로 과메기가 되었다는 설도 있다. 과메기는 만드는 과정에서 어린이 성장과 피부 미용에 좋은 DHA와 오메가3지방산의 양이 원재료인 청어나 꽁치보다 증가한다고 알려져 있다. 또 생산 과정에서 핵산이 더 많이 생성되어 피부 노화, 체력 저하, 뇌 쇠퇴 방지에 효능이 있는 것으로 알려져 있다.

과메기

해파랑길 18코스

칠포해변 → 3.3km → 오도리해변 → 7.8km → 월포해변 → 8.2km → 화진해변: 19.3km

칠포 해변의 철 지난 바닷가에는 휴일을 맞이하여 가족 단위 또는 아베크족이 겨울 바다를 감상하고 해안가 갯바위에는 겨울 바다낚시를 즐기는 강태공들이 많다. 추운 겨울 바다 갯바위에서 낚시를 하는 꾼들과 추운 겨울 해파랑길을 청승맞게 걷고 있는 우리 부부와 동급이라고 혼자 생각하니 입가에 웃음이 나왔다.

대부분의 사람들은 저마다의 취미 생활을 한다. 다른 사람들이 즐기는 취미를 나의 잣대로 재단을 하지 말고 상대방의 취미도 인정하며 볼 수 있는 성숙한 시민의식도 이젠 필요한 것 같다. 예전에 입사 동기 친구를 따라 강구 내항으로 낚시를 따라갔는데 그날은 고기가 정말 많이 잡혔다. 그래서 나도 낚시를 해 보려고 장비를 구입했는데 고기도 잡히지 않고 내게는 맞지 않은 것 같아 낚시 장비를 동료에게 주고 그 이후에는 낚시를 하지 않고 아주 가끔 친구들 따라 낚시를 가면 옆에서 라면이나 끓이고 가끔 잡히는 고기나 얻어먹고 온다.

칠포해변을 통과하여 계단과 다리를 지나 해파랑길은 예전 군 초소를 연결하던 순찰로를 따라가고 중간에 전망대도 만들어 놓아 바다를 배경으로 사진도 찍고 바다를 보면서 소나무 숲속 길을 걸어간다.

칠보1리를 지나 오도리를 들어서면 좌측 산으로 사방기념공원이 보인다. 해안엔 카페와 횟집 그리고 펜션들이 많다.

사방기념공원: 경북 포항시 북구 흥해읍 오도리 66번지 일대

사방 사업이란 황폐 지역을 복구하거나 산지의 붕괴, 토석, 나무 등의 유출 또는 모래의 날림 등의 방지 또는 예방하기 위하여 공작물을 설치하거나 식물을 파종, 식재하는 사업 또는 이에 부수되는 식물을 파종이나 수원을 함양을 위한 사업을 말한다.

흥해읍 오도리에 위치한 사방기념공원은 1971년 9월 고 박정희 대통령이 비행기를 타고 지나다 오도리 근처의 벌거숭이 산을 보고 이곳은 국제항로의 관문이며, 영일 지구의 한수해 원인이 되므로 근본 대책을 세워 완전 복구해 버려진 땅을 되찾도록 하라고 지시하면서 본격적인 사방사업이 실시되었다. 우리나라 대표적 사방 사업 성공 사례로 손꼽히는 지역이다.

한국에서 근대적 사방사업(砂防事業: 산에 나무를 심고 강둑을 높이는 등 자연재해를 방지하기 위하여 실시하는 공사)이 시작된 지 100주년이 된 것을 기념하여 2007년 11월 7일 경상북도 포항시 북구 흥해읍 오도리에 개장하였다. 오도리 일대는 1970년대 그렇게 민둥산이었던 이곳을 1971년부터 77년까지 사방사업을 집중적으로 실시하여 각종 수종 2,400만 그루를 심어 녹화를 이룬 대표적인 사방사업의 성지가 되었다.

1960~70년대 초 외국에 유학 또는 이민을 가서 오랫동안 살다 고향을

처음 방문하여 비행기에서 고국 땅을 바라보며 맨 먼저 느끼는 것은 벌거숭이 산이 없어지고 온 산이 푸르르게 된 것이 무척 인상 깊었다고 하는 인터뷰 기사를 본 기억이 있다. 내가 어렸던 시절엔 산의 나무를 못 하게 산감(산에 나무를 감시하는 공무원)이라는 감시자를 두어 나무를 함부로 하다가 적발되면 벌금을 물고 정도가 심하면 구속까지 되었다. 또 자기 소유의 산이라도 함부로 벌목을 하지 못하게 하였다. 그 시절 어른들 하는 이야기를 들어보면 나무 한 짐을 해서 오다 산감에게 걸려 나무와 지게를 버리고 도망쳐 왔다는 말을 들었던 기억이 있다.

오도리 앞바다에는 갯바위가 잘 형성되어 낚시꾼들이 낚시를 하고 일부 주민들은 바지 장화를 신고 들어가서 해산물을 채취한다. 오도리를 지나면 청진리이고 이곳도 지나온 칠포리와 오도리와 같이 바닷가 마을 안길로 해파랑길은 계속 이어진다. 청진리를 지나 이가리 전에 해파랑길은 다시 예전 군 초소 사이 순찰로를 따라서 가고 이가리까지 이어진다. 이가리 마을 포구엔 주민들이 나와 부두에서 어구를 손질을 하고 그 사이를 지나면서 잠시 미안한 생각도 했고, 그분들이 생각하기엔 누구는 추운 날 바닷가에서 어구나 손질하고 누구는 팔자 좋아 놀러 다닌다고 생각을 할 것 같다. 결코 그런 것이 아닌데 혼자만의 생각인가?

이가리를 지나면 월포 포스코 수련관이 바로 철 지난 겨울 월포해수욕장이다. 해수욕장엔 아무도 없고 아침 찬 바람과 파도만이 우리 부부를 반기고 있다. 해수욕장의 나무 데크와 도로를 따라 내려가면 방어리로 넘어가는 다리를 새로 멋있게 잘 만들어 놓았고 다리를 건너서 방어리이다. 조사리를 지나면 조사리 간이 해변에 도착을 하고 이곳은 해병대와 미군 상륙 훈련장으로 해안의 수심이 깊어 상륙 작전 때 대형 상륙함이 해안까지 바로 접근할 수 있는 곳이다. 화진1리에서 해파랑길은 해안선이 아닌 마을 안길로 이어지고 화진3리 마을 중간을 통과해서 동네 뒤쪽 야산의 해송 나무숲을 지나면 화진해변이고 이곳이 해파랑길 포항 구간의 종점이다.

월포에서 화진해변 사이엔 수많은 펜션이 있고 지금도 펜션 공사를 하는 곳을 많이 볼 수가 있다. 이렇게 많은 펜션에 누가 와서 자는지는 몰라도 펜션에 차와 투숙객을 볼 수 없고 겨울엔 대부분 공실일 것 같은데 수익을 낼 수가 있는지가 의문이다. 누가 조금 잘된다고 하면 너도나도 투자를 하면서 함께 망하는 것은 아닌지?

사방기념공원

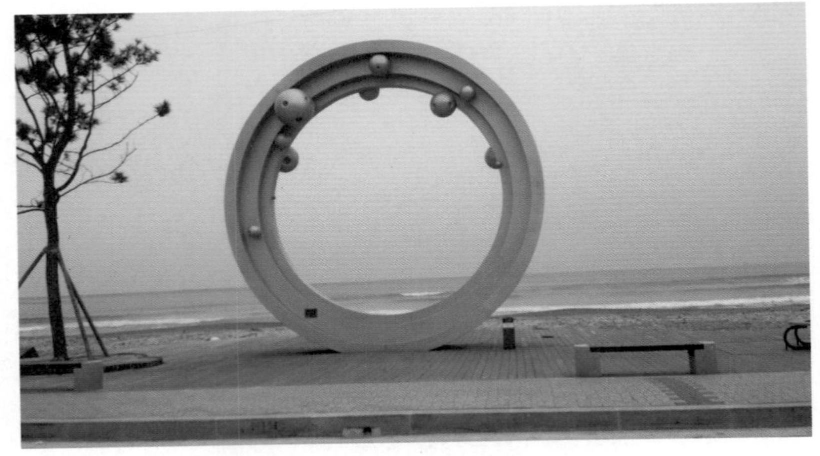

월포해수욕장 상징물

해파랑길 영덕 구간

숲길과 바닷길이 함께 공존하는 블루로드!

해파랑길 영덕 구간은 화진해변에서 고래불해변까지 4개 코스 63.7km로 되어 있다.

'블루로드'라는 이름으로 전국의 걷기 꾼을 부르는 영덕 구간은 숲길과 바닷길이 지루하지 않게 적당히 교차하도록 조성된 것이 특징이다. 파도 소리만 넘나드는 한적한 갯마을은 고요하고, 활기 넘치는 강구항에서는 왁자지껄한 삶의 현장을 만날 수 있다.

송림이 일품인 숲길을 한동안 걷던 길은 다시 짙푸른 동해를 만나 해안 순찰로를 따른다.

대나무가 많아 죽도산이라 명명된 죽도산전망대에 오르면 지나온 길과 가야 할 길이 남북으로 아득하고, '저 아름다운 길을 모두 걷고 말리라'는 다짐이 솟는다. 고려 후기 문신으로 이름 높았던 목은 이색 선생이 걸었다는 숲길 산책로와 이색 선생이 고래가 뛰노는 모습을 보고 명명했다는 고래불해수욕장에 이르러 영덕의 해파랑길은 울진으로 넘어간다.

특히 해파랑길 21코스인 블루로드 B 코스는 해파랑길 전 코스 중 가장 아름다운 길 중의 한 곳으로 선정되어 이 구간만 걷기 위하여 오는 사람들이 많다. 그리고 강구항은 드라마 〈그대 그리고 나〉의 무대이자 영덕 대게의 주산지로 대게 철엔 대게를 먹고 아름다운 해안을 구경하기 위하여 오는 관광객이 넘쳐 나고 있다.

해파랑길 19코스

화진해변 → 4.2km → 장사해변 → 5.1km → 구계항 → 3.8km → 삼사해상공원 → 2.7km → 강구항: 15.8km

해파랑길 19코스는 영덕 블로로드 D 코스이며 가장 늦게 개발된 코스로 쪽빛 파도의 길로 되어 있다. 이번 코스부터 영덕 구간으로 영덕 블루로드와 함께 가는 구간으로 이정표와 구간마다 블루로드가 잘 조성되어 많은 도보 여행가의 발길을 잡고 있는 곳이다.

지경리 포구를 지나서 지경교 유래가 담긴 안내판을 보고 지경교을 건너서 드디어 영덕으로 들어섰다. 부경리를 지나 도로를 따라 걸어가면 영덕군에서 나무 데크와 시멘트로 7번 국도 옆으로 길을 만들어 놓아 자동차 신경을 쓰지 않고 걸어갈 수 있다.

장사해수욕장 전에 일명 귀신 나온다고 하여 현재 폐허로 남아 있는 집을 도로 건너편으로 보며 조금 내려가 장사해수욕장으로 들어갔다. 귀신이 나온다고 하여 사람이 살지 않는 2층 건물은 현재 폐허가 되어 있고 TV 예능프로에도 나왔다. 진짜 귀신이 나오는가 조사를 해 보니 앞쪽 7번 국도에 대형 차량이 밤에 운행을 할 때 건물 떨림 현상으로 판정이 났으나 이후 어떻게 진행되었는지 알 수 없다. 누군가 현재는 폐허 건물 옆에 펜션을 지어 임대를 하는데 의외로 손님이 많다고 한다. 이곳은 동해

귀신 나오는 집

의 전망과 일출도 좋고 장사해수욕장도 근처에 있다. 더욱이 밤에 폐허 건물이 들어가는 이벤트도 할 수 있어 누군가 역발상으로 대박을 낳은 것 같다.

장사해변에 들어가면 장사상륙작전 전승비를 새로 만들었다. 바다엔 당시 상륙함의 모형 배에 전시관을 만드는 중이다. 장사상륙작전은 간단히 소개를 한다.

장사상륙작전의 개요

1997년 3월 6일 경북 영덕군 장사리 앞 해안을 수색하던 해병대는 무언가를 발견하게 되었다. 이는 바로 오랜 시간 수장되어 있던 한 척의 배였다. 이 배 안에는 오래되어 부식된 유골이 가득 차 있었다. 이 배는 LST 문산호로 1950년 9월 장사리 근처에서 좌초되었던 배로 밝혀졌다. 이 배에 타고 있던 이들의 비극적인 사연이 공개되기 시작했다. 극비 명령이었던 장사상륙작전, 즉 작전명 174호의 베일이 벗겨지는 순간이었다. 당시 174호의 작전 내용은 낙동강 방어선까지 내려온 북한군을 막기 위해 거점지인 장사리에 상륙하여 적의 보급로를 차단하는 것이었고 이를 위해 유격대원을 소집하게 되었다.

1950년 9월 14일 오후 4시 부산항 제4부두에 유격대원들이 도착을 했다. 하지만 이들은 모두 나라를 위해 목숨을 바치겠다고 했던 10대 학생들 즉 학도병들이었다.

유서를 쓰고 유품을 남긴 채 군복을 갈아입고 장사상륙작전에 참여하기 위해 모인 이들의 숫자가 무려 772명에 달하였다. 학도병들을 태운 LST 문산호는 건빵 한 봉지와 미숫가루 세 봉지를 지급한 채로 경북 영덕군 장사리로 출발했지만, 갑작스러운 태풍 케지아의 영향으로 장사리에 도착하기 전에 끝내 좌초하고 말았다. 이후 1997년 발견될 때까지 그대로 수장되고 말았다.

일부 학도병들은 배와 함께 수장되어 목숨을 잃었고, 나머지 학도병들은 10시간을 바다에서 밧줄 하나에 매달려 간신히 육지에 도착했지만, 북한군 정예군 2개 사단과 마주치고 말았다. 그렇게 교전은 시작되었고, 북한군은 대부분의 병력을 장사리 부근으로 투입하여 학도병들의 장사상륙작전은 큰 차질을 빚으며 북한군에 목숨을 잃어 갔다. 그러나 이 작전은 인천상륙작전을 위한 양동작전이었다.

적의 경계를 분산시키기 위해 장사리에 먼저 상륙하여 북한군의 주의를 끌고 바로 다음 날인 9월 15일 인천상륙작전이 성공적으로 실행되어 한국전쟁의 판도는 크게 뒤바뀌게 된다. 그러나 장사상륙작전에 참전한 학도병들은 배가 수장되어 돌아갈 수 없는 상황에 북한군의 공격을 간신히 견디며 자신들을 데리러 오길 기다리고 있었다.

인천상륙작전이 성공하자 9월 19일 새벽 6시 해군 수송선이 학도병을 구출하기 위해 장사리로 향했고 학도병들은 탈출을 시도하며 승선하려 했지만 북한군은 이를 눈치채고 공격을 시작했다.

북한군의 총탄과 폭격에 못 이겨 함장은 아직 승선하지 못한 60명의 학도병을 내버려 둔 채 학도병들의 생명과도 같았던 밧줄을 끊고 돌아가 버렸다. 장사리에 남은 학도병들은 북한군의 공격과 굶주림에 포로가 되거나, 혹은 그대로 산화하고 말았다.

장사상륙작전은 참여한 학도병 총 772명 중 139명 사망, 300여 명 부상 나머지는 모두 행방불명이라는 안타까운 결과를 남긴 채 끝이 나고 말았다. 그러나 이 작전은 배가 수장되어 증거가 없고, 정식 출동 명령이 없으며 작전의 의미와 수행 목적이 기록되어 있지 않다는 점에서 정식 전투로 인정받지 못하고 비사로 묻혀지고 말았다. 그런데 미국의 한 한국전쟁 연구소에서 당시 미군 참전 용사였던 에반 호우의 기록에서 학도병들이 작전에 참여했다는 사실과 그들이 승선한 배의 손상 지점 등 당시 상황에 대한 세밀한 기록이 발견되었다. 이후 1997년 배의 발견으로 인해 장사상륙작전은 세상의 빛을 보게 되었다.

또한 인천상륙작전의 중심이었던 맥아더 장군이 전쟁 이후 학도병들에게 썼던 친필서가 공개되면서 당시 학도병의 활약과 장사상륙작전에서 산화한 그들의 모습에 대해 더 많은 관심을 가져야 한다는 것이 재조명되기도 했다. 군번도 기록도 없었던 당시의 학도병들이 펼쳤던 장사상륙작전, 인천상륙작전 전날에 일어났던 잊혀진 이 전투를 이제부터라도 우리가 꼭 기억하고 감사해야 한다.

구계항을 지나면 남호리이고, 남호리해변엔 해상 산책로를 바닷가로 다리를 돌출시켜 만들어 관광객이 들어갈 있도록 해 놓아 춥지만 휴일에 많은 사람들이 찾고 있다. 남호리를 지나면 삼사리이고 언덕 위엔 삼사해상공원이다. 삼사해상공원 정상엔 30톤 영덕 대종이 있고 오늘도 가수 태진아의 동생이 운영하는 건어물 판매소엔 음악 소리가 시끄럽다. 태진아의 동생인 조방원이라는 사람이 운영하는 이곳은 KBS의 〈인간극장〉에 소개된 후 많은 행락객들이 와서 노래 부르며 놀다 가고 이렇게 대형 스피커의 음악이 흘러나와도 되는 것인지 판단이 서질 않는다.

경북대종을 뒤로하고 해파랑길은 어촌민속관으로 해서 강구항까지 이어지고 그동안 강구를 여러 번 왔지만 보지 못했던 강구항 남쪽 주변의 풍광을 감상하면서 19코스 종점인 강구다리에 도착을 했다.

장산상륙작전 기념비

해파랑길 20코스

강구대교 → 8.0km → 고불봉 → 8.3km → 신재생에너지전시관 → 2.5km → 영덕 해맞이공원: 18.8km

영덕 블루로드는 영덕군에서 개발한 도보 여행자를 위한 트레킹 코스로 최근 2년 연속으로 소비자가 뽑은 최고 브랜드 대상을 수상한 명품 길이다.

처음 블루로드는 A 코스인 빛과 바람의 길, B 코스인 푸른 대게의 길 그리고 C 코스 목은 사색의 길로 되어 있었으나 최근에 장사해수욕장에서 강구항까지 D 코스인 쪽빛 파도의 길이 추가되어 총 4개 코스로 되어 있고 블루로드 D, A, B, C 코스는 해파랑길 19, 20, 21, 22코스로 함께 간다.

강구대교를 지나 도로 끝 지점에서 우측으로 조금 간 후에 황포식당에서 안내판을 보고 좌측으로 꺾어 마을 안길로 접어든다. 마을 안길은 급경사 구간으로 급경사에 삶의 터를 마련하여 집들이 위험스럽게 있고 군데군데 빈집들이 많으며 마을 위쪽의 정자에서 본 강구항의 풍경이 정말 좋다.

강구항에서 해안을 벗어나 금강송과 해송이 어우러진 소나무 숲길의 부드러운 솔잎을 걸으며 해파랑길은 기분 좋게 이어지고 금진 구름다리를 건너 등산로를 여러 번 오르고 내리기를 반복한 후에 고불봉에 도착을 했다.

영덕풍력발전단지

고불봉은 고산 윤선도가 영덕에서 8개월간의 유배 생활 중 시를 남길 정도로 조망이 좋아 동쪽으로 하저리의 푸른 바다가 보이고 동북으론 영덕풍력발전단지가 한눈에 들어온다. 지방도를 따라 조금 하저리 쪽으로 내려가 영덕 자원 재활용 센터에서 도로를 횡단 후 안내판을 보고 등산로에 다시 접어든다. 등산로를 따라 약 1km를 가다 자원 재활용 센터에서 올라오는 임도를 만난다. 영덕풍력발전단지를 보면서 지루한 임도를 따라 계속 가면 영덕 풍력 단지에 도착을 한다.

1997년 산불로 버려진 땅, 희망과 보람의 땅으로, 동네 아이들이 뱀을 잡는다고 뱀 굴에 불을 놓았다가 온 산을 잿더미로 만들었다고 한다. 그 불이 지금은 오늘날의 영덕해맞이공원을 만들 수 있게 한 은인(?)일 수도 있다.

1998년부터 2003년까지 국토공원화사업과 공공근로사업의 하나로 강구면과 축산면의 해안선을 따라 이어지는 해안도로변 10ha 면적에 조성한 해안형 자연공원이다. 1997년 화재로 인해 해안변뿐만 아니라 인근 산 전역이 불타 버리자, 황폐한 전역을 복구하고 '자연 그대로의 공원' 조성을 목표로 친환경 소재를 이용해 바다 접근이 용이한 것에 주안점을 두어 만들었다. 해마다 10월 중 보름 가까운 토요일에 영덕 블루로드 달맞이 행사가 영덕해맞이공원과 영덕풍력발전단지에서 개최된다.

강구항

강구항은 경상북도 영덕군 강구면 강구리에 있는 항구이다. 영덕군의 군청이 있는 영덕군 소재지는 작은 시골 도시에 불과하고, 영덕 대게의 주산지인 강구항이 대게 음식점과 항구가 번창하며 영덕군읍 소재지보다 훨씬 크다. 비록 작은 영덕군이지만 얼마 전까지 포항시에도 없었던 대구지방법원 영덕지원과 대구지방검찰청 영덕지청이 있다. 8·15 해방 전후 영덕에서 정치망 어업으로 큰돈을 벌은 숨은 실력자(?)가 유치를 했다고 한다. 그분이 생전에 하얀 두루마기를 입고 중앙청(광화문 뒤 헐린 건물)을 방문하면 고위 관료들이 정문까지 나와서 마중을 했다고 한다.

강구항은 MBC 주말 드라마 〈그대 그리고 나〉의 촬영지로 유명해지면서부터 사시사철 관광객들로 북적이는 관광 명소이다.

사바사바의 유래

사바사바는 '뒷거래를 통하여 떳떳하지 못하게 은밀히 일을 조작하는 짓'을 말한다. 그 단어가 1999년부터 '표준국어대사전'에 올라 있다. 그 어

강구항

원에 대해서는 불교의 속세를 뜻하는 사바에서 왔다는 설도 있지만, 일본어에서 온 것으로 널리 인식되고 있다. 같은 뜻의 짬짜미가 있는데, '남모르게 자기들끼리만 짜고 하는 약속이나 수작'을 의미한다. 일본말 사바는 고등어 또는 청어를 뜻한다고 한다. 사바사바는 고등어 두 마리인 셈이다. 문 모 씨는(1878—1968)의 본적은 경북 영덕이다. 부친 문 모 씨의 이주지인 평안남도 안주에서 태어나 어린 시절 부모를 따라 경북 영천에 정착하였다고 한다.

문 모 씨는 영덕, 포항, 경주 등지에서 생선을 사다가 영천에서 파는 생선 장수다. 당시 영천 경찰서장은 일본인이었는데, 생선을 좋아하는 일본인의 습성을 안 그는 장날마다 경찰서장 집 대문에 청어를 한 두름(20마리)씩 몰래 갖다 놓곤 했다 한다. 몇 번 받아먹던 일본인 서장은 문 모 씨가 가져다 놓은 것을 알고, '왜 내 집에 매번 청어를 갖다 놓았느냐?'라고 물으니, '저는 영천시장에서 생선을 팔아 재미를 봤습니다. 다른 지역에서 생선을 팔 때는 치안이 좋지 않아 깡패들에게 세금을 많이 뜯겼는데, 영천은 치안이 확보돼 깡패들에게 뜯기지 않아 서장님께 고마운 마음이 들었고, 뜯기지 않은 만큼을 서장님께 갖다 드려야겠다는 결심을 하게 된 것입니다.'라고 아부를 하였다. 그럴듯한 아부에 솔깃해진 일본인 경찰서장의 보증으로 문 모 씨는 중국에 한지를 수출하는 제지 회사를 설립하였다. 사바사바의 어원은 그렇게 생겨났다.

경찰서장의 보증 덕에 그는 한지 원료인 닥나무의 주산지 영덕 지품면의 속곡, 눌곡의 한지를 매점매석하여 중국에 수출하여 떼돈을 벌게 되었다. 영덕 지품면에는 아직도 300년 전통의 도계 한지가 생산되고 있다. 막대한 부를 축적한 그는 1932년 강원도 소재 금광광산을 인수한 후, 제6대 총독 우가키의 도움으로 금광을 판 대금 12만 원 중 10만 원으로 일제의 육군과 해군에 문○○호라는 이름을 붙인 전투기 2대를 헌납하였다. 이에 그치지 않고 그는 조선국방비행헌납회를 만들어 대대적으로 비행기 헌납 운동을 펼쳤으며, 1935년부터는 전국으로 돌아다니며 일제가 일으킨 태평양전쟁 참여를 독려하는 강연을 하는 등 광신도적인 친일 행각을 벌였다. 조선 청년들을 사지로 내몬 공로로 그는 일제로부터 '애국옹(愛國翁)'이라는 칭호를 받았지만, 조선인들로부터는 야만기(野蠻琦) 또는 야변기(野變琦)라는 별명이 붙을 정도로 조롱의 대상이 되었다. 문 모 씨는 1949년 1월 24일 영덕군의 자택에서 반민족특위에 전격 체포되었지만, 보석으로 석방되었고 특위가 강제 해체되면서 아무런 처벌도 받지 않고 1968년 사망하였다.

그의 손자 장손 문태준(1928—2020)은 영덕에서 7·8·9·10대 국회의원과 1988년 보건사회부 장관을 지냈고 죽은 후 현충원에 묻혔다고 한다. 그리고 그의 손녀사위는 주월 한국군 사령관으로 유명한 채명신 장군이다.

대게

대게는 커서 대(大)게가 아니고 몸통에서 뻗어 나간 다리가 대나무 마디같이 생겼다고 해서 대(나무)게라고 이름이 붙여졌고, 많은 사람들이 오해를 하기 쉽다. 대게는 야행성 갑각류로 수심 30~1,800m의 모래나 진흙 속에 몸을 묻고 생활하며 어린 대게와 암컷은 수심 200~300m 사이에서 주로 서식한다. 수컷은 수심 300m 이상에서 서식하며, 수심이 깊은 곳에서 주로 큰 대게가 잡힌다고 한다. 서식하는 수심이 다른 대게 암수는 2월경 산란철에만 함께 생활을 하는 것으로 알려져 있다.

몸통의 껍데기는 둥근 삼각형으로, 수컷은 길이 12.2cm 너비 13cm이고, 암컷은 길이 7.5cm, 너비 7.8cm로 수컷이 암컷에 비해 훨씬 크다. 대게는 남획을 방지와 어족 자원 보호를 위하여 최소한 9cm 이상을 포획해야 하고 그 이하와 암게(일명 빵게)는 잡을 수 없다. 규정 이하의 대게와 암게(빵게)를 잡다 걸리면 잡은 사람과 사서 먹은 사람 모두 처벌을 받아야 한다. 겨울철이면 포항 지방 방송에서 암게(빵게)를 불법으로 포획했다가 걸렸다는 뉴스를 간혹 들을 수 있다. 하지 말라고 해도 꼭 불법을 하는 사람이 있고, 포항에 오래 산 지인들 중에는 알이 밴 암게를 먹어 본 분들이 있는데 정말 맛이 좋다고 한다. 이렇게 먹는 사람과 소비처가 있으니 불법인 줄 알면서도 잡는 것이다.

대게 자원 보호를 위해서 철저한 단속과 보호가 필요하다.

5월 중에 대게 포획 기간이 끝나면 대게 전문 식당들은 주로 외국산 대게를 팔고, 특히 러시아산 킹크랩이 많다. 껍질이 두텁고 유독 크고 아름다운 대게는 명품 박달대게라고 하여 비싼 가격에 팔린다. 박달대게는 특정 종의 이름이 아니라 박달나무처럼 속이 꽉 찬 대게를 일컫는 별칭이다. 대게의 주산지는 포항 구룡포, 영덕 강구항, 그리고 울진군인데, 울진군과 영덕군이 원조라고 주장을 하던 중 고려 태조 왕건이 영덕에서 대게를 먹었다는 기록이 발견됨에 따라 영덕의 차유마을(현 축산면 경정2리)이 대게 원조 마을이라는 이름을 획득하였다고 한다.

그대 그리고 나

약 20년 전 MBC 주말 드라마의 제목이다.

90년대 중반까지만 해도 대게는 여타 해산물과 마찬가지로 전국적인 인지도가 낮았기 때문에 아는 사람만 알고 찾아가서 먹는 특산품이었다. 그러다 1997년 MBC 주말 드라마 〈그대 그리고 나〉의 방영으로 대게 열풍이 불게 되었다. 이 열풍의 주인공은 극 중 대게잡이 어선 선장으로 나오는 캡틴 박 최불암 씨였다. 최불암 씨가 서울 자식들 집에 올 때 대게를 몇 마리씩 가지고 오는 장면을 보며 전국적인 상품이 되었다.

〈그대 그리고 나〉는 1997년 10월부터 이듬해 4월까지 방영된 MBC 주말드라마로 애초 계획된 50부작에서 인기가 좋아지며 8부를 늘린 58부작으로 막을 내렸다. 방영 내내 관심과 화제를 불러일으키며 경이로운 시청률(마지막 회 66.8%)를 기록하였다. 주인공은 박상원 씨와 지금은 자살로 고인이 된 최진실 씨이다. 박상원 씨의 아버지로 출현한 극 중 캡틴

박 최불암 씨가 더 많은 인기를 끌었던 드라마이다. 차인표 씨는 똑똑한 형인 박상원의 고졸 문제아 동생으로 그 당시 신인 탤런트였던 송승헌은 박상원의 배다른 동생으로 출연을 한다. 끝은 가족 드라마가 대부분 해피엔딩으로 끝나는 것같이 종료되지만 높은 시청률 덕분에 강구항이 드라마 속에 등장하면서 관광지가 되고 덩달아 대게가 히트 상품이 된다.

강구항이 드라마 촬영 장소이지만 드라마 속에 최불암 씨가 살았던 항구 부근 집은 강구항에 있지 않고 후포항에서 등대 쪽으로 올라가는 언덕에 빨간 지붕 집이 잘 보존되어 있다.

드라마가 성공하면서 사회에 끼치는 영향은 대단하다.

특히 시청률이 높은 드라마에 나왔던 상품과 촬영 장소 등의 광고 효과는 상상을 초월한다. 2003년에 국내에서 방영되었던 MBC 드라마 〈대장금〉이 중동 국가 이란에서 방영되면서 시청률이 무려 90%를 넘었다고 한다. 채널이 하나이면 그럴 수 있다고 하지만 케이블 방송을 포함하여 수십 개의 채널이 있음에도 불구하고 시청률 90% 이상은 상상을 초월하는 수치이다. 대장금 방영 시간엔 거리에 지나가는 사람들이 없을 정도였다고 하며, 이렇게 높은 시청률은 바로 상품으로 연계되어 나타났다. 대장금 극 중 주인공인 이영애 씨가 LG 에어컨 휘센의 광고 모델이었다. 그래서 이란의 거의 모든 에어컨이 LG 휘센이라고 보면 된다고 중동을 연구하는 어느(?) 교수님의 강의를 들은 적이 있다.

현대 사회에서 매스컴이 사회에 미치는 영향이 얼마나 큰지 알 수 있는 단적인 면을 보여 주는 대표적 현상이다. 요즘은 매스컴과 더불어 SNS(Social Network Service)가 세상을 움직이고 있다고 볼 수 있다.

해맞이공원 등대

해파랑길 21코스

영덕해맞이공원 → 2.1km → 오보해변 → 6.8km → 경정리 대게탑 → 2.7km → 죽도산전망대 → 1.2km → 축산항: 12.8km

이번 해파랑길 21코스는 영덕 블루로드 B 코스와 함께 간다.

영덕 블루로드 구간 중 B 코스인 이 구간은 도로를 걷는 구간은 얼마 없고 대부분의 구간이 해안가 길로 연결되어 있다. 예전 군 초소 순찰로를 연결하고 나머지 구간은 새로 개척을 하였고 바닷가 바위 구간을 오르고 내리는 구간이 많다.

이 구간은 해안가 굴곡이 많아 걷기 힘든 구간이면서도 풍광이 좋아 많은 사람들이 걷는 트레킹 코스이며 해파랑길 50구간 중 가장 아름다운 구간으로 알려져 있다.

해맞이 공원에서 바닷가로 내려서면 예전 군부대 콘크리트 막사가 흉물스럽게 있고 이곳을 지나서 북쪽으로 해파랑길과 블루로드는 이어진다. 약 1km를 바닷가로 걷다가 대탄리에서 잠시 마을로 나와 도로를 따라간다. 대탄리 모텔을 지나면서 다시 해파랑길은 군 작전 순찰로와 바닷가 길로 계속 이어진다.

노물항을 지나면서부터 군 작전 순찰로와 바닷가 연결 통로를 따라 해파랑길은 끝없이 이어진다. 도로가 아니고 바닷가 바위와 군 초소 순찰

해안 초소 초병 동상

로를 끝없이 오르고 내려 나도 힘들지만 와이프는 체력이 떨어지고 힘들어서 급격히 말이 없어진다. 함께 동행을 해 준 와이프가 한없이 고맙고 미안해서 자꾸 말을 걸어 보지만 얼굴에 힘든 표정이 역력하다.

지금까지 걸은 해파랑길 구간 중 가장 힘든 구간이 이 구간인 것 같다.

특히 이 구간은 경치와 풍광이 좋아 여러 산악회와 트레킹 메니아가 많이 찾는 구간으로 블루로드 길에 길 안내 표시인 시그널이 무당집은 저리 가라 할 정도로 걸려 있다.

그렇게 한참을 힘들게 이 구간을 지난 후에야 석동항에 도착을 했다. 중간에 예전 군 초소에는 경계 근무 중인 군인 동상을 만들어 놓았는데 M16 소총을 메고 손을 흔드는 모습에 정감이 갔다. 그렇게 또다시 한참을 걸어서 드디어 경정3리에 도착을 했다.

경정3리에서 1리까지 마을 안길과 경정해변을 따라가고 경정1리에서 아스팔트 길인 대게로를 따라 한참을 걷는다. 안동병원복지연수원 전에서 해파랑길은 잠시 바닷가를 지나 축산항 전 마지막 마을인 경정2리에 들어섰다.

대게 원조(元祖) 마을: 영덕군 축산면 경정2리(車踰마을)

고려 29대 충목왕 2년(서기 1345년)에 초대 정방필(鄭邦弼) 영해 부사가 부임하여 관할 지역인 지금의 축산면 경정리의 자연부락이며, 대게의 산지(產地)인 이곳 마을을 순시하였다. 그 후부터 마을 이름을 영해 부사 일행이 수레를 타고 고개를 넘어왔다고 하여 차유(수레 車 넘을 踰)라 이름 지어졌다고 한다.

마을 앞에 동해의 우뚝한 죽도산(竹島山)이 보이는 이곳에서 잡은 게의 다리 모양이 대나무와 흡사하여 대게로 불리어 왔으며, 우리는 이 마을 내력을 따라 영덕대게 원조(元祖) 마을로 명명하여 표석을 세워 길이 기념코자 한다.

1999년 4월 17일 영덕군수

이렇게 기념비에 적혀 있다.

경정2리 마을 끝 지점에서 블루로드와 해파랑길은 마지막 바닷가 길을 한참을 오르고 내리고 바위를 넘은 후에 축산항에 도착을 했다.

축산항

영덕의 대표적인 어항(漁港)으로, 1924년 조성되었다.

가자미 · 문어 · 오징어를 비롯해 근처의 강구항과 마찬가지로 대게로 유명하다. 대게 위판이 열리는 전국 5개 항 중 한 곳이다. 대게 원조 마을로 알려진 차유마을과도 가깝다. 와우산이 북풍을 막고, 대소산이 서풍을, 죽도산이 남풍을 막아 예전부터 최고의 피항지로 이름 높았다. 현재는 '축산항 푸른 바다 마을'이라 불리며 관광 항구로 조성되고 있다.

강구항과 축산항을 잇는 26km 구간의 아름다운 해안도로인 강축도로(918번 지방 도로)로 인해 관광객이 증가하였다.

축산항

해파랑길 22코스

축산항 → 2.2km → 대소산 봉수대 → 5.9km → 괴시리 전통마을 → 2.4km → 대진항 → 5.8km → 고래불해변: 16.3km

축산항 근처에 있는 영양 남씨 발상지 표지석을 보고 언덕을 올라 영양 남씨 시조공 유적과 비각을 통과 후 언덕 위 월경대와 일광대 비석을 뒤로하고 언덕을 올라간다. 소나무 숲길의 완경사를 한참을 오르다 마지막 급경사 구간을 통과하여 대소산 봉수대(285.8m)에 도착을 했다.

이곳 봉수대의 풍광이 무척 좋아서 동으론 한국의 나폴리라고 하는 축산항과 죽도산전망대가 손에 잡힐 듯 보이고 서쪽으론 동해안 3대 평야인 영해평야와 영해읍이 보인다.

대소산 봉수대

1982년 8월 4일 경상북도기념물 제37호로 지정되었다.

조선 초기에 만든 것으로 영덕 축산포(丑山浦) 방면의 변경 동태를 지금의 서울특별시 중구에 있는 남산(南山) 봉수대까지 알리던 지방 봉수였다. 대소산은 해발고도 282m의 영덕 남동쪽 해안의 주봉인데, 산의 정상부에 방어벽을 돌로 쌓고, 그 안에 원추 모양의 지름 11m, 높이 2.5m의

봉돈(烽墩)을 쌓았다. 봉수대의 전체 면적은 2,826m²이다.

남쪽으로는 별반(別畔) 봉수대, 북쪽으로는 평해의 후리산(厚里山) 봉수대, 서쪽으로는 광산(廣山) 봉수대를 거쳐 진보(眞寶)의 남각산(南角山) 봉수대로 이어지도록 되어 있었다.

현재 남아 있는 여러 봉수대는 지방기념물로 지정하여 보호하고 있는데, 그중 대소산 봉수대는 보존 상태가 양호하여 원형 그대로 남아 있으므로 조선시대의 통신수단을 알아볼 수 있는 좋은 자료로 평가된다.

봉수대는 멀리 바라보기 좋은 높은 산봉우리에 봉화를 올릴 수 있게 설비해 놓은 곳으로, 밤에는 횃불(烽), 낮에는 연기(燧)를 올려 변방의 동태를 중앙으로 알리던 통신시설이다. 원래 봉화는 밤에 피우는 횃불을 가리키는 말이었으나 조선시대로 오면서 낮에 올리는 연기까지 포함해서 봉화라 통칭하게 되었다.

봉수대에서 휴식 후 봉수대를 뒤로하고 북쪽으로 난 블루로드 길을 따라 내려갔다. 블루로드는 소나무 숲의 부드러운 솔잎이 깔린 길이 편안하게 이어지고 영해에서 사진리로 가는 도로 위에 놓인 사진 구름다리를 지나서 계속 직진을 한다.

망일봉을 지나 좌측으로 영해읍을 보면서 하산을 해서 괴시리 마을 위쪽에 있는 목은 이색 선생 기념관에 도착을 했다.

영덕 괴시길 마을

영해면 소재지에서 동북쪽으로 800m쯤 가면 고려 말의 대학자 목은(牧隱) 이색(李穡)의 탄생지이자, 조선시대 전통 가옥들로 둘러싸인 고색

괴시리 마을

창연한 마을 괴시리가 모습을 드러낸다. 원래 이름은 호지촌(濠池村)인데, 목은 선생이 중국 사신으로 갔다가 돌아와 자신의 고향이 중국의 괴시(槐市)와 비슷하다 하여 괴시로 부르면서 명칭이 굳어졌다.

아직까지 호지골 · 호지마을 · 호지촌으로 부르는 이들도 있다.

전체 100여 호에 300여 명의 주민이 살고 있는데, 이 가운데 30여 호가 조선시대 양반 가옥의 모습을 그대로 간직하고 있다. 주민 중에 100여 명이 영양 남씨인 집성촌이다.

마을 앞에는 동해안의 3대 평야 가운데 하나인 영해평야가 드넓게 펼쳐져 있어, 이 마을이 예부터 세도가들의 터전이었음을 짐작할 수 있다.

마을의 전통 가옥들은 조선시대 양반 가옥의 전형적인 모습을 보여 준다.

지금 남아 있는 고택들은 모두 200여 년 전에 지어진 것들로, 'ㅁ' 자형 구조이다.

뜰을 마주 보고 서 있는 사랑채 뒤에 안채를 숨겨 안팎을 완전히 분리

하는 사대부가의 건축양식이 잘 나타나 있다. 30여 호의 가옥 가운데 괴정(槐亭), 영해 구계댁(邱溪宅), 영해 주곡댁(注谷宅), 물소와 서당(勿小窩 書堂) 등 국가 및 도 문화재자료만 해도 14점이나 된다.

조선시대 후기 경북 지역 사대부가의 주택 양식을 고스란히 간직하고 있어, 학자들은 물론 관광객들도 많이 찾는다. 2003년부터는 2년마다 5월에 이곳에서 목은문화제가 열린다.

괴시리 마을에서 도로로 나와 영해에서 대진항으로 가는 국도를 따라 가면 삼거리가 나오고 이곳에서 대진항 이정표를 보고 우측으로 작은 언덕을 넘으면 대진항이다.

대진항 삼거리에서 병곡 방면 이정표를 보고 좌측으로 조금 가면 한일합병 후 절명 시를 남기고 자살하신 벽산 김도현 선생 도해단이 있다. 대진해수욕장 고래불대교를 지나 바닷가로 내려가 송림 숲길을 따라 내려간다. 송림 숲길을 벗어나 다시 병곡으로 가는 도로를 따라 내려가면 좌측으로 경상북도 학생해양수련원이 나오고 조금 더 가면 우측으로 고래불 영리해변과 영덕군청청소년야영장이 우측에 있고, 지루한 도로를 계속 직진하면 블루로드 C 구간 종점이며 해파랑길 22코스 종점인 병곡 고래불해변 조형물에 도착을 한다.

목은 이색과 사림(士林)

본관은 한산(韓山), 자는 영숙(穎叔), 호는 목은(牧隱), 포은(圃隱) 정몽주(鄭夢周), 야은(冶隱) 길재(吉再)와 함께 고려 삼은(三隱)의 한 사람이다.

아버지는 찬성사 이곡(李穀)이며 이제현(李齊賢)의 문인이다.

고래불해수욕장 상징물

목은 선생은 고려 후기의 성리학자로서 중국의 송나라 주자(주희)의 성리학을 들여온 안향의 제자인 이제현의 문인으로 중국의 원나라에 유학을 하고 원나라 과거에도 합격을 하고 관리를 하다 귀국한 수재이다. 원나라에서 귀국하여 고려 공민왕 집권기 성균관 대사성을 지내면서 많은 제자들을 길러냈고 그의 학풍은 조선시대로 이어져 조선의 성리학이 꽃피우게 된다. 이색 선생의 학문적 소양은 후손들에게 전해져 어느 대학교수분은 자기가 알기로는 인구 대비 한산 이 씨들이 대학교수가 가장 많은 것 같다고 한다.

이색과 그의 제자들은 고려 말 신진사대부로 기존 구세력인 권문세족을 몰아내고 고려를 개혁해야 한다는 데 인식을 함께 하고 있었으나, 정몽주(鄭夢周) · 길재(吉再) · 이숭인(李崇仁) 등의 제자들은 고려왕조에 끝까지 충절을 다하는 절의파로, 정도전(鄭道傳) · 하륜(河崙) · 윤소종(尹紹宗) · 권근(權近) 등의 제자들은 역성 혁명파로 조선왕조 창업에 주도적 역할을 하였다. 특히 절의파의 정몽주는 역성혁명을 반대하여 이성계의 5남 이방원의 부하 조영규에게 개성의 선죽교 부근에서 철퇴를 맞아 죽는다. 그러나 포은 정몽주는 이방원이 왕위에 오른 후에 바로 복권되어 영의정의 추승이 되며 그의 후손들에게 벼슬도 내린다.

태종 이방원은 정몽주를 역성혁명에 반대하여 죽였지만 그의 충신불사이군(忠臣不事二君)의 정신이 조선 조정에 필요해서 복권 조치를 했다. 충신불사이군의 정신은 조선왕조의 신하와 선비의 정신적 지주가 되었다.

그러나 이성계를 등에 업고 역성혁명을 완수하여 조선을 세우고 왕조의 기틀을 세운 정도전은 제1차 왕자의 난에 남은, 심효생 등과 함께 이방원에게 피살된다. 역성혁명을 완수하고 조선왕조의 기틀을 세운 그이지만 왕권이 아닌 신권을 강화하다 왕권 정치를 지향하는 이방원에 의해 제거가 된 후 조선왕조에 의해 철저히 배제되었다. 정도전은 정조 때부터 복권이 논의되었으나 실질적인 복권은 조선 말 고종 때 이루어진다. 이렇듯 고려 말 개혁을 꿈꾸던 두 분의 운명은 극명하게 갈리게 된다.

이색과 정몽주, 권근의 제자로 고려왕조에 끝까지 절의를 지킨 야은 길재가 고향인 선산(구미)로 낙향을 하여 제자들을 가르치며 조용히 일생을 마치고 죽기 전 개성을 돌아보고 남긴 유명한 시가 있다.

五百年(오백년) 都邑地(도읍지)를 匹馬(필마)로 도라드니
山川(산천)은 依舊(의구)한되 人傑(인걸)은 간듸업다
어즈버 太平煙月(태평연월)이 꿈이런가 하노라

길재의 학풍은 그의 제자 김숙자로 다시 김숙자의 아들 김종직으로 이어지며 조선 전기 사림(士林)이 형성된다. 김종직은 사후 연산군 집권 시절 성종의 실록 편찬을 위해 사초를 정리 중 조의제문(弔義帝文)이 문제가 되어 발생한 무오사화 때 부관참시를 당하고, 사초를 작성했던 제자 김일손은 능지처사를 당한다. 김종직의 문인 중에 김굉필은 무오사화에 귀양을 갔다가 갑자사화에 사약을 받고 죽는다. 그리고 김굉필의 제자 조광조는 중종 때 사림의 이끌고 급격한 개혁을 추구하다 역시 훈구파의 반격으로 기묘사화에 사약을 받고 죽는다. 이후 사림은 을사사화와 양재역 벽서 사건을 거치면서 다시 한번 화를 당하지만 선조시대 이후엔 사림파가 훈구파를 완전히 몰아내고 사림의 시대를 맞이한다.

훈구파의 탄압을 이겨 내고 사림의 시대를 맞이하여 사림은 다시 이조전랑 자리를 두고 싸워 궁궐의 동쪽에 살던 김효원을 중심으로 영남학파 즉 퇴계 이황과 남명 조식의 문인들은 동인으로 반대로 궁궐의 서쪽에 살던 심의겸을 중심으로 한 율곡 이이 학풍을 이어받은 선비들은 서인으로 크게 갈리게 된다. 선조 때 정여립의 모반 사건으로 발생한 기축옥사로 잠시 서인이 집권을 하지만 서인의 정철이 광해군 세자 책봉 건저로 선조의 미움을 받아 서인이 실각하고 동인이 득세를 한다.

동인은 송강 정철의 처벌 수위를 놓고 정인홍과 이산해 등을 중심으로 한 적극적 배격과 류성룡 등의 온건한 입장이 대립을 하였다. 이들이 각기 서인에 대한 강경파인 북인과 온건파인 남인으로 분리된다. 동인은 학통상으로 이황과 조식 및 서경덕의 제자들이 중심이 되어 있던 중 이황의 제자들이 주로 남인이 된 데 비해 북인은 조식과 및 서경덕의 제자들이 중심이 되었다. 광해군을 옹호해서 집권을 했던 북인은 인조반정 후 완전히 소멸되고 인조반정에 성공한 서인과 동조를 한 남인이 인조 및 효종 시대를 맞이한다.

효종 사후 복상문제 때문에 발생한 예송 논쟁으로 서인과 남인이 정권을 나누어 가진 후 숙종 때 극심한 환국 정치를 거치면서 갑술환국 이후엔 남인이 정권에서 완전히 밀려나게 되고 이후 서인이 정권을 독점을 한다. 서인은 다시 송시열을 중심으로 남인에 대한 적극적인 탄압을 주장하는 노론과 비교적 온건파인 송시열의 제자 윤증을 중심으로 한 소론으로 분파를 하고 영조 시대에 다시 사도세자 문제로 노론은 벽파와 시파로 나누어지게 된다.

안동 김씨(장동 김씨)에 의한 세도정치 이전의 사림은 성리학을 중심으로 한 선비들에 의해 정국이 운영되어 왔으며 그 뿌리를 바로 이색에서부터 찾아야 하는 것이 아닌가 해서 자료를 미진하나마 정리를 해 보았다. 조선시대사에 관한 책을 보면 가장 어렵고 흥미진진한 부분이 예송 논쟁과 붕당정치이다.

목은 선생 생가

누군가는 붕당정치로 조선 사회가 망했다고 하는데 요즘의 일부 역사학자들은 붕당정치야말로 조선 사회를 500년간 유지하게 했던 밑거름이라고 한다. 붕당정치가 소멸되고 안동 김씨가 세도정치로 일당독재를 한 조선 말기를 보면 이해를 할 수 있을 것 같다.

목은 선생 동상

해파랑길 울진 구간

기교나 화려함이 배제된 단아한 동해안 트레일!

해파랑길 울진 구간은 고래불해변에서 부구삼거리까지로 5개 코스 77.8km로 되어 있다. 울진 해파랑길은 어떠한 기교나 화려함 없는 선 굵은 동해안 트레일의 우직함이 드러난다. 그래서 고독과 외로움을 벗 삼아 걷는 여행자에게는 내면의 소리를 더 잘 들을 수 있는 구간이다.

동해에서 나는 모든 어종을 볼 수 있다는 후포항을 지나면, 중국의 월나라에서 소나무를 갖다 심어 송림을 만들었다는 월송정에 다다른다. 관동팔경 중 하나인 월송정은 지금도 넓은 소나무 숲을 거느리며 시원하고 편안한 숲길을 내준다.

울진공항의 외곽 해안을 따르다 잠시 내륙을 만난 길은 곧 바다로 나아가며 다시금 울진 구간의 특징인 우직함으로 복진한다.

관동팔경인 망양정을 만나면, 울진 해파랑길은 다양한 변주를 울린다.

숲길과 하천 길, 호수 길 등으로 변화무쌍한 재주를 부리던 길은 이마저도 지루한지 다시 바다와 손잡고 곧게 뻗은 해안 길로 이어진다.

해파랑길 23코스

고래불해변 → 1.1km → 병곡휴게소 → 3.7km → 금곡교 → 3.9km → 백암휴게소 → 3.2km → 후포항 입구: 11.9km

이번 해파랑길 23코스는 영덕 블루로드가 끝나는 고래불해수욕장 조형물에서 후포항 입구까지 가는 코스이다. 고래불해변 조형물을 지나 병곡휴게소로 가는 마을 안길을 통과하여 휴게소에 도착을 했다. 점심 식사를 위하여 휴게소 들어갔더니 식당은 휴업을 했고, 지금은 휴게소에서 간단한 간식만을 팔고 있었다.

예전에 7번 국도가 휴게소 옆을 지나던 시절엔 번창하던 휴게소였는데 7번 국도가 4차선으로 확장되고 휴게소에서 멀어지니 자연적으로 손님이 줄어서 휴게소 영업이 잘 되지 않는 것 같다. 휴게소를 나와서 구 7번 국도를 따라 백석리 방면으로 걸어가니 도로가 한산하고 백석리 입구에 있는 칠보산온천 주차장에 자동차가 가득하다.

백석리를 따라가면서 식당을 찾아보니 이곳도 차량의 통행량이 줄어 식당도 대부분 문을 닫았고 예전에 길가에서 해산물을 팔던 가게도 전부 문을 닫았다.

백석리를 통과하여 7번 국도와 합류를 하여 조금 걷다 국도 하부 지하차도를 통과하여 칠보산휴게소 한식 뷔페식당에서 8,000원/인을 주고 한

백석리

식 뷔페를 먹었다.

예전에 등산 다닐 때 7번 국도 칠보산휴게소 한식 뷔페를 많이 이용을 했는데 그때나 지금이나 손님이 많다. 칠보산휴게소에 한식 뷔페 메뉴 중 미주구리(물가자미) 회를 좋아해서 많이 먹었는데 지금도 미주구리 회가 있어 옛날 생각을 하면서 맛있게 먹었다.

물가자미가 표준어이고 통상적으로 현지에서는 일본어인 미주구리라는 속어를 많이 쓰고 시장에서는 지금도 미주구리라고 하고 있다. 물가자미는 가자밋과의 일종으로 성질이 급해서인지 그물에 걸려 올라오면 바로 죽는다. 그래서 활어는 없고 전부 죽은 물가자미지만 맛은 일품이다. 작은 물가자미를 뼈째 썰어 먹는 새꼬시는 최고의 맛이다.

특히 물가자미를 야채와 초고추장을 섞어서 비빔회로 만들어 먹고, 먹다 남은 비빔회에 찬밥을 비벼 회 밥으로 먹으면 그 맛이 일품이다. 물가자미를 썰어서 꽁꽁 얼렸다가 야채와 초고추장과 함께 비벼 먹으면 여름철 최고의 별미로 치며 포항 근교에서는 물가자미 마니아가 의외로 많다. 회로 먹을 수 없는 물가자미는 반건조시켜 간장 양념에 조려 먹던가 아니면 찜을 해서 먹으면 밥반찬으로 최고이다. 미주구리는 영덕에서 포항 구간의 동해안에서 많이 잡히지만 특히 영덕군 축산항에서 잡히는 물가자미를 최고로 친다.

식사 후 다시 굴다리를 통과 후 원위치하여 7번 국도를 따라가다 칠보산자연휴양림 입구 안내판 근처 유금천 다리에서 구 7번 국도와 다시 합류를 하여 다리를 건너 또다시 굴다리를 통과하고 포장도로를 따라가다 금곡2리 마을 안길로 해파랑길이 이어진다. 금곡리마을과 금곡항을 지나면 영덕과 울진 경계로 거대한 안내판에 생태 문화 관광 도시 울진이라는 글씨와 대게 그림이 있다. 금곡리에서 해파랑길은 새로 난 7번 국도와 구 7번 국도를 따라가면 금음리에서 다시 마을 안길로 들어선다. 금음리에서 삼율교차로까지 마을 안길과 방파제를 따라 해파랑길은 이어지고 삼율교차로에서 후포해변 옆으로 난 도로를 따라 지루하게 해파랑길은 이어진다.

후포항은 경상북도 울진군 남쪽 끝에 있다.

동해 중부 해역의 주요 어항(漁港)이며 꽁치 · 오징어 · 고등어 · 대게 · 가자미 등 동해에서 나는 모든 어종의 집산지이다. 항구 주변에 선박 모양으로 지은 후포수산업협동조합과 후포수협회센터 · 어판장 · 후포어시장 · 횟집 등이 있다. 항구 뒤쪽 등기산(64m)에는 1968년부터 가동된 후포등대가 있고, 그 주변으로 공원이 있다.

후포항 한마음광장엔 휴일을 맞이하여 관광버스와 승용차로 주차장이 만차이고, SBS 〈백년손님〉 촬영지와 후포항의 명성으로 울진 대게가 없어서 못 팔린 정도로 휴일엔 관광객이 많이 온다고 한다.

후포항

해파랑길 24코스

후포항 입구 → 0.5km → 등기산공원 → 2.9km → 울진대게유래비 → 6.0km → 월송정 → 2.3km → 대풍헌 → 6.4km → 기성버스터미널: 18.1km

후포항에서 상가 골목으로 들어서니 식당 전부가 게 전문 식당이다. 골목 안길엔 SBS 〈백년손님〉 촬영지로 김춘자 할머니가 SBS 연기대상 인기상을 수상했다는 Plan card와 담벼락엔 〈그대 그리고 나〉 촬영지라는 벽화가 있다. 이곳에서 이정표를 보고 급경사 언덕을 잠시 오르면 빨간 함석지붕의 집이 있고 이곳이 MBC 드라마 〈그대 그리고 나〉에서 최불암 씨 집으로 나왔던 곳이라고 한다. 드라마의 주 무대는 강구이지만 드라마의 최불암 씨 집은 이곳에서 촬영했다고 한다.

이곳을 지나 조금 오르면 후포 등기산 공원으로 정상에 남호정이라는 정자와 등기산 등대가 있고 조망이 대단히 좋아 후포항과 후포해변이 남쪽으로 보이고 북으론 후포6리 쪽 울진대게로가 해파랑길과 함께 이어지고 동해의 푸른 파도가 넘실대고 있다.

등기산 등대를 내려와 울진대게로를 따라 해파랑길을 걸어가면 후포6리 마을 회관이 나온다. 이곳을 지나 계속 북진을 하면 거일2리이고 마을 표지석을 지나면 울진대게 조형물을 바닷가에 잘 만들어 놓았다.

지난 1월 1일 구룡포를 출발하여 후포항을 지날 때까지 바닷가 항포구

울진대게 조형물

엔 온통 게(대게)판이다. 지방자치단체에서 모두 자기 고장의 대게를 알리는 대형 안내판을 설치해서 홍보를 하고 똑같은 대게를 놓고 원조 경쟁이 치열하다. 거일리를 통과하여 직산2리를 지나 직산1리 마을 안길을 돌아 나와 북쪽을 보면 월정리 소나무 숲과 구산해수욕장이 넓게 펼쳐 있다.

월송정교를 건너서 우측으로 꺾어 들어가서 해송 숲길을 따라가면 동해안에서 가장 풍광 좋은 곳 중의 한 곳인 월송정이 나온다. 제8회 아름다운 숲 경진 대회에서 네티즌이 선정한 아름다운 누리상을 수상한 월송리 소나무 숲속에 있는 월송정은 풍광이 뛰어나서 관동팔경 중 한 곳이다.

월송정은 신라시대의 화랑들(永·述·南石·安祥)이 이곳의 울창한 송림에서 달을 즐기며 선유(仙遊)하였다는 정자이다. 관동팔경(關東八景)의 하나로, '月松亭'이라고도 쓴다. 명승을 찾는 시인과 묵객들이 하나같이 탄복한 곳이라고 한다. 정자는 고려시대에 이미 월송사(月松寺) 부근에 창건되었던 것을 조선 중기 연산군 때의 관찰사 박원종(朴元宗)이 중

월송정

건(혹은, 그가 창건하였다고도 함)하였다고 하며, 오랜 세월에 퇴락한 것을 향인(鄕人)들이 다시 중건하였으나 한말에 일본군이 철거해 버렸다.

1969년에 재일 교포들이 정자를 신축하였으나 옛 모습과 같지 않아서 해체하고 1980년 7월에 현재의 정자(정면 5칸, 측면 3칸, 26평)로 복원하였으며, 현판은 최규하(崔圭夏) 대통령의 휘호로 되어 있다.

월송정을 지나 도로를 따라 조금 가면 평해 황씨 재실인 숭덕사이고 곧 구 7번 국도를 만나게 된다. 평해 황씨 재실인 숭덕사는 포항의 대표적 기업인 (고)대아그룹 회장이 거액을 희사하여 만들었다고 하는데 소나무 숲속에 작은 공원과 숭덕사를 둘러볼 만하다.

구산해변을 통과 후 구 7번 국도를 버리고 마을 안길로 들어가면 구산항이다. 구산항 입구엔 조선시대 수토사들이 울릉도에 들어가기 전에 머물렀던 대풍헌이 좌측에 있다.

대풍헌

대풍헌: 경상북도 기념물 제165호

대풍헌은 동해안의 작은 포구 구산리 마을 중심부에 남향으로 자리 잡고 있다.

원래 이 건물은 동사(洞舍)였으나 조선시대 어느 때부터인가 구산항에서 울릉도(독도)로 가는 수토사(搜討使)들이 순풍(順風)을 기다리며 머물렀던 장소가 되었다.

이 건물은 정면 4칸, 측면 3칸의 '一' 자형 팔작집으로 정확한 건립 연대는 알 수 없으나, 1851년(조선 철종 2) 중수하고 대풍헌(待風軒)이란 현판을 걸었으며, 이후 몇 차례 보수 과정을 거쳐 여러 부분이 개조 및 변형되어 2010년 해체 복원하였다.

또한 이곳에 보관되어 있는 울진 대풍헌 소장 문서(문화재자료 제511호)는 삼척 진영 사또와 월송 만호가 3년에 한 번씩 울릉도를 수토할 때

평해 구산항에서 출발한다는 것과 수토사 일행의 접대를 위해 소요되는 각종 경비를 전담했던 구산 동민들의 요청에 따라 부담을 경감할 수 있는 방책에 대해 관아(삼척부)에서 결정해 준 내용의 완문 '完文'(1871년)과 수토절목(搜討節目, 1883년)이다. 이곳 대풍헌은 조선시대 수토사들이 삼척, 강릉, 대관령, 원주를 거쳐 동대문으로 들어가는 관동대로의 출발점이자 시작점이다.

구산항 포구 마을엔 어부들과 할머니들이 대게 그물을 손질을 하고 있는 것을 보니 이곳도 대게가 많이 잡히는 곳인가 보다. 구산리를 지나가면 나오는 마을이 봉산2리이고 봉산1리까지 오늘 지나온 길과 유사한 길을 따라 걷다가 봉산1리 향곡마을을 지나면 도로와 해파랑길은 바닷가 길이 아니고 지방 도로인 아스팔트 오르막길을 오르게 된다.

한참을 힘들게 급경사 언덕길을 오르면 울진비행장 북단 끝에 도착을 한다.

이곳에서 해파랑길은 도로를 벗어나 급경사 산길을 따라 내려가면 논둑길과 만나고 논을 지나 개울을 건너고 다시 논과 논 사이 농로를 따라가면 기성면사무소에 도착을 하고 이곳이 해파랑길 24코스 종점이다.

울진비행장

울진비행장은 구산항 서쪽 낮은 산 위에 있는 비행장으로 봉산1리까지 걸쳐 있고 전체 공정 99.9% 완료를 하고 준공을 하지 않고 민간에게 비행장을 대여하고 있다.

준공을 하지 않은 이유는 준공을 해도 취항을 할 비행기가 없기 때문이다.

DJ 정부 울진 출신 모 유력 인사가 청와대 비서실장으로 근무하던 시절 울진군으로 관광객을 유치를 하기 위해 비행장을 건설해서 국고 손실을 어마어마하게 끼쳤는데 누구 하나 책임지려고 하지 않는다. 그 돈으로 7번 국도를 조기에 4차선으로 개통을 하던가 아니면 동해안 고속도로를 건설하지. 이곳 울진으로 관광객이 얼마나 비행기를 타고 온다고 비행장을 만들 생각을 한 정치가들이 정말 한심스럽다.

비행장 건설하던 시기 굴곡지고 좁은 2차선 7번 국도를 이용하며 함께 산에 다니던 동료들과 많은 욕을 했던 기억이 새롭다. 국가정책을 잘 모르는 내가 생각을 해도 이곳에 비행장을 건설하는 것이 아닌데 건설을 강행하는 것을 보고 한심하다고 생각을 했다.

정치가만 문제가 아니라 기업 경영을 잘못해서 기업의 가치 하락과 신용도를 하락시킨 경영인도 책임지지 않는 것은 똑같다. 앞으로 국가정책과 경영을 잘못해서 국가와 기업에 누를 끼치면 끝까지 책임을 지는 사회가 되었으면 한다.

요즘 역사 공부를 하며 조선시대사를 보면 살아서 잘못을 하면 죽어서도 부관참시를 하고 직첩을 회수당하는 것을 볼 수가 있다. 비행장을 지나면서 속상해서 넋두리를 해 보았다.

해파랑길 25코스

기성버스터미널 → 6.0km → 기성망양해변 → 3.8km → 망양휴게소 → 11.8km → 망양정 → 1.7km → 수산교: 23.3km

기성보건지소를 조금 지나 우측으로 이정표를 보고 논 사이 농로를 따라가 농로 끝 지점에서 사동항으로 넘어가는 급경사 길을 올라가 정상 부근 생태 이동 통로를 지나 다시 내려가면 사동항이 오른쪽으로 보인다. 사동3리를 지나면 사동2리이고 이곳에서 다시 급경사 길을 올랐다가 내려가면 기성망양해변이 넓게 펼쳐 있다. 기성망양해변 옆 도로를 계속 가다 망양해수욕장으로 들어가 해변의 소나무 숲속으로 해파랑길은 이어진다.

해파랑길은 망양1리 마을에서 다시 구 7번 국도를 따라가게 된다.

망양1리와 2리 사이 망양정 옛터엔 정자를 복원해 놓았다. 망양2리를 지나면 또 도로변에 울진대게 조형물을 만들어 놓았고 바닥엔 독도는 우리 땅이라는 글씨와 대게 그림을 트릭아트로 그려 놓았다. 다시 예전 국도를 따라가면 망양휴게소이다.

예전 구 7번 국도를 새로 4차선으로 확장하면서 그동안 호황을 누리던 대부분의 휴게소가 길이 새로 나면서 거의 폐업을 했지만 망양휴게소만은 지리적 요건이 좋아 살아남아 언제나 손님이 많다. 동해안을 따라 속초 방향으로 올라갈 때는 꼭 망양휴게소를 들려서 가고 특히 아침 일출을 감상하기 좋은 곳이다.

덕신휴게소를 지나 삼거리에서 우측으로 가면 울진 쪽빛 바닷길로 명명된 바닷길이 해파랑길과 함께 이어진다. 오산3리를 지나면 울진 기성면과 근남면 경계이고 조금 더 가면 근남면 진복리가 나온다. 진복리를 지나면 산포3리이다. 바닷가에 촛대바위가 멋지게 서 있다. 원래부터 촛대바위가 있던 것이 아니고 바위를 뚫어 길을 내면서 생긴 것이지만 멋지다.

산포2리를 지나 이정표를 보고 좌측으로 가면 울진 해맞이공원이 나온다.

공원 정상에 울진대종과 해맞이광장이 있고 북쪽으로 조금 더 가면 관동제일루인 망양정이다.

망양정(望洋亭): 소재지: 울진군 근남면 산포리 716—2

이 정자는 관동팔경(關東八景)의 하나로 넓은 동해를 바라보며 산 정상에 날을 듯 앉아 아름다운 경관을 자랑하고 있다. 정면 3칸, 측면 2칸의 겹처마 팔작지붕 구조의 정자이며 고려시대에 경상북도 울진군 기성면 망양리 해안가에 처음 세워졌으나 오랜 세월이 흘러 허물어졌으므로 조선시대인 1471년(성종 2) 평해군수 채신보(蔡申保)가 현종산(縣鍾山) 남쪽 기슭으로 이전하였다. 이후 1517년(중종 12) 거센 비바람에 파손된 것을 1518년 중수하였고, 1590년(선조 23) 평해군수 고경조(高敬祖)가 또 중수하였으나 허물어진 채로 오랫동안 방치되었다.

1854년(철종 5) 울진현령 신재원(申在元)이 이축할 것을 제안하였으나 여러 해 동안 재정을 마련하지 못하여 추진하지 못하다가 1858년(철

망향정

종 9) 울진 현령 이희호(李熙虎)가 군승(郡承) 임학영(林鶴英)과 함께 지금의 자리로 옮겨 세웠다. 이후 일제강점기와 광복의 격변기를 거치면서 주춧돌만 남은 것을 1958년 중건하였으나 다시 퇴락하여 2005년 기존 정자를 완전 해체하고 새로 건립하였다.

정자에서 바라보는 경치가 관동팔경 가운데 으뜸이라 하여 조선 숙종이 '관동제일루(關東第一樓)'라는 현판을 하사하였다. 또 정철(鄭澈)은 〈관동별곡(關東別曲)〉에서 망양정의 절경을 노래하였다. 숙종과 정조는 어제시(御製詩)를 지었으며, 정선(鄭敾)은 《관동명승첩(關東名勝帖)》으로 화폭에 담는 등 많은 문인과 화가들의 예술 소재가 되기도 하였다.

망양정을 뒤로하고 언덕을 내려오면 울진 왕피천이다.

왕피천의 유래는 울진군 서면 왕피리 부근에서 심한 곡류를 하고, 통고산 동쪽 사면을 흘러 동쪽으로 흐르는 수계를 합류하여 왕피리 한천마을에서부터 왕피천이라 불린다.

옛날 실직국(悉直國) 왕이 피난 왔다고 해서 마을 이름을 왕피리, 마을 앞을 흐르는 하천을 왕피천이라 부르게 되었다고 한다. 가을이면 왕피천엔 연어가 올라와 산란을 한다.

왕피천의 연어

연어는 바다에서 살다가 산란기인 9~11월에 모천(母川)으로 올라와 산란한다. 수컷은 꼬리지느러미와 뒷지느러미를 이용하여 자갈과 모래가 깔린 하천에서 40~90cm의 크기에 40cm 깊이의 산란장을 만들고 암컷은 꼬리지느러미를 이용하여 알을 자갈로 덮어 보호한다. 암컷과 수컷은 산란 후에 모두 죽는다.

우리나라 연어는 길이 60~70cm, 큰 것은 1m를 넘는 것도 있으며, 무게는 평균 2.5kg이며 3, 4년 전에 방류한 것이다. 오호츠크해 '캄차카반도 베링해' 알래스카를 경유하는 1만 6천km의 긴 여정을 마치고 고향 경북으로 돌아온다. 이러한 모천 회귀본능을 이용하여 가을에 왕피천에서 연어를 포획하여 산란을 시켜 봄에 방류를 하는데 회귀율이 너무 낮아서 어민들에게 소득 증대와는 연결이 되지 않는 것 같다.

우리나라 연어 회귀율은 양양 지역이 0.2~0.5%, 울진 지역이 0.1~0.2% 정도로 선진국에 비해 낮은 편이지만 대표적인 환경 지표 어종으로 보호 가치가 크다고 할 수 있다.

돌아온 연어는 수산 연구소에서 포획을 하여 인공수정 후 부화가 되면 일정 기간 키운 후 하천에 방류를 한다. 바다에서 자란 연어는 산란을 위하여 모천으로 돌아와 민물과 바다가 만나는 기수 지역에 도착하면 그때

왕피천 하구

부터 먹이를 먹지 않고 그동안 바다에서 축적한 에너지인 지방을 이용하여 하천을 거슬러 올라가 자신이 태어난 곳을 찾아 산란을 하여 후손을 남기고 죽는다.

왕피천 남쪽 제방을 따라가면 강 건너에 울진 엑스포공원이 보이고 계속 직진하면 구 7번 국도 수산교에 도착하여 해파랑길 25코스를 끝냈다.

해파랑길 26코스

수산교 → 1.2km → 울진 엑스포공원 → 3.8km → 연호공원 → 6.8km → 봉평해변 → 1.3km → 죽변항: 13.1km

구 7번 국도 수산교를 건너 직진을 하면 울진 읍내로 들어가고 좌회전하면 울진의 대표적 관광지인 불영계곡으로 가는 길이다. 해파랑길은 우회전하여 왕피천 둑길을 따라가고 좌측으로 울진 엑스포공원이다. 울진 엑스포 개최 시기가 아니지만 많은 사람들이 공원에서 산책을 하며 휴일 오후를 즐기고 있다. 엑스포 공원 내에는 수백 년 된 금강송이 많고 공원 한쪽엔 아쿠리움도 있지만 갈 길 바쁜 도보 여행자에겐 다음을 기약할 수밖에 없다. 왕피천과 바다가 만나기 전 울진 해변 옆 도로를 따라가면 울진 남대천 하구에 고기 조형물을 만들어 놓은 다리에 도착을 한다.

이곳에 은어가 많아서인지 은어 조형물을 이용한 다리가 멋지다.

다리 위에 커다란 입을 벌린 형상의 은어 조형물 입속으로 들어가 두 마리를 통과하여 오른쪽으로 내려간다. 백사장이 끝나는 지점에서 야산으로 급경사 철제 사다리를 올라가면 편안한 소나무 숲속 길이 이어진다.

연호공원 연못을 반 바퀴 이상 돌고 좌측으로 마을로 들어가는 길을 따라가다 마을 중간에서 우회전하여 7번 국도 하부를 통과 후 언덕길을 올랐다가 내려가면 연지리 어촌 마을에서 동해의 푸른 바다를 만나고 해파

은어다리

랑길은 해안도로를 따라 계속 이어진다. 연지리를 지나면 온양1리와 2리 어촌 마을은 지나온 구간의 해파랑길 해안 마을과 비슷한 마을을 통과하여 대구 영동 라이온스 클럽 자매결연 울진 양정마을 표지석에서 구 7번 국도와 해파랑길이 합류된다.

여기서부터 울진군에서 관동팔경 녹색 경관길로 명명을 했고 조금 후에 죽변면으로 들어선다. 이곳에서부터 도로 옆으로 나무 데크를 설치하여 안전하게 통행을 할 수 있게 하였고 이어서 골장항에 도착을 한다. 골장항을 지나면서부터 봉평해변의 백사장이 도보 여행가를 반긴다. 봉평해변 중간쯤의 물고기와 대게 조형물에서 도로를 건너 울진봉평신라비 전시관에서 봉평 신라비를 답사를 했다. 봉평비에 대한 설명을 소개를 한다.

울진 봉평비: 국보 제242호

울진 봉평비는 울진군 죽변면 봉평해변 근처에 있다.

봉평 신라비는 1988년 1월 20일 울진군 죽변면 봉평2리 118번지 주두원(朱斗源) 씨 소유의 논에서 당시 논을 경작하던 봉평 이장 권대선(權大善) 씨가 객토 작업을 하다가 평소 논농사 시 쟁기에 걸려 불편을 느껴왔던 논에 묻힌 큰 돌덩어리를 인근에서 공사 중인 포크레인 기사에게 부탁하여 바로 옆에 있는 개울가에 치워 놓으면서 오랜 잠에서 깨어나게 되었다. 석질은 변성 화강암으로 상태가 좋은 편은 아니다. 비의 제작 당시 이미 몇 군데 금이 나 있었으므로 이를 피해 글을 새겼다. 그러나 비가 지상에 노출되지 않고 오랫동안 땅속에 파묻혀 있었던 탓인지 파손 없이 거의 원형을 유지하고 있다. 비석으로 판명되기 전 돌을 옮기는 과정에서 포크레인에 의해 일부가 손상되었으나 비편도 발견되어 완형을 갖추고 있다.

한 면에만 약간의 인공을 가해 글자를 새겼다.

높이는 204cm, 너비는 위로 32cm, 아랫부분이 54cm로 사다리꼴에 가까운 부정형을 이루고 있다. 약 400여 자가 새겨져 있으며 서체는 북조풍의 해서체이다.

비문의 내용은 울진 지방의 영토가 신라에 편입된 뒤 이곳에서 무엇인가 일이 발생하여, 중앙에서 군사를 크게 일으켜 사건을 마무리한 다음 법흥왕과 13명의 관리들이 이곳에 모여 당시 사건 관련자들을 문책하는 등의 기록을 담고 있다. 이 비문은 기존의 문헌에 보이지 않는 새로운 내용들을 많이 담고 있어서 6세기경 신라의 역사 이해에 매우 중요한 의미를 가진다. 즉 법흥왕 때 반포되었던 율령의 일단을 담고 있다는 점, 그리고 그것이 성문법으로 존재했다는 것을 확인시켜 주고 있으며, 신라 왕경의 6부 체제에 대한 시사점도 주고 있다.

포항 냉수리 냉수비가 발견되기 전에는 봉평비가 우리나라에서 가장 오래된 비였으나 그 후 두 번째로 기록되었다가 다시 포항에서 중성리비가 발견되면서 3번째로 내려왔다.

포항의 냉수리비와 중성리비가 홀대를(?) 받아서 보관 상태가 좋지 않으나 봉평비는 어마어마한 규모의 전시관을 지어서 보관을 하고 전시관 뒤에는 우리나라 중요한 비석을 모방한 짝퉁을 세워 놓고 관광객에게 둘러볼 수 있도록 해 놓았다.

봉평비

비문의 대략적인 내용은 이렇다.

울진 지방이 신라의 영토로 편입된 뒤 이 비가 세워지기 얼마 전에 대군(大軍: 중앙군을 의미함)을 일으킬 만한 어떤 사건이 발생했고, 이 사건을 해결한 뒤 모즉지매금왕(牟卽智寐錦王: 법흥왕)과 13인의 신료들이 그에 대한 사후 처리로써 이 지역에 모종의 조처를 취하고, 소(斑牛)를 죽이는 등 일정한 의식을 행하였다.

그리고 관련자에게 책임을 물어 장육십(杖六十)·장백(杖百) 등의 형을 부과하고 다시는 이러한 일이 일어나지 않도록 지방민에게 주지시킨다는 것이 내용의 줄거리이다.

비의 성격에 대해서는 국왕이 순행한 것으로 보고 순행비(巡行碑)로 보려는 견해가 있는가 하면, 율령에 관련되는 내용이 주류를 이룬 것으로 보아 율령비(律令碑)로 보려는 견해 등 한결같지가 않다.

비문의 전체적인 구조는 550년대에 건립된 단양신라적성비(丹陽新羅赤城碑)와 상당히 유사해 이들 사이에 어떤 공통성을 볼 수 있는데, 520년(법흥왕 7) 율령이 반포된 뒤 한동안 같은 성격의 비문 작성에 일정한 정형이 있음을 느끼게 한다.

봉평비를 발견한 봉평리 이장 권대선 씨는 어떤 보상을 받았을까 알아본다.

국보급 유물을 발견한 대가는 매장문화재 보호 및 조사에 관한 법률과 유실물법 등은 발견 유물은 7일 이내에 신고를 해야 한다. 발견자와 신고자, 토지 및 건물 소유자에게 보상금을 균등하게 지급한다고 규정해 놓았다. 봉평비의 경우 토지 소유자인 주두원 씨와 발견자인 권대선 씨가 보상금 1,000만 원을 반씩 나누어 가졌다. 가장 높은 보상금은 포항의 중성비 보상금으로 보상 금액이 1억으로 국유지에서 발견되었으므로 5천만 원을 발견자에게 지급하였다. 다만 아무리 귀한 유물이라도 보상금은 1억을 넘지 않는다.

봉평비 전시관을 답사하고 나와 다시 봉평해변을 따라가 죽변 공용 터미널에 도착하여 해파랑길 26코스를 끝냈다.

죽변항 상징물

해파랑길 27코스

죽변항 입구 → 2.1km → 죽변등대 → 6.6km → 옥계서원유허비각 → 2.7km → 부구삼거리: 11.4km

이번 코스는 비교적 짧은 11.4km로 울진 원자력발전소가 해변가에 위치한 관계로 해파랑길은 해변가를 피해 내륙을 통과하고 약 절반 구간은 구 7번 국도를 따라간다.

해파랑길 27코스 안내판에서 조금 더 죽변항으로 이동을 하면 반대쪽에 울진 후정리 천연기념물 제158호 향나무가 멋진 모습으로 서 있고 바로 옆에는 성혈사가 있다.

이 향나무를 동네 사람들은 신목(神木)으로 여기고 수령은 약 500년 정도로 전설에 의하며 울릉도에서 자라던 것이 파도에 떠밀려 와 이곳에서 자라게 되었다고 하는데 믿을 수 없다. 후정리 향나무를 뒤로하고 죽변항으로 들어서니 죽변항의 규모가 무척 크고 대략적으로 항구의 규모가 포항 구룡포와 비슷한 것 같다.

죽변항 공판장을 지나 항구 끝부분에서 이정표를 보고 좌측으로 가면 바닷가로 갯바위 위로 나무 데크를 만들어 놓았다. 나무 데크를 지나 급경사 계단을 올라가면 조릿대 숲속 길이 나오고 잠시 후 바닷가 절벽 위에 SBS 드라마 〈폭풍 속으로〉 촬영지가 그림처럼 나타난다.

SBS 드라마 〈폭풍 속으로〉 촬영지

2004년 김석훈, 송윤아, 엄지원 주연의 SBS 드라마 〈폭풍 속으로〉 촬영지가 죽변항 뒤 죽변등대 아래에 있다. 이곳이 SBS 드라마 〈폭풍 속으로〉 촬영지 세트장으로 유명한 곳이다. 포항에서 30년 이상을 살면서 수없이 동해안을 따라서 다니며 죽변항 이야기를 많이 들었지만 항구의 규모와 경치가 이렇게 좋고 멋진 곳인 줄 오늘 해파랑길 27코스를 걸으며 처음으로 알았다. 건물 내부는 누구나 관람할 수 있도록 개방을 하고 있으며 관리인이 상주하면서 관리를 해서 무척 깨끗하게 유지되고 있는 것 같다. 〈폭풍 속으로〉 드라마 세트장을 울진군에서 인수하여 보수를 해서 관광객들에게 무료로 개방을 하고 있다.

특히 건물에서 북쪽 해안을 보면 파도가 밀려올 때 하트 모양의 형상이 생겨서 젊은 연인들이 많이 찾고 파도가 밀려와서 하트 모양일 때 사진을 촬영하려고 부산하다.

SBS 드라마 〈폭풍 속으로〉 촬영지

하트 해변

파도가 밀려와서 하트 모양일 때 사진을 촬영하면 연인의 사랑이 변치 않고 계속된다고 하고, 또 사랑이 이루어진다고 하면 관광객이 더 많이 올 수 있지 않을까!

그리고 세트장 위쪽의 죽변등대도 풍광이 멋진 곳으로 세트장과 연계해서 함께 관람을 하면 좋을 듯하고 용의 꿈길이라는 간단한 산책 코스도 있으니 함께 걸어 보면 좋다.

죽변등대

호미곶을 제외하고 동해안에서 바다로 가장 많이 뻗어 있는 곳이 죽변곶이다. 파도 소리와 울창한 대나무 숲으로 둘러싸인 이곳에 죽변등대가 우뚝 솟아 있다. 죽변은 대나무가 많이 자생한다고 붙여진 지명이다. 특히 이곳에 자생하는 소죽(小竹)은 화살을 만드는 재료로 사용되어 조선시대에는 국가에서 보호하였다고 전한다. 이 등대는 1910년 11월 24일 건립되었으며, 구내에는 1911년 일본국 수로부에서 설치한 수로측량 원표가 남아 있다. 죽변은 우리나라 동해안 항로의 중간 지점에 위치하고, 울릉도와는 직선거리상 가장 가까운 곳이다.

등탑의 높이는 16m로 백색의 8각형 콘크리트 구조로 되어 있으며, 불빛은 20초에 한 번 반짝이며 약 37km까지 불빛이 전달된다. 등탑은 2005년 9월 경상북도 지방기념물 제154호로 지정되어 있다. 현재 등탑 내부 천장에는 태극 문양이 새겨져 있는데, 원래는 대한제국 황실의 상징인 오얏꽃 문양이 새겨져 있었다고 전한다.

드라마 촬영지를 구경하고 마을 사이 안길을 따라가면 군부대 담장이 나온다. 군부대 정문을 지나 좌측의 경사 길을 내려가면 다시 죽변 읍내로 들어선다. 죽변 읍내 중심가에 들어서면 표시기를 잘 보아야 한다. 마을 안길 급경사 길을 힘들게 올라가면 죽변항 북쪽 언덕 위 야산에 도착을 한다. 숲속 길을 지나면 앞쪽으로 넓은 논이 펼쳐지고 농로를 따라가면 구 7번 국도 죽변 비상활주로를 만난다. 지금은 7번 국도를 이설하고 차량도 다니지 않아 텅 비어 있고 간간이 농기계 등이 서 있다.

비상활주로를 횡단하여 마을로 들어가면 후정2리 마을 회관이 나온다.

회관을 지나 조금 가면 용호정이라는 제단비가 개울 건너에 있고 잠시 시간을 내서 둘러보았다. 다시 포장도로를 따라가서 개울 건너기 전에 앞쪽으로 울진 원자력발전소 건설 현장이 넓게 펼쳐 보인다. 개울 다리를 건너 좌측으로 비포장길을 따라가면 "이곳에 수달이 살고 있습니다." 라는 안내판이 간간이 보인다.

고목2리에서 구 7번 국도와 해파랑길은 다시 합류를 하고 고목1리를 지나면 신화1리이다. 신화리를 지나면 급경사 도로를 따라가고 우측으로 울진 원자력발전소 철조망을 보면서 경사 길을 내려가면 울진 원자력발전소 공원에 도착을 한다.

울진원자력공원을 지나 다리를 건너면 부구삼거리가 해파랑길 27코스 종점이다. 좌측으로 가면 응봉산과 덕구온천으로 가고 우측으로 해파랑길 28구간이다.

해파랑길 삼척 동해 구간

편안한 숲길과 화려한 기암절벽이 조화로운 길!

해파랑길 삼척 동해 구간은 부구삼거리에서 옥계시장까지로 7개 코스 99.6km로 되어 있다. 해파랑길 중에 가장 의외의 노선을 꼽는다면 바로 삼척이다.

예상치 못한 편안한 숲길이 연속해서 이어지는 삼척 구간은 신라시대 절세미인으로 알려진 수로부인의 설화가 깃든 수로부인길을 지나 고려의 마지막 왕인 공양왕릉을 거친다.

길고 긴 백사장을 거느린 맹방해변을 지나 에메랄드빛 오십천을 따라 걸으면 화려한 기암절벽 위에 화룡점정 찍듯 우뚝한 관동팔경 죽서루가 감탄을 끌어낸다.

다시 오십천 물줄기를 따라 내려와 정라진항과 그 뒷골목의 정겨운 길을 지나면, 기묘한 바위들이 늘어선 추암해변이다. 북평과 묵호을 합쳐 동해시로 행정구역이 바뀐 이곳부터 길은 잘 포장된 인도를 따른다. 동해 시내를 관통하는 탓에 팍팍하리라 여겼던 시내 구간은 자투리 숲길을 잘 엮어 내 기분 좋은 걷기 여행을 이끈다. 망상해변을 지난 길은 잠시 바다를 버리고 내륙 숲길을 향하다 어느새 강릉으로 이름표를 바꾼다.

해파랑길 28코스

부구삼거리 → 6.1km → 도화동산 → 0.8km → 갈령재(수로부인길) → 3.8km → 호산버스터미널: 10.7km

동해 삼척 코스는 구 7번 국도와 숲속 그리고 해안을 통과하는 코스로 삼척시에서 개발한 신라시대 절세미인으로 알려진 수로부인의 설화가 깃든 수로부인길과 많은 구간을 함께 가고 또 이 길을 삼척에서는 낭만가도라는 이름의 길로도 명명을 하였다.

부구삼거리 해파랑길 안내판을 지나 부구천을 따라 바다 쪽으로 내려가면 하천 건너 남쪽에는 울진 원자력발전소의 거대한 돔이 보인다. 원자력발전소은 우리 생활의 필수 에너지인 전기를 값싸게 생산을 하지만 방사능 노출이라는 위험 때문에 각 지방자치단체에서 발전소가 들어오는 것을 필사적으로 막고 있다.

화석 연료에 의한 화력발전과 댐을 건설하여 물의 낙차를 이용한 수력발전에 한계가 있는 우리나라에서는 원자력발전이 어떻게 보면 최선이지만 유치 단체가 없으니 큰일이다. 우리나라는 전기에너지의 수요가 크게 증가를 하여 일 년에 원자력발전소 1기를 매년 건설을 해야 하는데 우리 같은 사람의 머리로는 해결될 기미가 보이지 않는다.

부구천이 바다와 만나는 지점에 있는 부구해변은 크지는 않지만 동해

부구해변

의 푸른 파도를 간직하고 아침 햇살에 백사장 모래가 반짝이고 있다. 부구해변을 따라 북상을 하다 해변이 끝나는 지점인 나곡1리 동회관에서 작은 하천을 따라 올라가 구 7번 국도를 만나 아스팔트 포장길을 따라 북쪽으로 올라간다. 이 도로는 7번 국도가 4차선으로 새로 건설되기 전 국도로 경사가 급하고 경북과 강원도의 경계 지점인 갈령재까지 오르막이 끝없이 이어진다. 해파랑길은 구 7번 국도와 동해안 자전거길이 함께 가고 작은 언덕을 한 번 오르고 내려가면 우측으로 나곡해수욕장이 보인다.

나곡해수욕장 입구를 지나면 본격적인 오르막길로 아스팔트 길을 따라 계속 직진을 하여 나곡교차로를 지나면 좌측 도롯가에 광해군 왕녀 태실 안내판이 있다.

광해군이 왕으로 재임 시절 태어난 왕녀의 무병장수를 위해 이곳 바닷가 산골에 태실을 만든 정성이 참으로 대단하다. 태실의 주인공인 옹주가 무병장수를 하고 살았는지 아버지가 폐위된 후 어떻게 되었는지 알 수는 없다. 예전 궁중에서는 아기의 태를 죽은 사람의 시신만큼이나 중요시했던 것 같다.

나곡교차로를 지나 힘겹게 한참을 오르면 오른쪽으로 울진군환경지원사업소가 있다.

이곳을 지나 조금 더 가면 이보혁 휼민유애비라는 이정표가 있고 반대쪽 언덕 위에 유애비가 있다. 강원도 관찰사를 지낸 이보혁이라는 분이 휼민을 했다는 선정비인데 옹정십이년건립(擁正十二年建立) 즉 1794년(영조 10년)이다.

유애비를 지나 조금 더 가면 우측으로 고포마을(고포항) 이정표가 있다.

해파랑길 처음 만들 때 고포항이 포함되어 있었으나 고포항으로 내려갔다가 올라오는 구간이 산불 감시 기간 중 폐쇄되어 현재는 고포항으로 가지 않고 도로를 따라 직진을 하는 것으로 변경을 하였다. 고포마을 이정표를 지나가면 좌측으로 도화(道花)동산이라는 커다란 표지석과 작은 공원이 조성되어 있다.

도화동산의 조성 배경이 표지석 반대쪽에 다음과 같이 적혀 있어 소개를 한다.

> 23,794ha의 피해를 입은 사상 최대의 동해안 산불이 2000년 4월 12일 강원도에서 울진군으로 넘어오자 민, 관, 군이 합심하여 22시간 만인 4월 13일 11시에 진화하고 산불 피해지인 이곳에 도화(백일홍)동산을 조성하다.
>
> 2002년 1월 12일 울진군수

도화동산을 통과하면 경상북도와 강원도의 경계인 갈령재휴게소가 보인다. 터널이 건설되기 전에는 무척 번창하던 휴게소인데 지금은 휴게소가 폐쇄되어 흉물같이 남아 있다. 북쪽 공터엔 건설자재를 쌓아 놓고 있으며 휴게소 남쪽에는 자유수호의탑이 외롭게 서 있다. 이곳에 자유수호의탑을 만든 이유는 1968년 11월에 발생한 울진 삼척 지구 무장 공비 사건 때문이다.

1968년 1월 21일 청와대 습격 사건 실패 후 북한 민족보위성 정찰국 소속 124군 부대가 나곡해변과 고포해변으로 침투를 하여 월맹군과 같이 남한에서 민중 봉기를 유도하려고 거점을 마련하려고 했으나 실패를 한다. 대부분 소탕 또는 생포되고 몇 명만이 살아서 넘어갔다고 한다. 소탕된 무장 공비 중의 일부가 강원도 평창군 진부면 계방산 아래까지 북상하여 이승복 가족을 살해를 한다. 얼마 전에 이 사건에서 '나는 공산당이 싫어요.'라는 말이 오보다 아니다 해서 진보 진영과 조선일보가 법정 다툼까지 했었다.

나와 POSCO에서 함께 근무를 한 동료 직원 중에 평창군 진부면 출신이 있다. 이승복 군과 아래 윗동네에 살았다 한다. 한 반에서 공부를 하고 반장을 했던 직원이 하는 말을 들어 보면 인간이 어떻게 사람을 그렇게 잔인하게 죽일 수 있는가라고 이야기를 한다.

이승복 군과 두 동생 그리고 어머니는 무장 공비에게 처참하게 피살되었으나 이승복 군의 형은 여러 곳을 칼에 난자를 당했으나 다행히 살아남았다. 아버지는 이웃 마을에 이삿짐을 옮겨 주러 갔다 돌아와 보니 가족이 피살된 것을 보고 필사적으로 도망을 쳐 살아남았으나 평생 동안 정신병자 같은 삶을 살다가 죽었다고 한다.

그 시절 이승복 사건 당시 동네 이장이던 직장 동료의 아버지가 이승복 가족의 사건을 보고 상처가 얼마나 깊었으면 사건 종료 후 전 가산을 정리해서 강원도 원주로 이주를 했다고 한다. 그때의 동족상잔의 비극은 그때의 일만이 아니고 현재에도 계속 진행형이라는 것이 더 가슴 아프고 동족보다는 이념적 사상이 앞서는 것이 슬픈 현실이다.

갈령재휴게소를 지나 조금 내려가 좌측으로 갈령재, 수로부인길이라고 적혀 있는 장승을 따라, 숲속 임도를 따라 내려간다. 이 길은 신작로가 생기기 전 울진에서 삼척으로 넘어가던 고갯길이다. 고갯길을 내려오면 이곳이 월천리이다. 월천리 북쪽 가곡천 하류에 작은 모래섬이 있었다. 이 섬의 이름은 속섬으로 소나무가 무리로 자라 작은 숲을 이루었다. 그런데 2007년 어느 날 영국 사진작가(마이클 케나)가 이곳을 발견하고 사진을 찍어 세상에 알려지게 되었다고 한다. 소나무가 많아서 이름을 솔섬(Pine Tree Island)이라 명명했다. 그 후에 사진작가들 사이에 이름이 나서 많은 사진작가들이 솔섬의 소나무를 찍기 위해 가곡천 하류로 몰려들었다. 우리 자신이 이런 보물을 스스로 찾지 못한 것이 부끄럽다. 지금은 호산 국가산업단지 때문에 풍경이 많이 훼손되었으나 솔섬의 소나무만은 아직 푸르게 자라고 있다.

가곡천 둑길을 따라 상류 쪽으로 조금 올라가 구 가곡교를 건너면 호산읍이다.

해파랑길 28코스의 종점은 호산버스터미널이고 옛날 시골 마을에 불과했던 이곳 호산이 지금은 대형 LNG 인수 단지와 LNG 발전소가 건설되면서 작은 동네가 완전히 천지개벽을 하고 있다. 곳곳에 음식점이 생겨나고 아파트와 원룸들이 들어서면서 작은 해안 마을이 도시화되고 있다.

솔섬

해파랑길 29코스

호산버스터미널 → 8.6km → 임원항 입구 → 5.7km → 아칠목재 → 4.0km → 용화레일바이크역: 18.3km

호산천 둑길 우측으로 원덕읍 소재지는 호산 국가산업단지의 영향으로 각종 건축물과 아파트 그리고 원룸 등이 새롭게 들어서고 호산리 뒷산은 산업단지 조성을 위하여 온통 파헤쳐지고 있다.

국가산업단지가 강원도 삼척 동해안의 작은 시골 마을을 완전히 환골탈태시켜 천지개벽하고 있다. 호산에 국가산업단지 발전소 건설 당시에 환경파괴라는 많은 논란이 있었다. 노태우 정권 당시 수교를 위해 구 소련에 제공한 차관 30억 불을 받기 위해 불가피하게 그들의 천연자원인 LNG 가스를 받는 조건으로 협의가 되었다.

그것만이라도 받아야 손실을 방지할 수 있었으니까. 그래서 러시아와 가까운 호산에 가스 발전소가 설치되게 되었다고 한다. 그래서 일부의 주민들은 삶의 터전을 빼앗겨서 고향을 등진 주민도 있을 것이고 땅이 많은 주민이나 어업권을 보상받은 어민들 중에 몇몇은 졸부가 된 분도 많을 것 같다. 7번 국도 다리에서 다시 출발하여 이정표를 보고 마을 쪽으로 우측으로 들어가 시멘트 포장길을 따라 해파랑길이 이어진다. 작은 언덕을 넘어 개울을 우측으로 끼고 가면 옥원소공원이 나온다.

해파랑길 처음 만들 때 옥원소공원 전에서 해파랑길은 좌측으로 꺾어서 소공대비를 지나 검봉산자연휴양림을 통과하도록 되어 있었으나, 이곳 역시 산불 감시 기간 동안 통행이 금지되어 현재는 계속 직진을 하여 임원항을 통과하도록 변경하였다.

수릉삼거리에서 해파랑길은 직진을 하고 소공대비 가는 길은 삼거리에서 좌측으로 들어간다.

소공대비

소공대비는 조선시대 명재상인 황희 정승이 강원도 관찰사로 재임 시 선정을 기리기 위해 관동 지방 백성들이 세운 것이다. 1423년(세종 5) 관동 지방에 흉년이 들자, 관찰사로 파견된 황희는 정성을 다하여 백성을 구호하였고 이에 감동한 백성들은 당시 황희가 쉬던 와현(瓦峴)에 돌을 쌓아 대(臺)를 만들고 소공대라 하였다. 1516년(중종 11) 강원도 관찰사로 부임한 4대손 황맹헌(黃孟獻)이 허물어진 소공대의 돌무덤을 다시 쌓고 비를 세웠다. 높이 173cm, 너비 80cm로, 화강암으로 된 1단의 받침 위에 비신을 세우고 비 상단을 둥글게 마무리한 조선 중기의 일반적인 비석 형태를 지녔다.

지금의 소공대비는 1578년(선조 11) 6대손 황정식(黃廷式)이 삼척 부사로 부임하였을 때 다시 세운 것이다. 비문은 영의정 남곤(南袞)이 지었고 글씨는 송인(宋寅)이 썼으며, 상단에 소공대비라는 연각이 있다.

수릉삼거리를 지나 노곡교차로에서 7번 국도 하부를 통과 후 구 7번 국

임원항

도를 따라 해파랑길은 이어지고 호산 국가산업단지가 이곳까지 넓게 확장 공사를 하고 있으며 반대쪽에는 아파트를 지어 놓고 분양 중이다. 예전에 누가 이렇게 산속에 아파트가 생기고 마을이 조성될 줄 꿈에 생각이나 했겠나?

비화항삼거리를 출발하여 고개를 넘으니 동해안 국토종주 동해안 자전거길 삼척(임원)무인인증센터가 있고 멀리 임원항이 보이기 시작을 한다. 그리고 임원항 뒤쪽으로 수로부인 헌화공원으로 올라가는 엘리베이터의 거대한 모습도 함께 보인다.

누가 이렇게 엘리베이터 만들어서 입장료를 받을 생각을 했을까?

이곳이 임원항에는 동해안에서 유명한 임원항 회 센터가 있다.

임원항 회 센터가 유명하기 전에는 그야말로 노점상 수준이었다. 그래서 가격도 저렴하고 인심 후하고 좋았다. 그래서 많은 관광객이 몰려들었고 회 센터로 발전하면서 번창을 했다. 그러나 지금은 예전과 같은 인심은 온데간데없고, 다른 회 센터와 똑같이 관광객들을 상대로 장사를 해서 그런지 가격 대비 음식이 너무 부실하다.

임원버스터미널과 119지구대를 통과하여 임원1교를 지나 좌측으로 임원천을 따라 올라간다. 임도를 따라가 삼거리에서 수로부인길을 알리는 장승을 보고 우측으로 들어서면 오르막이 시작된다. 오르막 정상이 아칠목재로 장승과 함께 아칠목재의 유래가 다음과 같이 적혀 있다.

'아칠목재'

고갯길에 아름드리의 숲이 우거져 호랑이와 산적들의 출몰이 빈번해 혼자서는 고갯길을 넘는 것이 대단히 위험해서 주막에 여러 사람이 모이기를 기다려서 재를 넘었다고 한다. 이렇게 여러 사람이 모여서 재를 넘어도 언제 호랑이나 산적들이 출몰할지 몰라 등골이 오싹하여 아찔, 아칠목재라 하였다고 한다.

아칠목재에서 내리막길을 내려가 7번 국도 하부를 통과 후 용화천 용화교를 건너 우측으로 가면 좌측으로 장호초등학교가 있고 이곳이 해파랑길 29코스 종점이다.

장호초교 부근 힐링캠프펜션 벤치에서 잠시 휴식을 하며 기다리니 예전에 양구 21사단 수색대대에서 함께 근무를 했던 선임 하사님이 삼척에서 마중을 나왔다.

선임 하사님 승용차를 타고 울진군 북면 부구삼거리까지 이동을 하여 함께 이른 저녁 식사를 했다. 장호까지 마중을 나와 부구리까지 차를 태워 주고 체력 소진을 많이 했으니 보충하라고 소고기를 사 준 선임 하사님에게 감사를 드린다.

해파랑길 28코스에서 멀지 않은 곳에 해신당공원이 있어 소개를 한다.

해신당의 전설

옛날 이 마을에는 장래를 약속한 처녀 애랑과 총각 덕배가 살고 있었다.

어느 봄날 애랑이가 마을에서 떨어진 바위섬으로 미역을 따러 간다 하기에 총각 덕배가 떼배로 애랑이를 바위섬에 데려다주고 덕배는 밭으로 나가 일을 하고 있었다.

갑자기 바람이 많이 불어 해변으로 나와 보니 이미 배를 띄울 수가 없을 만큼 강한 바람과 함께 집채 같은 파도가 일기 시작했다. 처녀 애랑은 살려 달라고 덕배를 부르며 애원하다가 안타깝게도 파도에 쓸려 죽고 말았다.

그 후부터 이 바다에서는 고기가 전혀 잡히질 않았으며, 해난 사고가 자주 발생하였다고 한다. 마을 주민들은 지금까지의 재앙 모두가 바위를 붙잡고 애쓰다 죽은 애랑이의 원혼이라 생각하고 마을 사람들의 뜻을 모아 애랑이가 죽은 동쪽 바위섬을 향해 정성스레 음식을 장만하여 고사를 지냈으나 고기는 여전히 잡히지를 않고 갈수록 마을과 어부들의 생활은 점점 피폐해져 가기만 했다고 한다. 그러던 어느 날 저녁 한 어부가 술에 취해 고기가 잡히지 않는 데 대한 화풀이로 바다를 향해 욕설을 퍼부으며 소변을 보았다고 한다. 그런데 그다음 날 아침 다른 배들은 여전히 빈 배인데 그 어부만 만선으로 돌아왔다고 한다. 이상하게 생각한 주민들은 그 어부에게 까닭을 물었고, 어부가 지난 저녁의 이야기를 들려주자 사람들은 너도나도 바다를 향해 오줌을 누고 조업을 나갔고 기대한 대로 모두들 만선으로 돌아왔다.

이후 마을에서는 그동안의 재앙이 처녀 애랑이의 원한 때문이라 확실히 믿고, 애바위가 보이는 산 끝자락에 애랑신을 모시고 남근을 깎아 제물과 함께 바쳐서 혼인을 못 한 원한을 풀어 주게 되었다고 한다. 지금도 정월 보름과 시월의 오(午)일에 제사를 지내고 있는데, 정월 보름에 지내는 제사는 풍어를 기원하는 것이고, 시월의 오(午)일에 지내는 제사는 동물(12지신) 중에서 말의 남근이 가장 크기 때문이며 말(午)의 날이기 때문이라고 한다.

지금도 1km 앞의 저 바다에는 애랑이가 덕배를 애타게 부르다 죽었다는 바위가 있는데, 그 바위를 마을 사람들은 '애바위'라고 부르고 있다. 지금도 애랑이는 애바위에서 덕배는 어촌민속관 앞뜰에서 동상으로 승화되어 사랑을 나누고 있다.

해신당공원

해신당공원 (2)

수로부인 헌화공원: 강원도 삼척시 원덕읍 임원리 산 323—1

해파랑길을 걷거나 동해안 7번 국도를 자동차로 달리다 보면 동쪽 아래로 임원항이 보인다. 임원항 뒤 남화산 절벽에 눈에 확 들어오는 붉은색 건축물이 보인다. 이 건축물이 바로 수로부인 헌화공원으로 올라가는 고속용 엘리베이터이다. 남화산 수로부인 헌화공원의 절벽 지대를 올라가기 위해 설치한 엘리베이터 이용료는 3,000원/인이고 공원 입장료는 따로 없다. 엘리베이터를 타고 절벽 지대를 올라가서 완만한 경사 구간을 통과하면 수로부인 헌화공원이다. 이곳 남화산 정상에 수로부인 헌화공원을 만든 사유는 다음과 같다.

임원항 뒤편 남화산 정상에 위치한 수로부인 헌화공원은《삼국유사》에 등장하는 '헌화가'와 '해가' 속 수로부인 이야기를 토대로 만들어진 공원이다. 절세미인으로 알려진 수로부인은 신라 성덕왕 때 순정공의 부인이다. 남편이 강릉 태수로 부임해 가던 중 수로부인이 사람이 닿을 수 없는 돌산 위에 핀 철쭉꽃을 갖고 싶어 하자 마침 소를 몰고 가던 노인이 꺾어다가 바치고, 가사를 지어 바친 것이 4구체 향가인 〈헌화가〉다.

임해정에 이르렀을 때 갑자기 용이 나타나 수로부인을 바닷속으로 끌고 갔는데, 백성들이 노래를 부르자 다시 수로부인이 나타났다고 한다. 이 노래가 신라 가요인 〈해가〉다.

공원에는 이 수로부인 전설을 토대로 한 다양한 조각과 그림 등이 조성돼 있다. 이와 함께 산책로, 데크 로드, 전망대, 쉼터 등이 갖춰져 있어 탁 트인 동해 바다의 비경을 감상하면서 걷기 좋다. 공원의 상징물이라고 할 수 있는 초대형 수로부인상은 높이 10.6m, 가로 15m, 세로 13m, 중량

수로부인 헌화공원의 수로부인

500t에 달하며, 천연 돌로 조성돼 관광객들의 감탄을 자아낸다. 설화를 바탕으로 만들어진 천연 오색 대리석 조각상들과 어우러진 아름다운 바다 풍경이 장관이다.

헌화가(獻花歌)

삼국유사 제2권 기이 제2(三國遺事 卷第二 紀異 第二)

聖德王代, 純貞公赴江陵太守[今溟州] 行次海汀晝饍, 傍有石嶂, 如屛臨海 高千丈, 上有躑躅花盛開, 公之夫人水路見之, 謂左右曰.
折花獻者其誰, 從者曰, 非人跡所到, 皆辭不能, 傍有老翁牽牸牛而過者, 聞夫人言 折其花, 亦作歌詞獻之, 其翁不知何許人也.

성덕왕대에 순정공이 강릉태수로 부임하던 도중 바닷가에 당도해서 점심을 먹고 있었다. 옆에는 돌산이 병풍처럼 바다를 둘러서 그 높이가 천장(尺)이나 되고 그 위에 탐스러운 진달래꽃이 흠뻑 피었다. 순정공의 부인 수로가 꽃을 보고서 좌우에 있는 사람들에게 이르기를 "꽃을 꺾어다가 날 줄 사람이 그래 아무도 없느냐?" 여러 사람이 말하기를 "사람이 올라갈 데가 못 됩니다." 모두들 못 하겠다고 하는데 그때 마침 어떤 노인이 암소를 끌고 그 곁을 지나다가 수로부인의 말을 듣고 절벽 위의 꽃을 꺾어 주면서 노래를 지어 바쳤는데 그 노래가 〈헌화가〉이다.

紫布岩乎邊希(자포암호변희)
자줏빛 바윗가에
執音乎手母牛放教遣(집음호수모우방교견)
암소 잡은 손 놓게 하시고
吾肸不喩慚肸伊賜等(오힐불유참힐이사등)
나를 아니 부끄러워하시면
花肸折叱可獻乎理音如(화힐절질가헌호리음여)
꽃을 꺾어 바치겠나이다.

해가(海歌)
삼국유사 제2권 기이 제2(三國遺事 卷第二 紀異 第二)

聖德王代, 純貞公赴江陵太守[今溟州] 行次. 便行二日程, 又有臨海亭. 晝饍次, 海龍忽攬夫人入海. 公顚倒躄地. 計無所出. 又有一老人, 告曰. 故人有言. 衆口鑠金, 今海中傍生, 何不畏衆口乎. 宜進界內民, 作歌唱之, 以杖打岸, <則>可見夫人矣. 公從之, 龍奉夫人出海獻之. 公問夫人海中事, 曰, 七寶宮殿, 所饍甘滑香潔, 非人間煙火. 此夫人衣襲異香, 非世所聞, 水路姿容絶代, 每經過深山大澤, 屢被神物掠攬. 衆人唱海歌, 詞曰.

성덕왕대 순정공이 강릉 태수로 부임하던 도중 이틀째 길을 가다가 임해정에서 점심을 먹는데 바다의 용이 갑자기 부인을 납치해서 바닷속으로 들어가 버렸다. 순정공이 넘어지면서 발을 굴렀으나 어쩔 도리가 없었다.

이를 본 한 노인이 말하였다.

"옛사람이 말하기를 여러 사람의 말은 무쇠도 녹인다고 하니, 경내의 백성들을 모아 노래를 지어 부르면서 막대기로 언덕을 두드리면 부인을 다시 찾을 수 있을 것입니다." 순정공이 그 말을 따르니 바다에서 용이 부인을 모시고 나와 바쳤다. 순정공이 바닷속의 일을 물으니 부인이 답하기를, "칠보 궁전에 음식물들은 맛있고 향기롭고 깨끗하여 인간 세상의 음식이 아니었습니다."라고 하였다. 부인의 옷에도 색다른 향기가 스며 있었는데 이 세상에서는 맡아 볼 수 없는 것이었다. 수로부인은 절세미인이어서 깊은 산이나 큰 못을 지날 때마다 신물에게 붙잡혀 갔던 것이다.

여기서 백성들이 수로부인을 구하려고 부른 노래가 〈해가〉이다.

龜乎龜乎出水路(구호구호출수로)

거북아 거북아 수로부인을 내놓아라.

掠人婦女罪何極(약인부녀죄하극)

남의 아내를 빼앗은 죄 얼마나 크더냐.

汝若悖逆不出憲(여약패역불출헌)

네 만일 거역하고 내놓지 않으면

入網捕掠燔之喫(입망포략번지끽)

그물로 잡아서 구워 먹으리라.

해파랑길 30코스

용화레일바이크역 → 3.1km → 황영조기념공원 → 3.9km → 궁촌레일바이크역: 7.0km

이번 해파랑길 30코스는 삼척해양레일바이크 구간과 함께 가는 구간이 많은 곳으로 용화정거장에서 궁촌정거장까지이다. 용화천 목재 다리를 건너 레일바이크 철도 쪽으로 가다 좌측으로 꺾어 마을 안길로 해파랑길이 이어진다. 용화마을 안 해파랑길 좌우 측은 거의 전부 민박 또는 펜션이다.

용화해수욕장과 레일바이크를 타는 관광객을 상대로 대여업을 하는 것 같은데 많아도 너무 많고 휴일인데도 숙박객들이 보이지 않는다. 물론 성수기인 여름휴가 기간 동안엔 대여업이 잘되겠지만 나머지 기간은 어떻게 되겠는가? 나머지 비수기 기간 동안엔 대부분 빈방으로 남을 수밖에 없지 않은가! 그래서 여름 한 철 벌어서 일 년을 먹고 살려니 휴가철 바가지 상혼이 성행을 하는 것이고 이런 악순환이 계속되어 관광객들에게 욕을 얻어먹고 불친절하고 바가지라고 다시 안 가겠다고 하지 않는가 싶다.

용화해수욕장을 나와 아스팔트 길과 동해안 자전거길을 따라 한참을 가면 황영조기념공원이 있다. 레일바이크 건널목을 지나 오르막을 오르면 황영조 선수가 바르셀로나 올림픽에서 마라톤 우승 당시 올라가던 몬주의 언덕을 표현한 길이 있다. 도로변 인도에 황영조 선수의 발바닥 좌우를 부조로 떠서 보폭에 맞추어 언덕길에 설치를 해 놓았다. 발바닥 부조를 보면 남자 발로는 작은 편인데 어떻게 이런 발로 세계를 제패했는지 존경스럽기만 하다.

황영조 선수는 강원도 근덕면 초곡리에서 아버지 황길수 씨와 해녀인 어머니 이만자 씨의 2남 2녀 중 셋째로 태어났다. 집안 사정이 넉넉하지 않아 어머니가 해녀 일을 해서 생계에 보탬이 되었고, 학교에 다닐 수 있었다고 한다. 초등학교 때부터 운동신경이 좋고 힘이 좋아 육상부, 유도부, 수영부 가입을 권유받은 황영조는 사이클을 선택했다.

도로 사이클 선수로 뛰면서 꾸준히 좋은 성적을 냈지만 성에 차지 않아 강릉 명륜고등학교에 진학하면서 육상부로 종목을 바꿨다.

1992년 8월 9일 72개국 112명의 선수가 바르셀로나 마라톤 출발선에 섰다. 출발 총성과 함께 달려 나간 황영조는 30km을 통과하면서 스퍼트를 했다. 선두를 함께 달리던 선수들이 하나둘씩 처지면서 최종적으로 황영조, 김완기(한국), 모리시다 고이치(일본)만 남았다. 3km를 더 달리자 김완기가 처졌다. 이제부터 두 선수만의 싸움이 되었다. 아니 한국과 일본의 자존심 싸움이었다. 두 선수의 팽팽한 승부는 40km 지점까지 이어졌고 황영조는 몬주익 언덕에서 승부수를 던졌다. 힘겹게 몬주익 언덕에 올라선 황영조는 내리막길에서 스피드를 끌어올리며 힘차게 치고 나갔다. 그리고 황영조는 홀로 몬주익 스타디움에 가장 먼저 들어섰다.

황영조의 기록은 2시간 13분 23초, 모리시다 고이치보다 22초 빠른 기록이다. 황영조가 우승한 8월 9일은 정확히 56년 전인 1936년 베를린 올림픽에서 (고)손기정 옹이 일장기를 가슴에 달고 우승한 날로 황영조 선수가 일본 선수에 앞서 우승을 한 특별한 날이다.

관중석에는 손기정 선생이 있었고 황영조는 금메달을 손기정 선생의 목에 걸어 드렸다.

손기정 선생은 황영조에게 "고맙다"는 말과 함께 눈물을 흘렸고 황영조는 가슴이 뭉클했다고 한다. 황영조의 기세는 대단했다. 1994년 4월 보스턴 마라톤 대회에서 2시간 8분 9초의 한국 최고 기록을 세웠다.

이후 기록이 저조하자 미련 없이 선수 생활을 은퇴했다. 다음 애틀랜타 올림픽에서 친구이자 경쟁자였던 이봉주 선수가 은메달을 획득했다. 황영조는 한국 마라톤 영웅이다. 육상 관계자들은 "황영조는 100년에 한 번 나올까 말까 하는 마라토너"라고 평가한다.

폐활량 등 마라톤 선수에 알맞은 신체 조건을 타고나기도 했다.

황영조의 생각은 조금 다르다. 1%의 재능보다 99%의 노력이 현재의 황영조를 만들었다고 생각한다. 황영조는 "난 노력형 선수였다. 정상에서 서기 위해 모든 걸 포기하고 끊임없이 달렸다. 마라톤은 정직한 운동이다. 땀 흘린 만큼 결과가 나온다. 내가 잘 뛸 수 있었던 건 폐활량이 아니라 강인한 정신력이었다."라고 말했다.

황영조 선수의 고향 집을 보니 단층 슬라브 집으로 오륜기 마크가 있는데 지금은 사람이 살고 있지 않은 것 같다. 황영조 선수의 모친은 초곡해변 부근에서 해녀 일을 하여 잡은 해산물을 팔아 가족의 생계와 자식들 공부를 시켰다고 한다. 황영조 선수가 올림픽 마라톤에서 우승 후에 각종 매스컴에서 황영조 선수가 해녀 어머니의 심폐기능을 물려받아 심폐기능이 좋아 우승을 한 것 같다고 기사화되었던 것이 초곡항을 지나며 생각이 났다.

황영조 기념 동상

초곡항을 지나면 바닷가 해변에 이상하게 생긴 기암이 몇 개 있다.

이 바위를 미륵삼존불이라고 하여 다음과 같은 안내문이 있는데, 기암을 미륵삼존불에 맞추기 위한 조금은 억지스러운 해석이지만 애교로 봐줄만 하여 소개를 한다.

> 이곳은 삼세 교법과 해인 조화로서 중생을 위해 56억 7천만 년 만에 용화 도장에 출현하신다는 미륵부처님의 묘상이 나타나 세상의 이목을 집중시키고 있으며, 이곳에서 지극한 마음으로 미륵존여래불을 염불하면 소원이 이루어지는 신령한 곳으로 소원 성취 발원, 예불, 참배하는 청정 도량입니다. 自然(자연)을 사랑하는 지역 주민, 이곳을 찾아 주신 관광객, 그리고 佛子(불자)님들께서는 神聖(신성)한 이 지역에서 飮酒(음주), 歌舞(가무), 水泳(수영), 낚시, 炊事(취사) 등을 삼가 해 주시면 대단히 고맙겠습니다.
>
> 대한불교 조계종 미륵사 주지 합장
> 삼척시 근덕면 초곡리 이장
> 삼척시 근덕면 초곡리 어촌계장

초곡항을 지나 문암해변 입구 표지판에서 해파랑길은 다시 구 7번 국도와 합류한다. 문암해변 입구를 지나 조금 가면 우측으로 레일바이크 중간 휴식 장소를 잘 만들어 놓아 관광객들이 휴식을 하며 간단한 식음료를 즐길 수 있게 되어 있다.

원평해변 끝 지점에서 추천 개울에 놓인 간이 철제 다리를 건너면 궁촌리이다. 궁천항 해변 마을 중간을 통과하여 올라가면 삼척해양레일바이크 궁촌정거장이 있다.

삼척해양레일바이크

곰솔과 기암괴석으로 어우러진 국내 유일의 삼척해양레일바이크는 아름다운 동해의 해안선을 따라 5.4km 복선으로 운행되고 있으며 루미나리에와 레이저 쇼가 연출되는 환상의 터널은 잠시나마 신비로운 해저터널을 여행한 듯한 느낌을 주는 곳으로 황영조 기념관을 통과를 한다. 예전 단선철도 부지를 협궤철도 레일을 깔아 양쪽에서 오고 갈 수 있도록 되어 있으며 종점에서 반대쪽으로 갈 때는 회수용 버스를 이용을 한다.

레일바이크 운행은 매일 약 2시간 간격으로 하루 5회 운행을 하며 성수기와 휴일엔 예약을 해야 이용할 수 있을 정도로 이용하는 사람이 많다.

레일바이크 휴게소

초곡항

해파랑길 31코스

궁촌레일바이크역 → 2.9km → 동막교 → 2.2km → 부남교 → 3.8km → 맹방해변: 8.9km

궁촌정거장 부근에 고려의 마지막 왕 공양왕 삼부자의 왕릉이 있다.

공양왕릉

공양왕릉은 일명 궁촌왕릉(宮村王陵)으로 불리우고 있으며 고려 마지막 임금인 공양왕과 그의 아들 왕성, 왕우 등 삼부자 무덤으로 전해지고 있다.

공양왕 4년(1392년) 7월 17에 이성계가 즉위하고 8월에 전왕을 폐하여 공양군으로 봉하고 강원도 원주로 보내어 감시하다가, 다시 왕과 맏아들 왕석과 둘째 아들 왕우를 간성으로 옮겼으나 역시 불안하여 1394년(태조 3년) 3월 14일에 삼부자를 삼척시 근덕면 궁촌리로 옮겼다가 한 달 뒤인 4월 17일에 그들을 모두 죽였다. 공양왕이 이곳에 귀양 와서 죽어 묻혔던 것으로 전해지고, 그 후 경기도 고양시 식사리(속칭 언침) 대자산으로 옮겨 갔다고도 한다.

현재 고양시에 있는 공양왕릉과 왕비릉이 사적 191호로 지정되어 있다.

1421년(세종 3년) 1월 13일에 공양왕의 왕녀(단양군 이성범의 처)가 임금에게 상소하여 아버지를 공양왕으로 어머니를 왕비로 추봉하고 공양왕릉을 정릉(定陵)으로 정하였다는 기록이 전한다. 공양왕이라는 뜻은 왕위를 공손히 양위했다고 하여 공양왕이라고 한다.

조선 조정에서는 공양왕의 왕위를 찬탈했다고 하면 왕권의 정당성을 도전받을 염려가 있으니 당연히 공손히 양위를 했다고 해야 정통성을 인정받을 수 있으니까!

1837년(헌종 3년) 가을에 삼척 부사 이규헌이 개축하였으며, 1977년 당시 삼척군수와 근덕면장의 노력으로 묘소들이 개축 및 보수되어 새롭게 단장되었다.

이 능(陵)에서는 근덕면 봉찬회에서 매년 3월에 날짜를 택하여 제사를 지내고 있다.

공양왕릉

공양왕

공양왕(恭讓王)은 고려 34대 마지막 왕으로 1392년 7월 12일 이성계에게 왕위를 양위하고 물러났다. 왕위 계승 서열에서 한참 멀었던 공양왕이 이성계 일파에 의해 강제로 왕위에 올랐다가 4년 후 양위 형식을 빌었지만 강제로 양위하고 물러났다가 귀양을 간 후 살해되었다. 공양왕은 1345년 3월 19일 출생하여 1389년 음력 11월 15일~1392년 7월 12일까지 재위하였고, 그로부터 2년 뒤 1394년 5월 17일(49세)로 살해되었다.

고려 말 마지막 개혁 군주였던 공민왕이 살해된 후 왕위에 오른 우왕 시기는 원나라가 쇠퇴를 하고 한족인 주원장이 세운 명나라가 중원을 차지하는 원명 교체기로 고려 국내 사정도 혼란하였다.

이인임으로 대표하는 친원파 권문세족과 이색, 정몽주, 정도전 등의 친명파 신진사대부가 치열하게 대립했다. 홍건적과 왜구와의 전쟁에서 승리를 한 최영과 이성계가 신흥 무장으로 중앙 정계에 진출을 한다. 최영은 고려의 중앙 귀족 출신이다. 이성계의 가계는 고려 무신난의 주역인 이의방의 동생 이린의 후손이며, 이린의 아들 이양무가 아들 이안사(이성계의 고조할아버지)와 전주에서 가솔 170여 호와 함께 삼척으로 이주 후 이양무는 삼척에서 사망을 하고 이안사는 다시 오늘날 함흥 지역인 원나라로 이주를 한다.

그 후 원나라 지방 관리를 하던 아버지 이자춘이 원나라 점령 지역이었던 함흥 지역이 원나라의 세력이 쇠퇴해진 틈을 이용하여 공민왕 때 고려로 돌아온 변방 무장 출신이다. 우왕 집권기 최영의 주청에 의해 요동 정벌에 나섰던 이성계와 조민수가 4대 불가론 즉,

첫째, 작은 나라가 큰 나라를 거스르는 일이 옳지 않으며,
둘째, 여름철에 군사를 동원하는 것은 부적당하고,
셋째, 요동을 공격하는 틈을 타서 남쪽에서 왜구가 침범할 우려가 있으며,
넷째, 무덥고 비가 많이 오는 시기라 활의 아교가 녹아 무기로 쓸 수 없고 병사들도 전염병에 걸릴 염려가 있어서 불가하다고 하여 고려 조정에 회군을 여러 차례 요청했으나 거절당하자 전 병력의 말머리를 돌려 전격적으로 회군한다. 고려의 전 병력을 요동 정벌에 내보냈던 고려 조정은 회군하는 이성계 일파에게 속수무책으로 당할 수밖에 없었다.

이성계와 조민수는 최영을 체포하여 귀양을 보냈다가 살해를 하고 다시 이성계 일파는 조준의 탄핵으로 조민수도 실각을 시킨다. 다시 우왕이 신돈의 아들이라는 이유를 들어 폐하고 우왕의 어린 아들 창왕을 옹립한다. 어린 창왕을 다시 창왕(1년) 음모를 꾀했다는 이유로 폐위시킨다. 창왕 폐위 후 공양왕 왕요가 신진사대부와 신흥 무장 세력의 추대를 받아 폐가입진(廢假立眞)이라는 명분으로 왕위 계승자로 천거되어 등극을 한다.
공양왕 옹립 후 신진사대부 간의 세력 다툼이 벌어진다.
고려라는 국가 체제 안에서 개혁을 지향하는 정몽주를 대표하는 절의파는 공양왕을 움직여 이성계가 낙마 사고로 개성을 비운 사이 반대 세력인 혁명파 정도전 등을 귀양 보낸 후 살해하려고 한다. 위기를 느낀 이방원이 아버지인 이성계를 급히 개성으로 데려오고 병문안을 핑계로 문병을 온 정몽주를 이방원이 하여가로 설득을 했으나 포은 정몽주가 단심가로 답변을 하며 거절을 한다. 정몽주를 설득할 수 없고 자신들 역성혁명

의 걸림돌이라 판단한 훗날 태종이 되는 이방원이 아버지의 허락도 받지 않고 수하인 조영규 등을 시켜 선죽교 부근에서 살해를 한다.

정몽주를 제거 후 혁명파 등은 더 이상 미룰 수 없다고 판단하여 공양왕을 협박하고 공민왕비의 교지를 받아 내어 이성계에게 왕위를 선위한다. 이성계는 조선의 왕이 아닌 고려의 왕으로 등극을 하고 궁궐도 고려의 왕궁인 수창궁이었다. 그 후 이성계는 국호를 조선(朝鮮)으로 변경하고, 수도를 한양으로 천도하면서 약 500년의 고려가 역사 속으로 사라지고 만다.

해파랑길은 궁촌정거장 삼거리에서 구 7번 국도와 동해안 자전거길과 함께 간다. 전날보다 오늘은 하늘에 구름이 조금 있어 다행히 아스팔트의 열기가 덜하지만 여전히 덥고 습하다. 좌측으로 신 7번 국도를 옆에 두고 나란히 구 국도를 따라 오르막을 올라가면 사래재이다.

사래재에서 동막리 쪽으로 내리막을 내려가면 도로 좌우 측에 금강송 소나무가 하늘을 향해 쭉쭉 뻗으며 자라고 있어 눈길을 끌고 있다. 우리나라 토종 소나무인 금강송은 자라는 곳에 따라서 여러 가지 이름으로 불리고 있다. 껍질이 붉다고 적송이라고 하며 강원도와 경북 울진 지역에서는 금강송, 경북 문경 황장산 부근에서는 황장목 그리고 경북 최고 오지 중의 한 곳인 춘양에서는 춘양목으로 불리고 있다. 특히 전국 황장목 군락지 몇 군데는 황장봉표가 있다.

황장봉표가 있는 곳은 예전 궁궐에서 사용하는 목재를 키우고 관리하는 곳으로 함부로 벌목을 하지 못하도록 했다. 현재 우리나라에서 가장 좋은 금강송이 자라고 보호받고 있는 곳은 울진 소광리 금강송군락지이다. 여러 해 전 숭례문 화재 후 복원 공사 당시 이곳 삼척시에 있는 조선 태조 이성계의 5대조 이양무의 준경묘 부근의 소나무를 베어다가 복원 공사에 상징적으로 사용했다고 한다.

내리막길을 내려가 근덕면 동막리 동막분교장을 지나 마읍천 동막교를 건너 해파랑길은 마읍천 둑길을 따라 내려간다. 동막리에서 좌측으로 427번 지방 도로를 타고 가면 태백이고 우측으로 가면 대진항이다. 마읍천 둑길 좌측엔 감나무의 감들이 여물어 가고 과실 열매 중 꽃이 가장 늦게 핀다는 대추나무는 이제야 꽃을 활짝 피웠다.

이틀간 걸어서 체력이 급격히 떨어지고 발가락에 물집이 생겨서 힘들어하는 아내를 보니 안쓰럽고 괜히 나 때문에 고생을 하는 것 같아 미안하다. 그래서 집사람에게 남편 잘 만났으면 좋은 차 타고 편안히 여행을 다닐 것인데 도보 여행을 좋아하는 남편을 만나 고생을 시키는 것이 미안하다고 했더니 집사람은 그냥 웃고 만다.

덕산교를 지나 다시 한참을 내려가며 앞을 보니 도로변 작은 공원에 커다란 비석이 있다. 해파랑길 주변을 사전에 인터넷 검색 시 덕산항 부근에 유적이 있다는 말을 못 들었고 마을 표지석치고는 너무 커서 비석의 내용이 궁금해 화단 안으로 들어가니 이게 웬일인가! 커다란 비석의 내용은 원전백지화기념탑이다. 옆에는 원전백지화기념비의 건립 배경을 작은 비석에 적어 놓았다. 삼척시 근덕면 주민들의 향토 사랑도 물론 좋고 원전 백지화도 좋지만 국가가 전 국민을 위한 국책 사업을 투쟁으로 반대하고 원전 사업을 백지화시켰다고 기념비를 이렇게 거대하게 세우는 것이 과연 정당한 것인가 반문을 하고 싶다. 원전 건설이 이 지역에 백지화되었으면 거기서 끝나야 하는 게 정당한 것 같다.

근덕면에 원전이 아니고 주민들 생활에 좋은 것이 들어오면서 땅값 배상을 많이 해 주면 그때도 향토 사랑을 내세워 반대 투쟁을 하고 백지화 기념탑을 세울 것인가!

그리고 현재 위험을 감수하면서 원전을 건설 중이거나 현재 건설되어 정상 운영 중인 경북 울진, 경주, 부산 기장 그리고 전남 영광군 주민들은 전부 바보들인가!

그리고 이런 비석은 현재 원전 가동으로 고향을 등진 주민이나 현재 주변에서 살고 있는 주민들을 우롱하는 것 같은 생각을 지울 수 없다. 원전 백지화기념탑을 세운 주민들의 취지는 좋다고 해도 이제는 세월도 흐르고 했으니 주민들이 조금씩 양보하고 관계자 여러분들의 의견을 청취하여 원전백지화기념탑을 그만 철거하는 것이 맞는 것 같다.

혹시 이 글을 본 근덕면 주민들의 욕을 얻어먹을 각오를 하고 적어 본다.

이곳에서 조금 내려가 마읍천 덕봉대교를 건너면서 바다 쪽을 보면 마읍천과 바다가 만나는 지점에 해발 54m의 덕봉산이 있다. 바닷가에 외롭게 서 있는 덕봉산이 주변의 백사장과 동해의 푸른 파도를 배경으로 서 있는 모습이 환상적이다.

덕봉대교를 지난 우측으로 가면 좌측 도롯가에 해당화를 심어 놓고 관리를 하는데 빨간 해당화꽃이 예쁘다. 노래에서 나오는 해당화꽃 이름만 들어 보았지 실물 해당화꽃은 오늘 처음으로 보는 것 같다.

원전백지화기념탑

해파랑길 32코스

덕산해변 입구 → 3.5km → 상맹방해변 → 7.8km → 죽서루 → 2.8km → 삼척항 → 5.7km → 삼척해변 → 2.7km → 추암해변: 22.5km

하맹방해변의 덕봉산 남쪽 근덕면 덕산해변은 마라토너 이봉주 선수의 처갓집이 있는 곳으로 현재 SBS 예능 〈백년손님〉 촬영을 하고 있으며 이봉주 선수의 처갓집은 민박집을 하고 있다 한다. 덕봉산을 뒤로 하고 북쪽으로 가면 맹방해수욕장 도로 옆 인도가 목재로 되어 있어 아스팔트나 시멘트 포장길보다 걷는 촉감이 훨씬 좋다.

맹방해변을 나와 구 7번 국도를 따라 우측으로 가면 도로 양쪽으로 벚나무 가로수가 벚꽃은 지고 없지만 시원한 나무 그늘을 만들어 주고 있다. 도로 바닥에는 벚나무의 버찌 열매가 까맣게 떨어져 있다. 구 7번 국도를 따라가서 신 국도 하부 굴다리를 통과하여 오르막을 올라가면 한재이다. 한재에는 정자가 바다를 바라보며 있고 전망이 대단히 좋아 남쪽으로 맹방해변의 백사장과 하얀 파도가 한눈에 들어오고 북쪽으론 오십천 하구와 삼척항이 그림같이 펼쳐 있다. 특히 한재 아래 절벽에 위치한 예전 군 초소는 벼랑 끝에 아슬아슬하게 바다를 향해 서 있고, 예전 군인들이 한밤중에 해안 초소 근무를 서면서도 경치가 좋다고 생각을 했을까? 초소를 바라보면서 예전 군대에서 DMZ 매복 작전을 하던 생각이 떠

올라 혼자 빙그레 웃어 보았다.

한재를 출발하여 내려와 삼척시 오분동 마을을 통과하여 삼척 시내를 가로지르는 오십천 남쪽 강둑을 따라 상류 쪽으로 올라간다. 강둑의 산책로는 우레탄으로 되어 있어 걷기가 편하고 좌측으로 동양시멘트 삼척 공장이 가동 중이다.

동양시멘트 공장에서 삼척항으로 가는 컨베이어벨트 구조물 하부를 통과하여 다시 삼척역에서 정자동으로 넘어가는 7번 국도 삼척교 아래를 통과하여 해파랑길은 오십천을 따라간다. 삼척교를 지나 조금 가면 좌측으로 길 건너에 실직군왕비릉이 있고, 부군인 삼척 김씨 시조묘인 실직군왕릉은 죽서루 뒷산에 있다고 한다.

실직군왕은 신라 마지막 왕인 경순왕의 8남 일선군의 아들 김위옹으로 고려 태조 왕건이 경순왕의 복속 후 인정을 베푸는 차원에서 실직군왕으로 책봉한 것으로 짐작되고 바로 삼척 김씨의 시조이다.

삼척여고를 지나면 해파랑길은 절벽 지대를 통과하기 위해 계단을 이용하여 야산 위로 올라간다. 이곳 야산 절벽 부근은 인공 폭포 지역인데 현재는 가동 중지하였고 야산에서 내려와 작은 공연장 우측으로 가면 삼척문화예술회관 증축 공사가 한창이다.

삼척문화예술회관이 있는 이곳 광장은 삼척시 문화 예술의 중심 지역으로 삼척세계동굴엑스포 회관과 삼척시립박물관, 청소년수련관 등이 있다. 엑스포 공원에서 죽서교를 건너면 좌측 오십천 절벽 위에 죽서루가 보인다.

죽서루 답사 후 오십천 북쪽 둑길을 따라 해파랑길은 이번엔 강 하구로 내려온다.

삼척항

장미공원

지난달에 삼척장미축제가 끝났지만 아직까지 여러 종류의 장미꽃이 시들어 가며 여러 곳에 남아 있어 트레킹하는 나그네를 반기고 있다. 삼척 장미공원 축제는 울산대공원 장미축제와 더불어 우리나라 최고의 장미 축제인 것으로 알고 있다. 이곳 오십천을 생태공원으로 만들고 수십만 송이 장미꽃을 끼운 삼척시 관계자 여러분과 시민들에 감사의 말씀을 드린다.

정라동 삼거리에서 우측으로 삼척항 이정표를 따라가면 바다 쪽으로 삼척항이 있다. 삼척항은 어항과 공업항을 겸하고 있다. 항구 주변엔 이곳도 각종 횟집과 건어물 가게가 즐비하다. 삼척수협 삼거리에서 좌측 도로를 따라 조금 가서 반대쪽 건어물 가게 옆 작은 골목으로 들어간다. 봉수대 이정표를 따라가면 허물어진 봉수대가 있고 국난극복유적지라는 표지석이 있다. 봉수대를 지나 리본 표시기를 잘 보고 우측으로 급경사를 내려가면 구름다리가 있다.

구름다리를 건너지 말고 우측으로 내려서면 삼척 시내에서 삼척 새천년도로 해변으로 가는 도로를 만나 동쪽으로 내려가 마을을 통과하면 새천년도로와 만난다.

삼거리에서 좌측으로 도로의 인도를 따라가면 비치조각공원이 있고 공원엔 다양한 작품들이 바다를 배경으로 전시되어 있으며 휴일에 많은 관광객들이 붐비고 있다.

후진항과 후진마을 해신당을 지나면 삼척해변이다.

쏠비치 호텔 정문을 지나 내리막을 내려가면 수로부인 전설이 있는 해가사의 터이다.

해가사 터인 임해정은 《삼국유사 수로부인전》에서 전하는 '해가'라는 설화를 토대로 복원하였으며, 문헌상 정확한 위치를 알 수 없으나 삼척해수욕장의 북쪽 와우산 끝에 위치한 것으로 추정된다. 그러나 이곳은 현재 군사 보호 시설 지구로 개발이 불가하여 주변 경관이 수려한 인접 지역인 증산동 해변에 조성되었다. 임해정 좌우 해변은 절경을 이루고 있으며 삼척시에서 바다를 끼고 있는 유일한 정자이다.

해가사의 터를 지나면 증산해변으로 좌측으로 신라 장수 이사부사자공원이다. 신라 장수 이사부가 우산국 즉 현재 울릉도를 정벌하여 신라에 복속시켰고 이때 배에 싣고 가서 위협을 한 것이 사자 조형물이고 그래서 이사부사자공원이고 삼척시의 상징 조형물도 사자이다.

증산해변 끝부분의 목재 데크 부근에서 추암이 보이기 시작을 하고 추암해변에서 작은 언덕을 올라가면 추암조각공원으로 추암을 잘 감상할 수 있다.

오늘 바람은 약하지만 파도가 높아서 추암과 하얗게 부서지는 파도가 무척 보기 좋다.

추암을 통과하여 북평 해암정을 지나면 추암조각공원이고 이곳도 다양한 작품이 전시되어 있고 아마 전, 현직 삼척시장님이 예술에 조예가 있으셔서 조각 등에 많은 투자를 하신 것 같다. 앞으로 더 많은 조각품을 기증받고 투자하여 국내 최고의 조각 공원이 되기를 기원해 본다. 추암조각공원을 지나면 추암역 주변으로 해파랑길 32코스 종점이다.

추암(일명 촛대바위): 강원도 동해시 추암동

강원도 동해시 추암동 추암해수욕장 근처 해안에 있다.

바다에서 솟아오른 형상의 기암괴석으로 그 모양이 촛대와 같아 촛대바위라 불린다.

전설에 따르면, 추암에 살던 한 남자가 소실을 얻은 뒤 본처와 소실 간의 투기가 심해지자 이에 하늘이 벼락을 내려 남자만 남겨 놓았으며, 이때 혼자 남은 남자의 형상이 촛대바위라고 한다.

촛대바위 주변에 솟아오른 약 10여 척의 기암괴석은 동해 바다와 어우러져 절경을 연출하며, 그 모양에 따라 거북 바위, 두꺼비 바위, 부부 바위, 코끼리 바위, 형제 바위 등으로 불린다. 이곳의 바위군(群)은 동해시 남서부에 분포된 조선누층군의 석회암이 노출된 것이다. 석회암은 화학적 풍화작용의 영향을 많이 받는데, 이 일대의 석회암이 토양 밑에 있을 때 지하수의 작용으로 용해되어 독특한 모양을 이루었고, 이것이 바닷물에 의해 노출되어 지금과 같은 절경을 이루게 되었다.

조선시대 도체찰사(都體察使)로 있던 한명회(韓明澮)는 이곳의 바위군

추암해변

(群)이 만들어 내는 절경을 가리켜 '미인의 걸음걸이'를 뜻하는 '능파대(凌波臺)'라고도 하였다. 예로부터 영동지방의 절경으로 손꼽혔으며 특히 해돋이 무렵, 태양이 촛대바위에 걸리는 모습이 장관을 이루어 해돋이 명소로 각광받는다. 주변에 추암해수욕장, 해암정 등이 있다.

삼척 죽서루(三陟 竹西樓):
보물 제213호, 소재지는 강원도 삼척시 성내동

죽서루가 언제 세워졌는지 확실하지 않지만, 고려 명종 때의 문신 김극기(金克己)가 쓴 죽서루 시가 남아 있는 것으로 보아 12세기 후반에는 이미 존재하였다는 것을 알 수 있다. 그 후 1403년(태종 3) 당시 삼척 부사 김효손(金孝孫)이 고쳐 지었다.

절벽 위 자연 암반을 기초로 하여 건축되어 있고, 누(樓) 아래 17개 기둥 중 아홉 개는 자연석 암반을 기초로, 나머지 여덟 개의 기둥은 돌로 만든 기초 위에 세웠으므로 17개의 기둥 길이가 각각 다르다. 상층은 20개 기둥으로 7칸을 형성하고 있다. 자연주의 전통 건축의 아름다움을 보여주는 진수로 관동제일루(關東第一樓)라 할 수 있다.

현재는 정면 7칸, 측면 2칸 규모로 지붕은 겹치마 팔작지붕이지만 원래는 5칸이었을 것으로 추정되고 있다.

원래 건물인 가운데의 5칸 내부는 기둥이 없는 통간이고, 후에 증축된 것으로 보이는 양측 칸의 기둥 배열은 원래의 양식에 구애받지 않고 서로 다르게 배치되어 있다.

마루는 우물마루(넓은 널을 짧게 잘라 끼워 놓은 마루)이며 천장은 연동 천장인데, 좌측 툇칸(건물의 덧달아 낸 칸, 물림 칸) 일부는 우물천장으로 하였다.

누각에 걸린 글씨 중 '제일계정(第一溪亭)'은 1662년(현종 3년) 부사 허목(許穆)이 쓴 것이고, '관동제일루'는 1711년(숙종 37) 부사 이성조(李聖肇)가 썼으며 '해선유희지소(海仙遊戲之所)'는 1837년(헌종 3년) 부사 이규헌(李奎憲)이 쓴 것이다.

이 밖에 숙종, 정조, 율곡 이이 선생 등 많은 명사 등의 시(詩)가 걸려 있다.

이상의 내용은 죽서루 안내판을 인용한 내용이다.

진주 촉석루, 평양의 부벽루, 밀양의 영남루를 보통 조선의 3대 누각이라고 하며 남원의 광한루와 이곳 삼척의 죽서루도 이들 3대 누각과 어깨를 견줄 정도로 빼어나다고 한다. 특히 죽서루는 고성의 청간정, 강릉의 경포대, 고성의 삼일포, 양양의 낙산사, 울진의 망양정, 통천의 총석정, 평해의 월송정과 함께 관동팔경으로 불리고 있으며 조선시대 가사문학의 대가 송강 정철의 〈관동별곡〉의 소재가 된다.

송강 정철

송강 정철은 1580년(선조 13) 정월 작자가 45세 때 강원도 관찰사로 부임하여 내외 · 해금강(內外海金剛)과 관동팔경(關東八景) 등의 절승(絶勝)을 두루 유람한 후 그 도정(道程)과 산수 · 풍경 · 고사(故事) · 풍속 및 자신의 소감 등을 읊은 노래가 관동별곡으로, 조선시대 가사 가운데서도 대표작으로 손꼽을 만한 백미편(白眉篇)이다.

《송강가사》의 〈관동별곡〉에 있는 가사의 첫 부분은 다음과 같다.

> 강호(江湖)에 병이 깁퍼 죽림(竹林)의 누엇더니,
> 관동(關東) 팔백리에 방면(方面)을 맛디시니,
> 어와 성은(聖恩)이야 가디록 망극하다.

학창 시절 국어 시간에 〈관동별곡〉을 배우면서 "강호에 병이 깁퍼 죽림의 누엇더니"로 시작되는 구절을 외웠던 기억이 있다. 이렇듯 정철은 가사문학의 대가로 알려져 있으며 〈관동별곡〉, 〈사미인곡〉, 〈속미인곡〉, 〈성산별곡〉 등의 가사 이외에도 1백여 수의 시조 등 주옥같은 작품을 전한다. 정철은 선조 집권기 조정이 동인과 서인으로 붕당 후 서인의 중요 인사였으나 서인은 동인에 비해 상대적으로 열세였다.

그러나 반전의 기회가 된 사건이 정여립 역모 사건이었다.

황해도 감사 한준의 비밀 장계로 촉발된 동인의 정여립 역모 사건은 정여립이 죽도로 피신했다가 관군의 포위망이 좁혀 오자 아들과 함께 자살을 하고 말았다. 이로써 역모 사건은 사실로 굳어진다. 서인의 정철이 위관(수사 책임자)이 되어 사건을 조사하면서 동인의 정예 인사들이 대거 제거된다. 이때 숙청된 인사로는 장살로 죽은 이발을 비롯하여 약 1,000명에 달한다. 이를 역사는 기축옥사라고 하며 조선시대 4대 사화인 무오사화, 갑자사화, 기묘사화, 을사사화의 전체 희생자 500여 명인 것에 비해 기축옥사는 조선시대 최대의 옥사로 기록되고 그 중심에 송강 정철이 있었다.

기축옥사로 서인이 조정을 장악했지만 오래 가지 못한다.

선조의 왕비 의인왕후가 아들이 없자 좌의정 정철이 동인 영의정 이산해의 계략에 빠져 광해군의 건저(왕세자를 세우는 일)을 경연에서 주청하자 신성군을 마음에 두고 있는 선조는 분노를 감추지 못하고 대노를 한다. 건저(建儲) 파동으로 정철은 삭탈관직되고 서인들은 강등되어 외직으로 쫓겨났다. 정철이 실각하자 동인은 서인에 대한 대대적인 숙청 작업을 감행하고, 정철의 치죄 과정에서 강경한 입장을 보이며 사형을 시켜야 한다는 주장을 펴는 이산해와 죽은 이발을 추종하는 파는 북인으로, 유배로 끝내야 한다는 온건론을 펴던 우성전과 유성룡은 남인으로 붕당을 하게 된다.

조선 선조 집권기 당쟁의 중심에 있던 정철은 강계 쪽으로 귀양을 갔고 임진왜란으로 부름 받아 왕을 의주까지 호종하였다. 조정에 복귀 후 제찰사를 지냈고 명나라에 사은사로 연경에도 다녀왔으나 동인의 탄핵으로 사직을 하고 강화도 송정촌에서 우거 후 58세로 별세하였다.

죽서루

해파랑길 33코스

추암해변 → 7.1km → 동해역 → 2.9km → 한섬해변 → 3.3km → 묵호역: 13.3km

추암역에서 영동선 철도 굴다리를 통과하여 우측으로 꺾어 동해로 가는 도로의 인도를 따라 해파랑길은 이어지고 동해자유무역지역의 관리원을 지나고 자유무역지역 내에는 몇몇 공장이 들어서서 가동 중에 있다.

직선 도로를 따라가 좌측으로 꺾이는 부근을 지나 동해시 위생환경사업소로 들어가 사업소를 통과하여 우측으로 내려가면 바닷가에 발전소 같은 건물이 보이고 곧이어 동해시를 가로지르는 진천이 바다와 만나는 강 하구이다. 강 하구엔 동해안 인수 기지에서 발전소로 석탄을 운반하는 컨베이어벨트가 강 하구를 가로질러 가고 있다.

강 하구 야산의 아직 철거되지 않은 군 철조망 순찰 길을 따라가서 좌측으로 마고암 전설 조형물을 통과하여 호해정이라는 정자 앞에서 전천 쪽으로 내려선다.

마고암 조형물 뒤쪽에는 다음과 같은 시와 전설이 있어 소개를 한다.

마고암은 애를 못 낳은 사람과 아들을 낳고 싶은 사람들이 이곳에 들려 바위를 흔들면서 아들을 낳게 해 달라고 소원을 빌면 임신을 하거나, 아들을 낳게 해 주지만, 부정한 사람이나 정성이 부족한 사람이 소원을 빌면 절대로 소원을 들어주지 않는다는 설화가 전해지는 바위이다.

'마고암(麻姑岩)의 전설' 최윤상(崔潤祥)

하압창명상대천(下壓滄溟上戴天)
건곤대처좌외연(乾坤大處坐巍然)
의희숙적마고사(依俙宿跡麻姑似)
환출천년석시선(幻出千年石是仙)

아래로는 바다를 진압하며 위로는 하늘을 머리에 이고
광활한 천지에 높이 우뚝 앉아 있어
편안한 자취가 마치 마고와 같으니
선녀가 천년 뒤에 홀연히 나타나 돌이 되었구나

이곳에서 해파랑길은 상류 쪽으로 우레탄 산책로를 따라 올라가고 멀리 서쪽으로 청옥산과 두타산이 보인다. 바닷물과 민물이 만나는 이곳 기수 지역엔 물고기가 많은지 휴일에 낚시를 하는 강태공들이 많고 전천강 건너 동해시에 있는 쌍용 시멘트 공장이 가동 중이다. 전천을 따라 계속 상류 쪽으로 거슬러 올라가 북평 육교를 통과하여 북평교 하부를 지난다. 다시 직진을 계속하여 해파랑길 이정표 동해역 방향을 보고 전천에 놓인 수중교를 건넌다.

수중교를 건너 다시 좌측으로 강을 따라 조금 올라가 철교 하부에서 우측으로 꺾어 쌍용 시멘트 원료 수송용 컨베이어벨트 하부와 42번 국도 하부를 통과하여 영동선 철교와 나란히 해파랑길이 이어진다. 우측으로 동해 송정일반산업단지 울타리를 따라 걷다가 다시 LS전선동해공장을 지나면서 철길 옆 흙길을 따라간다. 동해과선교를 지나 계속해서 철길과 나란히 흙길을 따라가며 오랫동안 걸어서 발에 열이 많이 났는데 흙길을 걸으니 발이 일단 편안해서 무척 좋다. 우측으로 논을 옆에 두고 계속 가면 오늘의 목적지인 동해역이 보이기 시작하고 곧이어 동해역이다.

동해역을 출발해서 해군 부대 옆에서 영동선 철길 하부 굴다리를 통과하여 우측으로 묵호로 가는 도로를 따라서 해파랑길은 이어진다. 인도 옆 부지의 소나무와 각종 나무 숲속 산책로 사이 흙길로 해파랑길이 되어 있다. 시민들의 안전과 운동을 위해 숲속 흙길로 산책로를 만든 관계자 분들에게 감사하며 우측으로 영동선 철도와 골프장도 보이며 골프장 건너편으로 동해의 푸른 바다가 다시 보인다.

한섬해변 전 언덕 위에 있는 정자에 올라 간식과 커피를 마시면서 묵호 시내와 묵호항을 감상하고 내려와 도로의 인도를 따라 걷다 우측으로 철길을 횡단하여 하평해변으로 내려선다. 하평해변을 지나 철길을 다시 횡단하면 오른쪽으로 부곡동 돌담마을 해안 숲이 있다. 이 숲은 일제시대 철도와 항만 건설 등으로 훼손되었다가 최근에 복원되었다는 안내판이 있고 이곳에서 철길 하부를 통과하여 묵호항역 쪽으로 철길과 나란히 간다.

묵호항역을 지나 항구 주변 예전 주택 지역을 지나면 철길 건너에 묵호역이 있고 이곳이 해파랑길 33코스 종점이다.

쌍용 시멘트 공장

묵호항

해파랑길 34코스

묵호역 → 1.6km → 묵호등대공원 → 6.0km → 망상해변 → 6.8km → 옷재 → 4.5km → 옥계시장: 18.9km

묵호역에서 계속 직진하면 우측으로 묵호항 울릉도 관광 여객선 터미널이 있다. 여객선 터미널 앞을 지나면 묵호항으로 많은 어선들이 정박중이고 묵호항활어판매센터에는 펄펄 뛰는 활어가 손님을 기다리고 있다. 수협을 지나면 묵호항수변공원에서 묵호항수변공원 반대쪽 등대오름길로 올라가면 묵호등대공원이다. 언덕길 막바지에 걸려 있는 시가 이곳 달동네 사람들의 고단한 삶과 애환이 담겨 있어 소개를 한다.

'바람의 언덕' 작자 미상

바람 앞에 내어준 삶
아비와 남편 삼킨 바람은
다시 묵호 언덕으로 불어와
꾸들 꾸들 오징어, 명태를 말린다
남은 이들을 살려 낸다
그들에게 바람은

삶이며 죽음이며

더 나은 삶을 꿈꾸는 간절한 바람이다.

묵호 등대: 소재지는 강원도 동해시 묵호진동 산2—215번지

묵호항은 1941년 8월 1일 개항(開港)되어 무연탄 중심의 무역항 역할과 함께 어항으로 발전해 오늘에 이르고 있으며, 이곳 묵호등대는 1963년 6월 8일 건립되어 처음으로 불빛을 밝히기 시작하였다. 해발고도 67m에 자리 잡은 묵호등대는 백원형 철근콘크리트조(높이 21.9m) 7층 형 구조로 등대 기능을 강화하고, 동해 바다 · 백두대간의 두타산 · 청옥산과 동해시를 조망할 수 있는 등대 전망대, 해양 문화 전시물, 파고라 등 편의 시설을 갖춘 해양 문화 공간을 2007년 12월에 조성하였다.

특히, 묵호등대해양문화공간에는 1968년 정소영 감독 作 영화 〈미워도 다시 한번〉의 주요 촬영지를 기념하기 위해 2003년 5월 '영화의 고향' 기념비가 세워졌다.

묵호등대는 묵호항 주변 해안의 가장 높은 곳에 위치하고 있어 동해 연안 항해 선박과 묵호항을 찾는 선박들의 안전한 길잡이 역할을 담당하고 있다. 국내 기술로 개발한 프리즘렌즈 회전식 대형 등명기를 2003년 10월 설치하여 약 48km(26海里)에서도 등대의 식별이 가능하도록 하였다. 이상은 묵호등대에 안내판을 인용한 글이다.

등대로 올라가는 달동네 중간 부근에는 드라마 〈상속자들〉 촬영지로 2013년 방영된 SBS 수목드라마 〈상속자들〉의 주인공 차은상이 어머니와 도망쳐 나와 살게 된 집을 촬영한 곳으로 등대오름길과 어우러진 동해 바

〈상속자들〉 촬영지

다의 멋진 풍경이 잘 표현되었다고 하며, 당시 은상이 살던 집은 빨간 지붕 단층 건물로 잘 보존되고 있는 것 같다.

그리고 등대 문화 공간에는 영화 〈미워도 다시 한번〉 주요 촬영지의 기념비가 있는데, 기념비에는 다음과 같은 내용이 적혀 있어 소개를 한다.

> 영화의 고향 안내판 내용 강원도 동해시 묵호항
> '미워도 다시 한번' 촬영 장소
>
> 여기는 영화 〈미워도 다시 한번〉(1968년)을 촬영한 곳입니다. 정소영 감독이 감독하고 문희, 신영균, 전계현, 김정훈이 출연한 이 영화는 1968년 당시 한국 영화 흥행 신기록을 수립하면서 많은 화제를 불러 모았던 작품입니다. 〈미워도 다시 한번〉

의 영향력은 1970년 이후 한국 멜로드라마의 지형을 바꿀 만큼 대단한 것이었으며 최근까지도 영화 역사가들에게는 한국 영화 사상 가장 중요한 작품의 하나로 손꼽히고 있습니다.

지금의 영화는 잘 만들어졌다는 평가가 다양하지만 우리가 어렸던 시절 멜로드라마는 관객들이 영화를 보면서 눈물을 많이 흘려야 잘 만들어진 영화라고 평가했다.

특히 힘겨운 살림살이에 힘들었던 우리들의 어머니 세대는 이런 영화를 한번 보고 실컷 울고 와야 스트레스가 풀리고 또 여러 가지 마음고생으로 울고 싶었는데 울 수 있도록 마당을 깔아 주니 마음 놓고 울고 왔던 것 같다. 〈미워도 다시 한번〉이 영화관 상영을 끝내고 동네마다 돌아가면서 시청에서 영화 상영을 해 줄 때면 주변 동네 주민들이 전부 모여 보았다. 슬픈 장면이 나오면 여기저기서 훌쩍거리고 어떤 여자들은 대성통곡을 하는 경우도 있었다.

그 시절 이웃 동네에서 한밤 영화를 상영하던 어린 시절이 그립고 아련한 추억도 있다.

우리는 어려서 잘 모르지만 마을 영화가 상영되면 주변 동네 총각과 처녀들의 공식 비공식 만남의 장소가 되어 영화가 끝나면 별 이상한 소문이 다 돌았다. 그때 그 시절 형님들과 누님들은 이제 전부 70~80대를 넘어 어디선가 잘 살고 있겠지!

등대를 내려와 작은 계곡에 걸린 출렁다리를 건너 차도로 내려서면 바닷가에 까막바위라는 커다란 바위와 문어상과 문어상에 얽힌 설화를 새긴 조형물이 있다. 까막바위를 지나 직진을 하면 다른 지방의 해변 도로와 비슷하고 낚시 명소 어달항을 지나면 어달해변이다. 대진항 입구 정자에서 간식을 먹고 휴식 후에 다시 출발하니 포구의 작은 광장에 표지석에 다음과 같이 적혀 있어 소개를 한다.

서울 경복궁의 正東方은 이곳 대진마을이다.

우리가 통상적으로 알기는 강릉시 정동진이 서울 정동 쪽으로 알고 있는데 위도를 정확하게 측정하지 못하던 시절에 대략적으로 정동진이 경복궁 정문인 광화문의 동쪽이라고 생각했다. 현대 과학이 발전하면서 정확하게 위도를 계산하니 이곳 대진마을이 경복궁 광화문의 정동 쪽이 된다고 한다. 그러나 현재 정동진이 서울의 동쪽으로 지명과 인식이 굳어져서 바꿀 수 없고 정동진의 위도를 정확하게 측정하면 서울시 성북구 도봉산의 동쪽이라고 한다. 이와 비슷한 경우가 포항시 호미곶이 겨울인 1월 1일에 일출이 가장 빠르다고 통상적으로 알고 있지만 정확하게 측정을 하면 울산 간절곶이 가장 먼저 뜬다.

한번 굳어지면 쉽게 바꿀 수 없는 것이 현실이다.

망상해변에서 영동선 철길 하부 굴다리와 고속도로 하부를 통과 후 조금 남쪽으로 내려가 이정표를 보고 언덕을 올라가면 기곡경로당이 있다. 기곡경로당에서 좌측으로 들어가서 언덕길을 넘어가면 마을 입구 우측에 김응위 효자각이 있고 이 마을이 심곡마을이다.

묵호등대

대진항 표지석

심곡약천마을

> 동창이 밝았느냐 노고지리 우지진다.
> 소치는 아이는 상기 아니 일었느야,
> 재너머 사래 긴 발을 언제 갈려 하느냐.

이 시조의 창작지가 바로 심곡약천마을이다. 이 시조는 조선 숙종 때 영의정을 지낸 약천 남구만 선생이 기사환국 때 이곳 마을로 귀양을 와 머물면서 지은 것이다. 시조에 나오는 "재너머"와 "사래 긴 밭"은 실제 심곡약천마을에 있는 지명이다. 현재 심곡약천마을엔 남구만 선생의 영정을 모신 사당인 약천사가 있다.

약천 남구만 선생이 숙종 임금 때(1689년) 기사환국으로 이곳 마을에서 유배 생활을 하는 동안 주민들로부터 존경을 받아 오다가 유배가 풀려 한양으로 떠난 후 약천의 덕(德)을 기려 이곳 주민들이 약천사(노곡서원)를 건립하였다고 한다. 영조 17년(1741년) 서원 철폐령으로 폐쇄되었다가 순조 1년(1801년) 다시 중건이 된 후 철종 6년(1885년) 강릉 신석(납돌)으로 이건되었다.

약천 남구만

남구만의 시조 동창이 밝았느냐는 우리가 초등학교 다니던 시절부터 국어 시간에 배워 전 국민 대부분 알고 있을 것이고 전부를 외우지는 못해도 첫 구절 정도는 알고 있을 것이다. 그래서 약천 남구만을 시조 시인 정도로 알고 있지만 약천 선생은 조선시대 당쟁이 가장 극심했던 숙종 임금 집권기 치열한 당쟁의 중심에 있었던 인물이다.

특히 서인의 핵심 인물로 남인을 공격하고 자신도 기사환국으로 축출되어 강릉 심곡약천마을로 유배를 가서 〈동창이 밝았느냐〉를 남기게 된다. 유배에서 풀린 후 갑술환국으로 다시 영의정에 기용되는 등 당쟁의 소용돌이 속에서 끝까지 살아남아 천수를 누리고 후에 봉조하가 되었다가 기로소에 들어간다.

약천 남구만 선생의 일생을 소개를 하고, 숙종의 환국 정치를 알아야 남구만 선생을 이해를 할 것 같아서 큰 사건을 중심으로 요약을 해서 소개를 한다.

본관은 의령(宜寧), 자는 운로(雲路), 호는 약천(藥泉) 또는 미재(美齋). 개국공신 재(在)의 후손으로, 할아버지는 식(烒)이고, 아버지는 현령 일성(一星), 어머니는 권박(權瞨)의 딸이다. 송준길(宋浚吉)의 문하에서 수학, 1651년(효종 2) 진사시에 합격하고, 1656년 별시 문과에 을과로 급제해 가주서·전적·사서·문학을 거쳐 이듬해 정언이 되었다. 1659년 홍문록에 오르고 곧 교리에 임명되었다. 1660년(현종 1) 이조정랑에 제수됐고, 이어 집의·응교·사인·승지·대사간·이조참의·대사성을 거쳐, 1668년 안변 부사·전라도관찰사를 역임했다.

1662년 영남에 어사로 나가 진휼 사업을 벌였다. 1674년 함경도관찰사로서 유학(儒學)을 진흥시키고 변경 수비를 튼튼히 했다. 숙종 초 대사성·형조판서를 거쳐 1679년(숙종 5) 좌윤이 되었으며, 같은 해 윤휴(尹鑴)·허견(許堅) 등의 방자함을 탄핵하다가 남해(南海)로 유배되었다. 이듬해 경신대출척(庚申大黜陟)으로 남인이 실각하자 도승지·부제학·대

남구만 시비

사간 등을 역임했으며, 1680년과 1683년 두 차례 대제학에 올랐다.

병조판서가 되어 폐한 사군(四郡)의 재설치를 주장해 무창(茂昌)·자성(慈城) 2군을 설치했으며, 군정(軍政)의 어지러움을 많이 개선했다. 1684년 우의정, 이듬해 좌의정, 1687년 영의정에 올랐다. 이즈음 송시열(宋時烈)의 훈척 비호를 공격하는 소장파를 주도해 소론(少論)의 영수로 지목되었다.

1689년 기사환국으로 남인이 득세하자 강릉에 유배되었으나 이듬해 풀려났다.

1694년 갑술옥사(甲戌獄事)로 다시 영의정에 기용되고, 1696년 영중추부사가 되었다.

1701년 희빈 장씨(禧嬪張氏)의 처벌에 대해 중형을 주장하는 김춘택(金春澤)·한중혁(韓重爀) 등 노론의 주장에 맞서 경형(輕刑)을 주장하다가 숙종이 희빈 장씨의 사사를 결정하자 사직, 낙향했다. 그 뒤 부처(付

處) · 파직 등 파란을 겪다가 다시 서용되었으나, 1707년 관직에서 물러나 봉조하(奉朝賀)가 되었다가 기로소에 들어갔다.

숙종 시대 환국 정치

○ 경신환국

광해군 시대 북인 집권기에 숨죽여 있던 서인들이 주도하고 남인들이 방조한 인조반정으로 광해군을 축출하고 북인을 조정에서 완전히 몰아낸다.

인조, 효종, 현종대를 지나면서 집권당이었던 서인은 현종 때 효종 사후 인조의 계비의 복상 문제를 두고 1차 예송 논쟁에서 현종이 서인의 손을 들어 주어 집권을 더 공고히 한 후 다시 이번엔 효종비 사후 2차 예송 논쟁에서 현종이 서인이 아닌 남인의 손을 들어 주는 것을 계기로 조정은 남인이 집권을 하게 된다. 숙종 초기 남인 정권에 실망한 숙종은 허적의 유악 사건과 허적의 아들 허견의 역모 사건인 삼복의 변을 핑계로 남인이 대거 조정에서 쫓겨나고 허적이 사사되면서 다시 서인이 집권한 것을 역사는 경신환국(경신대출척)이라고 한다.

○ 기사환국

숙종의 왕비 인현왕후가 후사가 없는 상태에서 역사 드라마에 단골로 나오는 장소용이 아들을 낳자 그때까지 후사가 없던 숙종은 왕자 이윤(李昀)을 원자로 삼고, 장소용을 희빈으로 책봉하려고 하자 당시 집권 세력이던 서인들은 왕비의 나이가 젊으므로 더 기다렸다가 후사를 정해야 한다고 반대를 한다. 숙종은 서인들의 반대를 무릅쓰고 왕자 윤(昀)의 원자 명호를 자신의 주장대로 하고 장소용을 장희빈으로 책봉한다.

그러자 서인의 영수 송시열이 숙종의 처사를 잘못이라고 간하였다. 이에 숙종은 원로 정치인이 상소질로 이미 결정된 일을 거론하여 조정을 시끄럽게 하였다고 송시열을 제주도로 귀양 보냈다가 재조사를 위하여 한양으로 올라오던 중 정읍에서 사사를 한다.

그리고 인현왕후를 폐위시켜 사가로 보낸 후 장희빈을 왕비로 삼고 서인을 대거 숙청하고 남인을 복귀시킨 사건이 기사환국이다.

○ 갑술환국

장희빈을 총애하여 인현왕후를 폐위시켜 왕비로 삼았으나 장희빈이 점차 방자한 행동을 취했으므로 숙종은 그를 싫어하고 인현왕후 민씨를 폐위한 것을 후회하게 되었다.

게다가 장희빈보다 무수리 출신 후궁 최씨(영조의 모친)에게 마음을 두고 있었다.

장희빈이 점차 투기가 심해져서 궁중 내에서 최씨 독살설이 퍼지면서 남인들은 정치적 위기에 내몰리게 된다. 이러한 정황에서 인현왕후 복위 운동을 전개했던 서인들에 대한 남인들의 처사를 문제 삼은 숙종은 서인들의 인현왕후 복위 운동을 옳게 보고 남인이 지나치다고 하여 민암을 사사하고, 남인들을 대거 유배를 보낸다. 동시에 인현왕후를 지지했던 남구만, 박세채 등을 조정의 요직에 등용한 것이 갑술환국이다.

인현왕후를 복위시킨 후 다시 희빈으로 강등된 장희빈이 반성을 하지 않고 다시 인현왕후를 저주하는 요상한 짓을 하자 이번엔 사약을 내려 사사를 한다.

이후 조정은 서인의 노론과 소론 간의 당쟁이 되고 정권에서 완전히 밀려난 남인들은 정치력이 급격히 쇠퇴하고 이후 조선시대가 끝날 때까지 더 이상 집권하지 못한다.

다만 정조 시대 채제공만이 영의정까지 올랐을 뿐이다.

심곡마을 동네 어귀를 나오니 할머니들과 아저씨 한 분이 대파 모종을 심고 있다.

더운 날씨에 수고하십니다. 인사를 했더니 젊은 사람들이 팔자가 좋아 여행을 다닌다고 좋은 때라고 한다. 그래서 저도 이제 나이가 육십이고 퇴직하고 여행을 다니고 있습니다. 했더니 돌아오는 대답이 정답이다. **금방 십 년 흘러서 칠십이 되니 한 살이라도 젊을 때 부지런히 다니라고 한다**.

다시 인사를 하고 가는데 젊은 사람이라는 소리를 들어서 괜히 기분이 조금 좋고 진짜 지나온 세월을 뒤돌아보면 금방 칠십이 될 것 같다. 그때는 다리도 부실하고 체력도 떨어져서 여행을 못 다닐 것 같고 아직 노인들에게 젊은이 소리 들을 때 열심히 다니자고 집사람과 이야기하면서 다시 걸었다. 시골 할머니들에게 크게 한 수 배운 하루인 것 같다.

괴란동 마을을 통과 후 급경사 임도를 잠시 올라가면 해발 180m의 옷재 고개이다. 옷재 고개의 서쪽은 강릉시 옥계면이고 동쪽은 동해시 괴란동이다. 옷재에서 언덕을 내려오니 길가에 초피나무(일명 제피나무)가 많다. 포항에 처음 왔을 때 초피 향이 싫어 초피가 들어간 음식을 먹지 않았는데 경상도에 오래 살다 보니 초피 향에 익숙해져 지금은 먹는 것을 보니 경상도 사람 다 된 것 같다. 집사람과 초피와 잎을 따서 가방에 넣고 내려오니 아주머니가 길가에서 피자두를 따면서 먹어 보고 먹을 수 있으면 따라고 해서 여러 개 따서 먹어 보니 맛이 좋다.

해파랑길 강릉 구간

솔향 폴폴 풍기는 감자 바우길,
강릉 바우길과의 행복한 만남

해파랑길 강릉 구간은 옥계시장에서 주문지해변까지로 6개 코스 88.2km로 되어 있다. 해파랑길 강릉 구간은 이 지역에서 먼저 조성한 강릉 바우길의 동해안 구간과 겹친다. 해파랑길이나 바우길 중 어느 안내 표시를 따라도 무리가 없다. 옥계해변부터 만나는 소나무 숲은 강릉 제일의 명품 숲이다.

2016년 10월에부터 통행이 이루어진 정동심곡 부채길은 동해 탄생의 비밀을 간직한 전국 최장 거리 해안단구를 동해 푸른 바다를 보면서 걸을 수 있다.

강릉 부채길을 통과하여 모래시계로 유명한 정동진을 지나면 산 위로 뻗은 길이 기다린다. 산정을 오른 해파랑길은 안인해변에 이르러 가쁜 숨을 고르며 편안한 해안 길로 스민다. 다시 길은 울창한 송림을 지나 내륙으로 치닫는다.

신라시대의 거대한 사찰이었던 굴산사터를 접견한 해파랑길은 다시 동해로 향한다. 강릉 중앙시장과 남항진해변을 지나면 수려한 경포대를 따라 돈다. 주문진에 다다르면 경치가 뛰어나 정자가 많았다고 전하는 향호에서 양양으로 넘어간다.

해파랑길 35코스

옥계시장 → 3.3km → 옥계해변 → 3.6km → 금진항 → 2.0km → 심곡항 → 4.9km → 정동진: 13.8km

옥계보건지소를 통과하여 이정표를 따라 도로를 횡단 후 교동마을 표지석을 보고 마을로 들어섰다. 교동마을의 논과 밭에는 벼가 검푸르게 자라고 있고 각종 과일들이 여름 햇살에 알알이 여물어 가고 있다. 마을 지나면서 매실밭을 보니 애들 주먹만 한 매실이 노랗게 익어 떨어져 있다. 집사람과 매실이다 아니다 하는 소리를 들은 주인이 "매실입니다." 한다. 그래서 "하나 먹어 보아도 되나요?" 했더니 먹어 보라고 한다.

파란 매실만 보다 노랗게 익은 매실을 보니 신기하여 먹어 보니 시큼한 게 의외로 맛이 좋다. 파란 매실 엑기스만 알았지 익은 매실이 맛이 좋은 것은 처음 알았다. 요즘 방송에 파란 매실이 독성이 있다고 하여 올해 매실 농사를 한 분들이 손해를 많이 보았다고 한다. 또 어떤 사람들은 엑기스를 해서 먹으면 독성이 사라진다고 하니 누구의 말을 들어야 좋을지 모르겠다.

옥계해변 교차로에서 우측으로 가면 동해시이고 좌측으로 가면 정동진, 헌화로, 금진항 방향이다. 교차로에서 직진하여 옥계해변으로 들어가면 남쪽으로 낙풍천 건너엔 옥계 일반 산업단지와 옥계항이 보인다.

옥계 솔밭

옥계해변의 소나무 산림욕장은 바닷가에 잘 자라는 곰솔(해송)이 아니고 우리나라 토종 소나무인 적송 숲으로 멋진 소나무들이 아침 햇살에 반짝이고 있다. 옥계해변의 북쪽은 금진해변으로 해파랑길은 강릉 헌화로를 따라간다.

금진2리 마을 회관을 지나 금진항 부근부터는 많은 사람들이 국내 최고로 꼽는 동해안 드라이브 코스이기도 하다. 강릉 헌화로는 전국에서 바다와 가장 가깝고, 가장 낭만적인 차도로 손꼽히는 곳으로 금방이라도 바위가 차도로 떨어져 내릴 것 같은 90도로 곧추선 기암괴석과 바닷가의 멋진 갯바위가 계속 이어진다.

금진항과 심곡항 간의 수로부인 헌화로는 일연의 삼국유사 속 수로부인조에 나와 있는 기록을 바탕으로 지정하였는데 강릉과 삼척이 소유권(?)을 주장하여 삼척 임원항 뒷산에 수로부인 헌화공원을 조성하였고, 강릉은 이 구간을 헌화로로 명명하였다.

헌화로

최근에 영덕과 울진에서도 소유권(?)을 주장하고 있다. 금진항에 있는 수로부인 설화는 수로부인 헌화공원에서 소개하여 생략을 한다.

수로부인 헌화로 중간 지점에 '합궁골' 있어 소개를 한다.

아름다운 이곳에 음양(陰陽)이 조화를 이루며 동해의 떠오르는 해의 서기(瑞氣)를 받아 우주의 기(氣)를 생성하고 있으니 이름하여 합궁(合宮)골이다. 남근(男根)과 여근(女根)이 마주하여 신성한 탄생(誕生)의 신비로움을 상징적으로 보여 주고 있는 이곳은 특히 해가 뜨면서 남근의 그림자가 여근과 마주할 때 가장 강한 기를 받는다고 하여 이를 보기 위해 많은 사람들이 여기에서 일출(日出)을 기다린다. 사랑의 전설이 담긴 이곳 헌화로 합궁골에서 아름다운 인연으로 나란히 선남선녀가 동해의 상서로운 기를 받으며 천년 바위로 백년해로를 기약하고 다복한 삶을 누렸으면 한다.

심곡항과 정동진 간 해안은 해안 경비를 위한 군 경계 근무 정찰로로 일반인 출입이 통제되고, 아울러 절벽 지대로 통과할 수 없어 산길을 돌아 정동진으로 들어가게 된다. 이 구간은 지금은 강릉 부채길이 조성되어 절경을 감상할 수 있다. 휴일이면 전국에서 수많은 관광객들이 몰려들고 있다.

강릉 정동심곡 바다부채길

정동심곡 바다부채길은 최근 떠오르는 '핫 플레이스'다.

정동 심곡은 전국 최장 거리의 해안단구 길로 천혜의 자연 자원을 이용한 힐링 트레킹 공간으로 조성되었다. 정동심곡 바다부채길의 명칭은 이름 공모전에서 '강릉 출신의 소설가 이순원 님'이 제안한 바다부채길이 채택된 것으로 정동 지역의 부채끝 지명에서 착안돼 탐방로가 위치한 지형의 모양이 바다를 향해 부채를 펼쳐 놓은 듯한 모양으로 지형의 특징을 살려 일반인들에게 기억되기 좋은 명칭으로 작명되었다고 한다.

강릉 정동진 심곡항 간 2.86km를 연결하는 '정동심곡 바다부채길'은 동해 탄생의 비밀을 간직한 200~300만 년 전 지각변동을 관찰할 수 있는 전국 최장 거리 해안단구(천연기념물 제437호)이다. 해안단구는 파도에 깎여 평평해진 해안이 지반 유기와 함께 솟아올라 형성된 지형이다. 그동안 이 지역은 해안 경비를 위한 군 경계 근무 정찰로로 사용되어 일반인들에게 개방되지 않았다.

강릉 부채길

강릉시는 천혜의 환경 자원을 이용한 '힐링 트레킹 길' 공간 제공을 위해 2012년부터 70억 원을 들여 정동심곡 바다부채길을 조성 2016년 10월부터 개방했다.

딱 트인 동해 바다를 옆에 두고 단구의 절경을 보며 걷는 맛이 잊을 수 없는 추억을 만들어 준다. 이곳 주변에는 정동진 모래시계 공원과 정동진역, 국내 최고의 해안 드라이브 코스인 헌화로, 통일안보공원, 하슬라이트월드 등 관광 명소가 많다.

심곡항 → 1.0km → 부채바위(전망대) → 0.86km → 투구바위 → 1.0km → 썬크루즈: 2.86km

2016년 7월 해파랑길 35코스 해파랑길을 걸을 때는 정동심곡 바다부채길이 개방되지 않아 심곡항에서 강릉 바우길을 따라 소나무 숲을 지나 삿갓봉을 넘어 정동진으로 들어갔다. 이제 정동심곡 바다부채길이 개통되고 개방되었으니 당연히 해파랑길도 이 길로 변경을 해야 할 것 같다. 정동심곡 바다부채길로 해파랑길이 변경되면 해파랑길 35코스는 50개 코스 전 구간 중 가장 멋진 코스가 될 것이다. 옥계 해변의 소나무 숲을 지나 금진항에서 시작되는 헌화로를 지나 강릉 부채길을 걸으면 환성적인 코스가 될 것 같다. 특히 금진항부터 시작되는 수로부인 헌화로는 국내에서 가장 바닷가 가까이 위치한 길을 따라 걷는 구간으로 해안단구와 푸른 바다를 보면서 걸을 수 있다.

강릉 부채길을 지나면 강릉 최대 관광지인 정동진 모래시계 공원과 정동진역이 기다리고 있다.

심곡항에서 정동진으로 가는 도로를 따라 조금 가다 오른쪽 산길로 올라가면 야산 위에 넓은 개활지가 펼쳐진다. 이곳을 지나 도로를 횡단하여 다시 임도를 따라가다 본격적으로 강릉 바우길 등산로를 따라간다. 소나무 숲속을 통과하여 삿갓봉 아래 고개를 넘으면 정동진까지 내리막이고 중간 지점부터 정동진 마을과 해변가 언덕 위에 있는 정동진조각공원과 썬크루즈 리조트의 크루즈 배 모양을 호텔이 보인다. 모래시계 공원을 지나가면 정동진역으로 해파랑길 35코스 종점이다.

해파랑길 36코스

정동진역 → 1.5km → 183고지 → 1.3km → 당집 → 4.3km → 패러글라이딩 활공장 → 2.3km → 안인해변: 9.4km

정동진

정동진은 강원도 강릉시 강동면 정동진리에 있는 바닷가 마을로 '한양 경복궁 정문인 광화문의 정동 쪽에 있는 나루터가 있는 마을'이라는 뜻으로 이름이 지어졌다고 한다.

정동진의 정동진역은 20년 전에는 가끔 정차하는 영동선 기차에 동네 분들만 타고 내리는 작고 한적한 시골 역이었다. 그러던 역이 1995년 SBS 드라마 〈모래시계〉에 방영되고 세계에서 바다와 가장 가까운 역으로 기네스북에 오르면서 관광객이 폭발적으로 증가했다.

김종학 감독이 연출하고 송지나 씨가 극본을 쓴 드라마 〈모래시계〉는 시청률이 50%가 넘은 드라마로 70년대~90년대까지 암울했던 한국 현대사를 세 명의 주인공을 통해 묘사를 하였다. 당시 〈모래시계〉가 방영되는 시간이 되면 이 드라마를 보기 위해 일찍 귀가를 하여 거리가 한산할 정도여서 〈모래시계〉를 '귀가시계'라고도 불렀다. 전 국회의원이면서 현재 대구시장인 홍준표 씨의 일대기를 소재로 다루어 홍준표 씨가 출세 가도를 달린다.

정동진역

드라마의 줄거리는 홍준표 씨가 수사를 했던 1990년 초 발생한 슬롯머신 사건을 극화한 것으로 주인공인 조직폭력배 최민수(박태수), 수사 검사 박상원(강우석), 최민수를 사랑했던 여인 고현정(윤혜린)의 사랑과 우정을 소재로 했다. 마지막엔 강우석 검사가 고등학교 동창이자 친구인 박태수에게 사형을 구형할 수밖에 없고 박태수는 사형을 언도받고 죽게 된다.

박태수를 사랑했던 여인 윤혜린과 고등학교 친구인 강우석이 죽은 박태수를 화장하여 재를 뿌리면서 드라마는 끝난다. 〈모래시계〉에서 수배 중이던 윤혜린(고현정 분)은 운동권 신분이 탄로나 경찰에 쫓기게 된다. 어느 날 정동진역 쪽으로 휘어진 소나무 앞에서 기차를 기다리는데 그녀가 타고 떠나야 할 기차가 느릿느릿 역구내로 들어오고 있었다. 그때 경찰이 기차보다 빨리 도착하였고 혜린의 손목에 수갑이 채워졌다.

기차는 아무 일 없었다는 듯이 다음 역으로 떠나고 그 기차가 떠나는 모습을 바라보는 혜린의 안타까운 시선, 그 장면을 지켜본 수많은 사람들의 입에서 입으로 정동진역이 전파되었다. 역 플랫폼에 서 있는 소나무는 드라마의 주인공이었던 고현정의 이름을 붙여 '고현정소나무'라는 이름을 얻게 되었다.

현재 정동진은 서울의 동쪽이라는 프리미엄과 드라마의 영향으로 전국적인 관광지가 되어 일 년 내내 관광객들이 몰려들고 있다. 특히 고현정이 기차를 기다리던 휘어진 소나무를 보기 위해 정동진역 구내로 인당 1,000원을 주고 들어가는 관광객이 열차 이용객보다 많다. 또 정동진에는 바닷가 철도 레일을 이용하여 레일바이크를 운행하고 있으며 모래시계 공원엔 대형 모래시계와 해시계가 있다. 또 폐객차를 시간 박물관으로 개조를 하여 운영 중이고 남쪽 언덕엔 모래시계 조각공원과 썬크루즈리조트가 있다.

해파랑길 36코스는 정동진역에서 강릉 시내 쪽으로 다음 역이 있는 안인항까지로 강릉 바우길 8구간을 거꾸로 거슬러 올라가고 '산 위에 바닷길'이라는 이름으로 명명도 되어 있다. 정동진역에서 안인항까지 해안도로 구간도 드라이브와 푸른 바다를 보면서 트레킹하기 좋은 코스이다. 그러나 해파랑길 36코스는 해파랑길 전 구간 중 가장 힘들게 등산을 하는 괘방산 남북 종주 코스를 따라 완주를 해야 한다.

괘방산 정상에는 거대한 통신 기지가 있고, 해발 336m 비교적 높지 않지만 해안가에 바로 위치하여 336m를 전부 올라가야 한다. 그리고 괘방산은 그동안 거쳐 온 산 중에 동해 바다와 가장 근접한 산이지만 그다지 높지는 않고 솔숲과 흙길이 잘 어우러져 있다. 괘방산은 옛날 과거에 급제한 사람의 이름을 적은 두루마기를 산 어딘가에 걸어 놓았다고 하여 산 이름이 유래한다고 한다.

정동진리 괘방산 등산로 입구에서 183m 고지까지는 급경사 구간으로 더운 날씨에 힘겹게 올라 뒤를 돌아보면 정동진리 마을, 그리고 야산 언덕 위에 크루즈 배가 올라앉아 있는 것 같은 썬크루즈 리조트와 정동진조각공원이 한 폭의 그림같이 펼쳐 있다.

괘방산 등산로 표지목 안인 5.1km, 정동진 3.9km인 안보 4지점을 통과하면 우측으로 슬레이트 지붕에 커다란 열쇠가 채워진 당집이 있다.

이곳 괘방산이 안보 등산로가 된 이유는 다음과 같다.

김영삼 대통령 집권기인 1996년 9월 18일 새벽 1시 30분 괘방산 동쪽 바닷가에 좌초된 잠수함을 택시 기사가 신고를 하면서 강릉 무장 공비 침투 사건이 발생한다.

북한 상어급 잠수함이 무장 공비 3명을 침투시키고 공해상에서 대기를 했다가 3일 후 9월 18일 다시 복귀를 시키기 위해 해안으로 접근을 하다 꽁치를 잡기 위해 쳐 놓은 그물에 걸리면서 기관 고장을 일으켜 좌초를 한다. 좌초한 상어급 잠수함 승조원을 포함하여 26명이 상륙 후 1명은 바로 경찰에게 생포되고 나머지는 도주를 하여 잠수함 승조원 11명은 강릉시 청학산 정상에서 집단 자살을 하고 나머지는 도주를 한다.

도주를 한 무장 공비를 추격, 나머지 공비를 모두 사살을 하나 이 과정에서 아군과 민간인 피해가 많이 발생을 하였고 49일간의 대간첩 작전으로 경제적 손실이 막대하였다.

현재 잠수함이 좌초되었던 괘방산 동쪽에 통일안보공원을 조성하고 좌초된 잠수함을 전시하여 안보 전시물로 활용을 하고 있다. 이 땅에 다시 이런 비극은 없어야 되지만 그 후에도 서해안에서 여러 차례 충돌이 발생하여 상호 간에 많은 인명 피해와 경제적 손실을 입었다. 남북한 간

괘방산에서 본 풍경

에 서로가 신뢰할 수 있고 통일로 갈 수 있는 방법은 없는 것인가?

괘방산 정상은 통신 기지 때문에 접근이 불가하고 통신 기지를 옆으로 돌아서 내려간다. 괘방산 통신 기지를 지나 조금 더 가면 괘방산 삼우봉 표지목이 있다. 삼우봉 정상 부근 절벽에서의 조망이 대단히 좋아 멀리 강동면 소재의 논과 밭 그리고 야산의 아기자기한 모습이 한눈에 들어오고 더 멀리 백두대간 능선과 대관령이 아스라이 보인다. 그리고 동쪽으로 강릉 임해자연휴양림과 좌초한 잠수함이 있는 통일안보공원이 보인다. 잔잔하고 푸른 바다엔 제트 보트가 하얀 물보라를 남기면서 지나가고 풍경이 한 폭의 그림이다.

괘방산 활공장을 지나 급경사를 내려가면 편안한 소나무 숲길이 이어진다. 안인삼거리 도착 전 급경사 계단 길을 내려와 삼거리를 통과하여 해변 쪽으로 가면 영동선 철길이 있다. 철길을 넘기 전 동네 작은 마트에

괘방산에서 본 풍경 (2)

서 천 원을 주고 시원한 생수 1.8리터를 한 병 샀다. 갈증에 시원한 생수를 한잔했더니 이게 바로 꿀맛이다. 요 근래에 천 원을 이렇게 소중하게 써 본 것이 언제인가 싶다. 오늘 천 원의 돈 값어치에 다시 한번 감사하는 마음을 가져 본다.

해파랑길 37코스

안인해변 → 8.8km → 정감이수변공원 → 8.7km → 굴산사지 당간지주 → 0.5km → 오독떼기 전수관: 18.0km

안인항을 출발하여 봉화산 옆으로 돌아서 군선천을 건너면 안인화력발전소가 정면에 있다. 발전소 담장을 따라 해변 쪽으로 가면 염전해변이다. 철조망을 따라가면 좌측으로 골프장이고 조금 더 가면 하시동·안인사구 생태·경관보전지역으로 출입을 제한하고 있다.

이곳 사구 지역은 약 2,400년 이전에 형성된 것으로 추정되며 약 8,000년 전에 형성된 고사구가 존재하는 등 동해안 경관의 형성과 변화 과정, 해수면 변동을 비롯한 기후 변화 연구에 중요한 자료이자 동식물 서식처로서 생태적 가치가 높은 동해안의 대표적인 해안사구라고 한다. 그래서 탐방객들의 무분별한 출입을 제한하고 탐방할 때 주의 사항을 적은 안내판이 있다. 해안사구 안내판을 지나면 좌측으로 메이플비치 리조트 건물이 있고, 골프장을 따라 도로를 걸으면 좌측으로 골프장과 리조트 정문이 있다.

골프장 정문을 지나 마을로 들어가기 전 좌측으로 강릉 바우길 7구간으로 들어간다.

골프장을 좌측으로 끼고 해파랑길은 이어지고 야산에서 내려와 우사

풍호마을

를 지나면 풍호마을 표지석이 길가에 있다. 좌측으로 풍호마을로 가면 풍호마을 연꽃 단지가 있다.

연꽃 단지에는 백련과 홍련이 꽃을 피웠고 연꽃 단지 중간 산책로를 통과하여 입구 정자에서 마지막 남은 간식으로 허기를 달래고 시원한 냉수로 갈증을 푼 후에 다시 출발했다.

이곳 풍호마을은 장수하시는 분들이 많은지 '농촌 건강 장수 마을 하시동3리 풍호마을'이라는 커다란 안내판이 있다.

7번 국도(구 동해고속도로)를 통과하여 남측으로 따라 내려오면 마을이 나온다. 마을에서 도로를 횡단하여 농로를 따라 서쪽으로 조금 가다 이번에 좌측으로 이정표를 보고 꺾어서 가면 쟁골저수지가 나온다. 쟁골저수지 동쪽을 따라 작은 언덕을 올라가면 정감이마을이다. 정감이마을에서 우측으로 확 꺾어 해파랑길이 이어지는데 이곳 정감이마을 등산로에 다음과 같은 유래가 있어 소개를 한다.

마을 부잣집에 머슴을 살고 있는 유 총각이 있었는데, 유 총각은 부지런하고 영리하고 참으로 성실하여 주인과 이웃들로부터 칭송이 자자하였다. 사실 총각은 양반이었는데 집안이 몰락하여 김 씨 집에 머슴을 살게 된 사람이었다. 마침 김 부잣집에는 예쁜 딸이 있었는데 신분의 차이가 있지만 성실하고 잘생긴 유 총각을 사모하게 되었다. 어느 봄날 김 낭자는 뒷산에 나물을 캐러 가고 유 총각은 나무를 하러 가게 되었다. 그런데 산에서 소나기를 만나게 되었고 소나무 가지 밑에서 비를 피하던 중 둘은 같이 도망가기로 결심을 하고 칠성산 깊은 계곡으로 들어가게 된다. 산길로 가는 도중 명주 관아를 보면서 서로의 사랑을 확인하고 이 길을 지나갔다고 한다. 그 후 젊은 여인들이 이 장소에서 사랑을 언약하면 그 사랑이 이루어졌다는 유래가 전해 온다고 한다.

정감이 길 등산로는 전부 빨간 황토 흙길로 남측으로 곰솔(해송)이 북쪽으로 육송(적송) 숲으로 편안한 등산로가 이어진다. 정감이 길 끝나는 지점엔 태양광발전소 공사가 막바지로 등산로를 잘 보고 가야 한다. 정감이 등산로를 내려오면 원주 강릉 간 고속철도 공사장을 통과를 해야 한다. 원래 이곳이 신 강릉역 자리인데 강릉 시민들이 반대를 하여 이곳은 차량 기지가 되고 이곳에서 시내까지는 철도를 지하화한다고 한다. 공사장을 통과하여 금광천을 건너면 금광초등학교가 있다.

이곳 금광초등학교는 입사 동기 친구 부인의 모교인 것 같아 전화를 했더니 맞다고 하면서 어떻게 거기까지 하면서 놀란다. 칠성로를 따라가면 학마을이다. 학마을은 전 서울대 경제학과 교수를 지내고 다시 김대중 정부에서 서울시장을 한 조순 씨의 고향 마을이다. 이 마을은 오독떼기 전통 마을이고 오독떼기 전수관이 해파랑길 37코스 종점이다. 학마을 통과하여 서쪽으로 가면 논 가운데 거대한 굴산사지 당간지주가 보인다.

당간지주 가기 전 굴산사지 석불을 먼저 답사를 하고 굴산사지로 향했다.

당간지주(幢竿支柱)

불화를 그린 기(旗)를 당(幢)이라 하고, 당을 걸었던 장대를 당간(幢竿)이라고 한다. 당간을 지탱하기 위하여 세운 기둥을 당간지주라고 한다. 당간지주는 통일신라시대부터 당을 세우기 위하여 사찰 앞에 설치되었던 건조물이면서 한편으로는 사찰이라는 신성한 영역을 표시하는 구실을 하였던 것 같다. 이러한 관점에서 볼 때 당간지주는 선사시대의 솟대와도 일맥상통하는 점이 있다고 한다.

현재로는 국기 게양대를 생각하면 된다.

국기 게양대와 같이 도르래의 원리를 몰랐던 시절에 당을 걸기 위해 당간을 누였다가 당을 걸고 난 후 당간을 세워서 당간지주를 이용하여 고정하였다. 통일신라시대 전후 세워진 대형 사찰과 폐사지의 많은 곳에 당간지주가 남아 있다. 당간지주는 거의 모두 단단한 화강암을 사용하고 당간은 나무를 주로 이용했다. 그러나 청주 용두사 터와 계룡산 갑사에는 철 당간이 남아 있고, 또 드물게는 돌 당간을 사용하는 곳이 있는데 나주 동문 밖과 담양읍에 있다.

강릉 굴산사지 당간지주(江陵 掘山寺址 幢竿支柱)

보물 제86호이다. 당간지주(幢竿支柱)는 당을 거는 깃대인 당간을 걸어 두기 위하여 세운 돌기둥이다. 사찰에서는 불교 의식이나 행사가 있거나 부처나 보살의 공덕을 기릴 때 당이라는 깃발을 높이 달았다. 그 일대가 신성한 영역임을 알리는 표시 역할도 하였다. 이 당간지주는 굴산사 터에서 조금 떨어진 남쪽 언덕 들판에 세워져 있다. 굴산사는 통일신라 말기에 통효대사(通曉大師) 범일(梵日)이 머물렀던 곳이다. 당시는 선종(禪宗)이 크게 유행하였으며, 그중 9개 파가 두드러졌는데 이곳이 사굴산문(闍崛山門) 굴산사파(掘山寺派)의 본산(本山)이다.

이 당간지주는 높이 5.4m이며, 서로 1m 사이를 두고 마주 서 있다.

현재 밑부분이 묻혀 있어 지주 사이의 깃대 받침이나 기단(基壇) 등의 구조를 확인할 수 없다. 4면에 아무런 조각 없이 밑면에는 돌을 다룰 때 생긴 거친 자리가 그대로 남아 있다. 이 당간지주는 거대한 석재(石材)로 만들었으며, 우리나라에서 가장 큰 편에 속한다. 전반적으로 소박하나 규모가 거대하여 웅장한 조형미와 우뚝 선 생동감으로 신라 말기 고려 초기에 새롭게 떠오르는 힘찬 기운을 잘 보여 주고 있다. 굴산사지 당간지주를 지나 학마을 오독떼기 전수관과 굴산사지에 도착하면 해파랑길 37코스 종점이다.

강릉 학산 오독떼기는 1988년 5월 18일 강원도 무형문화재 제5호로 지정되어 주로 김매기 때 부른다. 강릉 지방에서는 신라시대 때부터 즐겨 불렀다. 초벌김 · 두벌김 · 세벌김 등 김매기 때만 되면 마을마다 두레패를 이루어 두 명 이상씩 여러 조를 만들어 번갈아 부르며 일했다. 부르는 속도나 가사 내용에 따라서 냇골 오독떼기, 수남 오독떼기, 하평 오독떼기 등으로 이름이 다르다. 미·솔·라·도·레의 5음으로 되어 있고 미음에서 시작하여 미음으로 끝나며 장단은 일정하지 않다.

굴산사지 당간지주

해파랑길 38코스

오독떼기 전수관 → 2.1km → 구정면사무소 → 5.7km → 모산봉 → 2.9km → 중앙시장 → 7.7km → 솔바람다리: 18.4km

강릉 학마을 오독떼기 전수관에서 왔던 길을 뒤돌아서 어단천 굴산교를 건너 좌측으로 개천 둑길을 따라 내려간다. 개천 둑길에 피자두 나무를 가로수로 심어 놓았다.

수확 철이 지난 피자두가 나무에서 떨어져 길바닥이 빨갛게 물들어 있다. 자두를 좋아하는 집사람은 떨어져 터진 자두를 보며 안타까워하는데 아직 떨어지지 않은 피자두가 나무에 달려 있어 따서 먹어 보니 정말 맛이 좋았다. 어단천을 따라 피자두를 따서 먹으며 내려오니 '좋구먼!'이라는 식당 간판과 함께 숲속 멋진 식당이 오른쪽에 있다.

학산교에서 직진을 하여 정의윤 가옥 이정표를 보고 골목으로 들어가 고가(古家)를 보고 다시 출발하여 야산을 넘어간다. 야산을 넘어 섬석천 수중보를 건너 골목으로 들어가면 강릉시 구정면 사무소가 있다. 섬석천 둑길을 따라가면 강릉시 강남면의 젖줄인 장현저수지가 있다. 장현저수지는 2002년 태풍 루사 때 저수지 제방이 유실되어 강남동 일대를 쑥대밭으로 만들었다고 한다.

섬석천과 저수지가 만나는 곳이 낚시 명당인지 여러 명의 강태공들이 낯선 우리를 이상한 눈으로 보고 있다. 내가 보기엔 폭염의 날씨에 낚시를 하는 분들과 폭염의 날씨에 해파랑길을 걷고 있는 우리 부부와 똑같다고 생각을 하니 웃음이 나왔다.

종교도 상대방의 종교를 인정해야 하지만 레포츠도 상대방의 취미를 인정해야만 진정한 프로가 아닌가 생각을 해 본다. 건강이 중요시되고 레포츠에 관심이 많은 현대인들은 누구나 한두 가지 정도의 취미 활동을 해야 좋을 것 같다.

모산초 정류장에서 등산로를 따라 잠깐 올라가니 모산봉 정상이다.

정상엔 나무 데크가 설치되어 있어 주민들이 데크에서 담소를 나누고 있다. 모산봉 정상엔 다음과 같은 내용이 있어서 간추려서 소개를 한다.

> 모산봉(母山峯)은 강릉을 떠받쳐 주는 4기둥산(사주산, 四柱山) 가운데 하나로 산형(山形)이 어머니가 어린아이를 업고 있는 모습으로 생겨 모산(母山)이라 하였다. 강릉에 인재가 많이 나게 하여 문필봉(文筆峰) 또는 노적가리 형상으로 노적봉(露積峯)이라고도 한다.

조선 중종 때 강릉 부사로 부임하던 한급(韓汲)이 대관령 정상에서 강릉을 내려다보니 강릉 시내 옥거리(현 옥천동)에 육조(六曹)가 앉아 있는 형국이라 이를 시기하였다. 권문세족이 너무 많아 힘으로 다스릴 수 없게 되자 산마다 혈(穴)을 막고 경포대를 방해정 뒷산에서 지금의 위치로 옮기고 모산봉을 3자 3치(약 1m)를 낮추어 호족과 대가(大家)의 위세를 꺾고 인재가 나지 못하게 하였다는 일화가 전해졌다. 2005년 6월 16일 모산봉을 사랑하는 강릉 시민, 강남 동민, 군부대 장병, 그리고 강남동 10여 자생 단체가 앞장을 서 흙을 릴레이 방식으로 산 아래서 옮겨와 옛 높이로 복원하였다고 한다.

이를 계기로 강릉의 정기가 되살아나고 걸출한 인재가 쏟아져 나오며 시민들의 풍요로운 삶을 기원한다고 한다. 요즘 2018년 동계 올림픽 빙상경기장이 강릉에 들어서고 강릉에 관광객이 넘쳐 나는 것을 보니 모산봉 복원의 덕분인가 혼자 반문을 해 본다.

모산봉을 내려와 7번 국도 굴다리를 통과 후 마을 안길을 지나 강릉교육지원청을 지나 내리막길을 따라가면 강릉 단오공원이다.

강릉단오공원은 2005년 11월 25일 강릉단오제의 유네스코 인류 구전 및 무형 유산 걸작 선정을 위한 노력의 일환으로 2004년에 건립한 건물이다. 강릉단오제(중요무형문화재 제13호)의 전승 활동과 일반인들에게 사계절 강릉단오제를 관람할 수 있는 기회를 부여하는 등 강릉단오제를 중심으로 전통문화 교실을 운영하고 있는 시민 문화 공간이다.

강릉단오제는 중요무형문화재 제13호로 대관령 서낭을 제사하며, 산로안전(山路安全)과 풍작 · 풍어, 집안의 태평 등을 기원하는 제의이자 축제라고 할 수 있다. 단오굿 · 단양제(端陽祭)라고도 불리며, 단옷날 행사로서는 가장 대표적인 행사이다. 단오제는 3월 20일부터 예비 행사를 시작하여 5월 1일 단옷날은 본제가 시작되는 날로, 화개(花蓋)를 모시고 굿당으로 가서 굿과 관노가면극(官奴假面劇)을 행한다. 5월 4일은 6단오, 5일은 7단오로 무굿과 가면극이 있으며, 단옷날을 본제날로 여기고 있다.

강릉단오문화관

5월 6일은 8단오로 서낭신을 대관령 국사 서낭당으로 봉송하는 소제를 끝으로 약 50일 동안의 단오제는 막을 내린다. 본격적인 제의와 놀이는 5월 1일부터 시작되는데, 단오굿과 관노가면극을 중심으로 한 그네·씨름·줄다리기·윷놀이·궁도 등의 민속놀이와 각종 기념행사가 벌어진다. 이때 영동 일대와 각지에서 많은 구경꾼들이 모여든다. 예나 다름없이 지금도 대성황을 이루어 강릉 시가는 일 년 중 가장 혼잡을 이룬다.

강릉단오제가 언제부터 시작되었는지 정확한 연대는 알 수 없으나 그 역사와 예전 모습을 짐작하게 해 주는 단편적인 기록이 있다. 조선 초기의 문인 남효온(南孝溫)의 문집인 《추강냉화(秋江冷話)》(1477)에 의하면 영동 민속에 매년 3·4·5월 중에 택일을 하여 무당들이 산신을 제사하는데, 3일 동안 큰 굿을 벌였다는 기록이 있다.

단오공원을 나와 굴다리를 통과 후 중앙시장을 들어가 우측으로 한 바퀴 돌아서 영동선 철길 철거 부지를 지나 성남사거리에서 남대천 강릉교를 다시 건넌다. 성덕공원 입구에서 숲속 입도를 따라가면 동해안 자전거길과 만난다.

성덕로에서 학동마을 안길 갈림길에서 군대에서 함께 근무한 김대영 병장을 만났다.

김 병장은 친구 두 분과 함께 고성 통일전망대에서 출발하여 2박 3일 여정으로 동해안 자전거길을 자전차로 라운딩 중이다. 미리 사전에 강릉 부근에서 시간이 되면 보자고 했지만 해파랑길과 자전거길이 만나는 지점에서 만나기가 쉽지 않아 정말 반가웠지만 가는 방향이 반대로 아쉽게 헤어지고 다음에 시간 내서 만나기로 했다.

학동마을 안길을 통과하여 강원도교육연수원 부근에서 심석천을 만나 개천 둑을 따라 남항진항 쪽으로 내려가 남항진교를 건너 마을 안길을 통과하면 남항진해변이다.

남항진해변에 피서철 연휴를 맞이하여 야영객이 많고 심척천과 남대천이 만나 바다로 들어가는 강 하구엔 솔바람다리가 멋지게 아침 햇살에 반짝이고 있다.

남항진항

해파랑길 39코스

솔바람다리 → 7.2km → 허균 · 허난설헌기념관 → 2.0km → 경포대 → 6.7km → 사천진해변: 15.9km

강릉 남대천과 심석천이 만나 동해 바다로 흘러 들어가는 하구에 놓인 솔바람다리를 건너 죽도봉으로 올라간다. 죽도봉은 비록 낮지만 주변에 큰 산이 없어서 조망이 대단히 좋다. 동쪽으론 강릉항과 강릉 울릉도 간 여객선 터미널이 있고 북쪽으론 안목해변과 안목 커피거리가 잘 보이고 해안로 주변에 소나무 숲이 넓게 펼쳐 있다.

강릉 도시의 상징 테마가 왜(?) 솔향 강릉인지 안목해변에서부터 해파랑길을 걸어 보면 이해를 할 수 있다.

끝없이 이어지는 금강송과 해송 숲이 지친 나그네에게 휴식 장소와 산림욕장으로 아낌없이 제공된다. 안목해변에서 해안도로인 청해로를 따라 소나무 숲속을 따라가며 폭염의 날씨에 소나무 숲속은 한결 시원하고 바닥의 열기가 올라오지 않아서 걷기가 좋다. 시원한 소나무 숲을 통과하면 강문해변으로 요즘 폭염의 날씨와 연휴를 맞이하여 많은 관광객들이 오전부터 해수욕을 즐기고 있다.

안목 커피거리

초당두부 마을

초당두부는 다른 지역에서 간수로 하는 것과 달리 콩 물에 바닷물을 부어 만들기 때문에 다른 지역의 두부보다 부드럽고 깊은 맛을 낸다. 바닷물은 미네랄이 풍부해 천연 응고제 역할을 하기 때문에 콩의 풍미를 한껏 살려 내는 장점이 있다. 이 초당두부의 역사적 유래는 허난설헌과 《홍길동전》을 지은 허균의 아버지인 초당 허엽(許曄, 1517~1580)이 강릉 부사로 내려왔다가 바닷물로 간을 맞추며 두부를 만들면서 시작됐다고 전해진다.

허엽은 관청 뜰에 있는 우물물의 맛이 좋자 이 물을 이용해 두부를 만들게 됐고, 끓인 콩 물을 응고시키기 위해 동해 바닷물을 길어다 썼다. 이후 강릉 부사가 손수 만든 두부가 담백하고 고소해 맛있다는 소문이 났고 강릉 사람들은 허엽의 호인 초당을 붙여 초당두부라고 불렀다는 이야기가 전해지고 있다.

그러나 실제 초당두부의 기원은 6·25 전쟁 무렵으로 보는 것이 정설로 당시 강릉 일대의 청년들이 치열한 격전지였던 동부전선에 투입되면서 많은 전사자가 발생했다.

이에 남편을 잃고 생계가 막막해진 아내들이 두부를 만들어 장에서 팔았다고 한다.

이후 1980년대 초반 초당마을에서 두부를 만들어 파는 가구가 증가하기 시작했고, 1986년 초당마을에서 처음으로 두부를 메뉴로 한 원조초당순두부 집이 영업을 시작했다.

그 뒤로 약 20여 호가 차례로 식당을 열게 되면서 현재의 초당두부마을이 형성되었다.

강문교를 건너면 동해안에서 가장 유명한 경포해변이다. 남해안에 부산 해운대해수욕장이 대표적인 곳이라고 하면 바로 이곳 강릉 경포대해수욕장이 동해안을 대표한다고 할 수 있다. 특히 이곳 해변은 서울에서 영동고속도로를 타고 접근하기 쉽고 주변 풍광도 아름다워 많은 청춘 남녀들이 오고 있다. 경포해변을 진입하여 중앙공원 가기 전에 이정표를 보고 좌측으로 도로를 횡단하여 경해횟집 옆 골목을 통과하면 강릉의 대표적인 석호인 경포호이다.

경포천을 따라 올라가 허균·허난설헌기념관 이정표를 보고 다리를 건너면 금강송 군락지인 멋진 소나무 숲속에 기념관과 생가가 복원되어 있다.

허난설헌 솔숲

강원도 강릉에 있는 허난설헌 솔숲은 허난설헌 생가터 주위에 있는 울창한 소나무 군락이다. 허난설헌은 27세에 요절한 조선 최고의 여류 문인으로 《홍길동전》의 저자 허균의 누이이다. 허난설헌이 7살 때까지 동생 허균과 뛰어놀았던 깨끗한 앞마당이 너른 소나무 숲에 바로 맞닿아 있다. 사시사철 시원하고 향긋한 솔바람이 불어 가족 단위 여행객이 많이 찾는 곳이다.

허난설헌 솔숲은 2010년 민간환경단체인 생명의 숲과 유한킴벌리, 산림청이 공동으로 주관하는 아름다운 숲 전국대회에서 '아름다운 어울림상'과 '아름다운 누리상'을 수상하는 영예를 안았다. 인근에 허난설헌 생가 외에도 기념관과 공원이 조성되어 있어 볼거리가 풍성하다. 또한 매년 봄과 가을에 이곳에서 허난설헌 문화제와 허균 문화제를 개최하여 두 문인을 기리고 있다.

허난설헌

본관 양천(陽川), 호 난설헌(蘭雪軒). 별호 경번(景樊), 본명 초희(楚姬), 명종 18년(1563년) 강원도 강릉(江陵)에서 출생하였고, 《홍길동전》의 저자인 허균(許筠)의 누나이다.

이달(李達)에게 시를 배워 8세 때 이미 시를 지었으며 천재적인 시재(詩才)를 발휘하였다. 1577년(선조 10) 15세 때 김성립(金誠立)과 결혼하였으나 원만하지 못했다고 한다.

연이어 딸과 아들을 모두 잃고 오빠 허봉이 귀양을 가는 등 불행한 자신의 처지를 시작(詩作)으로 달래어 섬세한 필치와 여인의 독특한 감상을 노래했으며 애상적 시풍의 특유한 시 세계를 이룩하였다. 허난설헌이 죽은 후 동생 허균이 작품 일부를 명나라 시인 주지번(朱之蕃)에게 주어 중국에서 시집《난설헌집》이 간행되어 격찬을 받았다.

교산 허균

조선 중기의 문신이자 뛰어난 학자였던 허균(1569~1618)의 본관은 양천(陽川)이다. 자는 단보(端甫), 호는 교산(蛟山)·학산(鶴山)·성소(惺所)·백월거사(白月居士)이다.

아버지는 서경덕(徐敬德)의 문인으로서 학자·문장가로 유명했던 동지중추부사(同知中樞府事) 허엽(許曄)이다. 아버지를 비롯해 허균은 물론 두 형이었던 허성(許筬)과 허봉(許篈), 누이 허난설헌(許蘭雪軒)까지 모두 시와 문장으로 유명했다.

조선시대를 대표하는 문필가 집안이라 할 수 있다. 허균은 5세 때부터 글을 배우기 시작해 9세 때부터 시문을 지었다. 1580년(선조 13) 12세 때에 아버지를 잃고 공부에 더욱 전념했다. 유성룡(柳成龍)의 문하에서 수학했으며, 삼당시인(三唐詩人) 중 한 명인 이달(李達)에게 시를 배웠다. 허균은 26세 때인 1594년(선조 27)에 정시문과(庭試文科)에 을과로 급제하고 설서(說書)를 지냈다. 조선시대 과거급제자의 평균 연령이 대체로 30대 중 후반이었다는 점을 고려해 본다면 상당히 빠른 나이에 입격했음을 알 수 있다. 1597년에는 문과 중시(重試)에서 장원을 했다.

다음 해에 황해도 도사가 되었으나 서울의 기생을 끌어들여 가까이했다는 탄핵을 받고 부임한 지 6개월 만에 파직됐다. 관직의 복귀와 파직을 거듭하다가 1614년에 천추사(千秋使)가 돼 명에 다녀왔고, 다음 해에도 동지겸진주부사(冬至兼陳奏副使)로 임명되어 사신의 임무를 수행했다. 1617년(광해군 9)에는 좌참찬에 임명되었다. 그러나 같은 해 있었던 현응민과 차극룡의 사건에 연루되어 역모의 주모자로 탄핵되었다. 1618년 광해군의 친국 때 현응민은 허균의 무고함을 강력하게 주장했다. 하지만 기존의 공초 내용에서 허균이 현응민, 차극룡 등과 사건에 연루되었던 정황이 확인되어 처벌을 피할 수 없었다. 결국 허균은 같은 해 음력 8월 24일 처형당했다.

홍길동전

홍길동은 연산군 때의 실제 도적으로 조선왕조실록을 검색하면 도적 홍길동 기록이 여러 번 나오는 인물로 실제 서얼 출신이다. 허균이 《홍길동전》을 쓰면서 연산군 시절 홍길동을 모델로 해서 쓴 것이라고 하며 대략적인 내용은 다음과 같다.

허균이 지은 우리나라 최초의 한글 소설이며, 봉건사회의 문제점을 비판한 사회소설이다. 이 작품은 크게 '길동의 가출 → 의적 활동 → 이상국 건설'로 구성되어 있다. 호부호형을 못 하는 현실에 비관한 길동은 가출을 통해 적서 차별의 부당함을 드러내고, 가난한 사람들을 구제하는 의적 활동으로 탐관오리의 부패상을 고발하였다. 그 대안으로 율도국이라는 이상향을 제시하고 있다.

허균 생가

홍길동은 조선 세종 때 서울에 사는 홍 판서의 시비 춘섬의 소생인 서얼이다. 길동은 어려서부터 도술을 익히고 장차 훌륭하게 될 기상을 보였으나, 가족들은 길동의 비범한 재주가 장래에 화근이 될까 두려워 자객을 시켜 그를 없애려 한다. 위기에서 벗어난 길동은 방랑의 길을 떠난다. 그러다 도적 두목이 되어 활빈당을 조직해 팔도 지방 수령들의 재물을 탈취해 빈민에게 나누어 주는 의적 생활을 하게 된다. 이러한 소문이 퍼지자, 전국 각처에서 같은 이름의 도적들이 생겨나 어명으로 잡아들인 홍길동만 해도 삼백 명에 달하게 되는데, 결국 조정은 홍 판서를 시켜 길동을 회유해 병조판서에 제수하게 된다.

그 뒤 길동은 남경으로 가다가 율도국을 발견, 볼모로 잡혔던 미녀를 구하고 율도국의 왕이 된다. 마침 아버지의 부음을 듣고 고국으로 돌아와 삼년상을 치른 뒤 율도국으로 돌아가 나라를 잘 다스린다.

허균·허난설헌기념관과 생가 관람 후 기념관 쪽으로 왔던 길을 되돌아 나가 경포호 산책로를 따라 시계 방향으로 가니 호수 건너 언덕 위 경포대가 그림 같은 풍경으로 보인다. 경포대를 처음 와 본 것이 1971년 충주중학교 2학년 때 강릉과 설악산으로 수학여행을 갔을 때이다. 바다가 없는 충북 내륙에서 자라서 그때까지 바다를 보지 못했는데 이곳으로 수학여행을 와 경포해변에서 처음으로 바다를 보았다. 충주에서 기차를 타고 하루 종일 걸려 이곳 경포해변에 도착하여 경포 밤바다를 처음으로 멀리서 본 감동을 지금도 잊을 수 없다. 그때 처음으로 바다를 본 감동과 저녁 식사 시간에 나온 비린 도루묵국에 대한 기억이 약 반세기라는 세월이 지났지만 또렷하게 생각이 난다.

중학교 시절 경포대를 본 기억을 경포대 누각 마루에 앉아 아내와 이야기를 하는데 하늘이 컴컴해지며 천둥과 번개가 치기 시작을 한다. 조금 후에 다시 소나기가 내리기 시작을 하는데 하늘이 뚫린 것 같이 쏟아진다. 경포대 누각에 앉아서 엄청나게 쏟아지는 소나기 속 비 오는 날 경포호 풍광을 감상할 수 있는 행운을 가질 수 있음에 감사를 했다. 경포대에 올라 경포호나 감상을 해야지 했는데 이렇게 멋진 풍경을 이곳 누각 안에서 감상할 수 기회는 상상도 못 했는데 해파랑길 트레킹 중에 최고의 행운인 것 같다. 해파랑길을 걸으면서 이번에 가장 멋진 풍경을 본 것 같아 폭염을 날씨에 해파랑길을 걸은 보람이 있는 하루였다.

소나기가 그치고 누각에서 내려와 도로를 횡단하여 경포호 쪽으로 이동을 하니 고려 말 강원도 안찰사 박신과 기생 홍장의 사랑 이야기를 조각품으로 만들어 경포호 산책로에 아기자기하게 연작해 놓았고 박신과 홍장의 사랑 이야기는 경포호와 함께 소개를 한다.

경포호에서 경포해변 중앙광장으로 나오니 소나기가 내렸음에도 많은 행락객들이 바다에서 해수욕을 즐기고 해변에서도 막바지 여름을 즐기고 있다. 다시 해안로를 따라 순긋해변과 순포해변을 따라 내려가 사천해변 전에 이정표를 따라 소나무 숲속으로 들어간다. 사천해변 솔밭에는 야영장이 개설되어 있어 다양한 텐트들이 숲속 여기저기에 그림같이 설치되어 있어 보기 좋았다. 가족 단위 텐트족을 보면서 애들 키울 때 야영갔던 생각을 잠시 해 보았다. 포항 월포 포스코 수련관에 텐트를 치고 가족들은 해변에서 놀고 친구들과 회사에 출퇴근했던 그 시절이 그립다.

경포해변

오죽헌

경포호의 서쪽 들녘 너머로 보이는 죽헌동에 오죽헌(보물 165호)이 있다. 뒤뜰에 줄기가 손가락만 하고 색이 검은 대나무가 자라고 있어 붙여진 이름이다. 잘 알려진 바와 같이 퇴계 이황과 함께 조선시대의 가장 큰 학자로 손꼽히는 율곡 이이가 태어난 집이다.

그러나 오죽헌은 그의 친가가 아니라 외가, 곧 신사임당의 친정집이었고 현재 남아 있는 조선시대 건축물 중 가장 오래된 것 중에 하나이다.

본래 사임당 어머니의 외할아버지인 최응현의 집으로 그 후손에게 물려져 오다가 사임당의 아버지 신명화에게, 신명화는 또 그의 사위에게 물려주었다. 그 후 1975년 오죽헌이 오늘날의 모습으로 정화될 때까지는 율곡의 후손이 소유하고 있었다.

오죽헌은 사임당이 율곡을 낳기 전에 용꿈을 꾸었다는 데서 이름 붙은 몽룡실이 대표가 되는데 온돌방과 툇마루로 된 정면 3칸 측면 2칸의 단순한 일(一)자형 집이다. 본 살림채는 아니고 별당 건물이다. 본채는 없어진 것으로 추정된 것을 성역화 작업을 하면서 복원하였다.

율곡 이이(栗谷 李珥)

본관은 덕수(德水), 자는 숙헌(叔獻), 호는 율곡(栗谷)·석담(石潭)·우재(愚齋)이다.

1536년(중종 31) 음력 12월 26일에 사헌부 감찰을 지낸 이원수(李元秀)와 사임당(師任堂) 신씨(申氏)의 셋째 아들로 외가가 있던 강원도 강릉에

오죽헌

서 태어났다. 1548년(명종 3) 진사시에 13세의 나이로 합격했으며, 조광조의 문인인 휴암(休菴) 백인걸(白仁傑)에게 학문을 배웠다고 하지만 특별한 스승은 없고 어려서 신사임당에게 배우고 대부분 독학으로 경서를 깨우쳤다고 한다.

어머니 신사임당의 사후에 1554년 금강산 마하연(摩訶衍)으로 들어가 불교를 공부했으나 이듬해 하산하였다. 이때 금강산으로 들어가 공부를 하면서 스님이 되기 위해 머리를 깎았다, 아니다, 머리가 치렁치렁했다 해서 논란이 되었다. 금강산 마하연에 들어갔던 전력 때문에 사후 문묘 종사에 논란이 되고 종사가 늦어진다. 하산 후 외가인 강릉으로 돌아와 자경문(自警文)을 짓고 다시 성리학에 전념하였다. 자경문은 입지(立志)·과언(寡言) 등 11개의 조항으로 되어 있는데 스스로를 경계하기 위한 구체적인 방법을 세운 것이다.

22세(1557년)에 성주목사(星州牧使) 노경린(盧慶麟)의 딸과 혼인하였고, 이듬해 예안(禮安)에 낙향해 있던 이황(李滉)을 찾아가 성리학에 관한 논변을 나누었다.

퇴계 이황을 찾아가 논변을 나눈 것으로 이황의 문인록에 올라 있으나 제자라고 할 수 없고 퇴계와 율곡 사후 본인들의 의사와 관계없이 문인들이 동인과 서인으로 나누어 치열하게 당쟁을 벌이게 되고, 이황의 제자들은 대부분 동인에서 분파한 남인으로 율곡의 제자들은 서인의 핵심 세력이 된다.

1558년(명종 13) 별시(別試)에서 천문·기상의 순행과 이변 등에 대해 논한 천도책(天道策)을 지어 장원으로 급제했다. 1564년(명종 19년)에 실시된 대과(大科)에서 문과(文科)의 초시(初試)·복시(覆試)·전시(殿試)에 모두 장원으로 합격하여 삼장장원(三場壯元)으로 불렸다. 생원시(生員試)·진사시(進士試)를 포함해 응시한 아홉 차례의 과거에 모두 장원으로 합격하여 사람들에게 구도장원공(九度壯元公)이라고 불리기도 했다.

율곡에 대한 재미있는 전설이 있어서 소개를 한다.

율곡 선생의 아버지 이원수공이 수운판관이라는 하급 관리를 하던 시절에 신사임당은 현재 평창군 봉평의 판관대라는 곳에 거주를 하고 있었다. 이원수공이 신사임당을 만나기 위해서 판관대로 향하던 중 어느 주막을 들리게 되었다. 주막의 주모가 하루 저녁 자기와 함께 자고 가라고 유혹을 해도 이원수공은 거절을 하고 신사임당을 만나러 가서 몇 일을 묵고 다시 임지로 돌아가던 중 그 주막을 다시 들리게 되었다.

이이 동상

주막에서 며칠 전 주모의 유혹이 생각나서 말을 하니 주모가 거절을 한다. 주모의 말을 듣고 그때는 유혹을 하더니 왜 오늘은 안 되는가 하고 이유를 물으니 그때는 공의 몸에서 광채가 났는데 지금은 없다고, 아마도 당신의 부인이 훌륭한 아들의 잉태를 했을 것이다. 그런데 불행하게도 5살 무렵에 호환을 당한다고 말을 한다.

주모의 말에 당황한 이원수공이 망책을 물으니 산에 밤나무 1,000그루를 심고 금강산에서 왔다는 도인이 아들을 보여 달라고 하면 "나도 덕을 쌓은 사람이요."라고 하라고 가르쳐 준다. 그래서 이원수공이 밤나무 1,000그루를 하인과 함께 심고 잘 키웠다고 한다.

몇 년 후 신사임과 율곡 선생이 한양에서 살 때 금강산에서 왔다는 도인이 집으로 찾아와 아들을 보여 달라고 한다.

율곡 선생의 아버지 이원수공이 "나도 덕을 쌓는 사람이요."라고 하니 금강산에서 왔다는 도인이 증거를 보여 달라고 해서 산으로 가서 밤나무를 세어 보니 1그루가 모자란 999그루였다. 1그루가 썩어 없어져 버린 것이다. 금강산에서 왔다는 도인이 약속이 틀리니 아들을 보여 달라고 하자 옆에 있던 상수리나무가 큰 소리로 "나도 밤나무요." 하고 말을 하여 1,000그루를 채웠다고 한다. 상수리나무의 말을 들은 금강산에서 왔다는 도인이 아들을 잘 키우라고 하면서 호랑이로 변하여 산속으로 사라졌다고 한다.

밤나무를 심었던 곳이 율곡의 고향인 파주라는 설과 잉태지인 봉평과 가까운 노추산이라는 설, 마지막으로 율곡 선생의 탄생지인 강릉이라는 설이 공존을 하는데 각 지방단체에서 서로 자기네가 맞다고 주장을 하면서 관광 상품화하고 있다.

이상과 같이 여러 가지 설화가 이야기로 전해지고 있는 것은 율곡 선생님이 워낙 유명하다 보니 그런 것 같다.

율곡 선생의 어머니인 신사임당이 고향을 떠나 대관령을 오르면서 본 고향 풍경을 시로 표현한 작품을 한 편을 소개한다.

제목: 踰大關嶺望親庭(유대관령망친정)

申師任堂(신사임당)

慈親鶴髮在臨瀛(자친학발재임영)

늙은 신 어머님을 고향에 두고

身向長安獨去情(신향장안독거정)

외로이 서울로 가는 이 마음.

回首北村時一望(회수북촌시일망)

돌아보니 북촌은 아득도 한데

白雲飛下暮山靑(백운비하모산청)

흰 구름만 저문 산을 날아 내리네.

경포대(鏡浦臺):
강원도 유형 문화재 제6호, 소재지는 강원도 강릉시 저동

정면 5칸, 측면 5칸의 팔작지붕 건물, 강원도 유형문화재 제6호, 1326년(충숙왕 13) 강원도 존무사(存撫使) 박숙정(朴淑貞)에 의하여 신라 사선(四仙)이 놀던 방해정 뒷산 인월사(印月寺) 터에 창건되었으며, 그 뒤 1508년(중종 3) 강릉 부사 한급(韓汲)이 지금의 자리에 옮겨 지었다고 전해진다. 1626년(인조 4) 강릉 부사 이명준(李命俊)에 의하여 크게 중수되었는데, 인조 때 우의정이었던 장유(張維)가 지은 중수기(重修記)에는 태조와 세조도 친히 이 경포대에 올라 사면의 경치에 찬사를 아끼지 않았으며, 임진왜란으로 허물어진 것을 다시 지었다고 쓰여져 있다.

현재의 경포대 건물은 1745년(영조 21) 부사 조하망(曺夏望)이 세운 것으로서, 낡은 건물은 헐어 내고 홍수로 인하여 사천면 진리 앞바다에 떠내려온 아름드리나무로 새로이 지은 것이라고 한다. 그러나 1873년(고종 10) 강릉 부사 이직현(李稷鉉)이 중건한 것이라는 설도 있다. 현판은 헌종 때 한성부 판윤을 지낸 이익회(李翊會)가 쓴 것이다. 이 밖에도 유한지(兪漢芝)가 쓴 전자체(篆字體)의 현판과 '第一江山(제일강산)'이라 쓴

경포대

현판이 걸려 있는데, '第一江山'이라는 편액은 '第一'과 '江山'의 필체가 다른 점이 특이하다.

또한, 숙종의 친서와 이이(李珥)가 지은 시가 있다. 옛사람이 "해 뜨는 이른 아침이나 달 밝은 가을밤에 경포대에 올라 경포호를 굽어보거나 호수 너머 동해의 푸른 바다를 대하면 속세는 간데없이 온통 선경이요."라고 표현한 것처럼, 누각 주위에는 소나무와 상수리나무 등이 알맞게 우거져 운치 있는 경관을 이루고 있다.

특히 보름달에 경포대에 오르면 모두 다섯 개의 달을 볼 수 있다고 한다. 밤하늘 달과 함께 멀리 동해 바다에 비친 달, 경포 호수에 비친 달, 술잔에 비친 달, 그리고 앞에 앉은 연인의 눈동자에 비친 달……, 송강 정철이 경포호 보름달에 반해 이곳을 관동팔경 중 으뜸이라고 했다고 한다.

경포호(鏡浦湖)

강릉 시가지에서 북동쪽으로 약 6km 떨어져 있고 동해안과 접해 있다. 폭이 가장 넓은 곳은 2.5km, 가장 좁은 곳은 0.8km이며, 둘레는 8km이다. 주로 경포천에 의해 이루어졌으며, 좁고 긴 사주에 의해 동해와 분리되고 연안에는 넓은 들판이 펼쳐져 있다.

경포천을 비롯한 작은 하천에 의해 운반된 토사가 매몰되어 수심이 얕아지고 호수의 규모가 축소되었으나, 1966년부터 경포천의 본류를 강문포구(江門浦口)로 돌리고 정기적인 준설 작업을 하고 있다. 호수 안에는 잉어 · 가물치 · 뱀장어 · 붕어 등이 서식하며, 민물조개와 곤쟁이는 호수의 명물로도 손꼽힌다.

호수 중앙에는 송시열이 썼다고 전하는 조암(鳥巖)이라는 글씨가 새겨진 바위섬이 있으며, 맞은편에 특이한 전설을 지닌 홍장암(紅粧岩)이 있다. 호수 서쪽에는 경포대를 비롯하여 그 주변에 선교장 · 해운정 · 방해정 · 경호정 · 금란정 등의 옛 누각과 정자가 있어서 한결 정취를 느끼게 한다.

경포호의 자리는 옛날 최 씨 부자가 살던 집이었는데, 시주를 청한 스님에게 똥을 퍼 준 바람에 마을은 큰 호수로 곳간의 쌀은 조개로 변했다고 한다. 그 뒤부터 흉년에도 맛 좋은 조개가 많이 잡혀 굶주림을 면하게 해 주었다는 적선 조개의 전설이 내려오고 있다.

호수 동쪽은 도립공원으로 지정되어 있으며, 경포대해수욕장을 비롯한 그 주변은 소나무 숲과 벚나무가 어우러져 아름다운 경치를 이룬다. 특히 4~5월에는 벚꽃이 만발하여 관광지로 더욱 활기를 띠고 있다.

강원도 안찰사 박신과 기생 홍장의 사랑 이야기

경포대 앞 경포호 산책로에 홍장암과 박신과 홍장의 사랑 이야기를 조각품으로 만들어 연작되어 있어 두 사람의 사랑 이야기를 소개한다.

옛날 순찰사인 박신이 강릉 지역을 순찰하기 위해 이곳에 왔다가 이 지방 출신 명기 홍장을 알게 되었다. 박신은 홍장을 본 순간 첫눈에 반했고, 홍장도 천하의 풍류객인 박신을 본 순간 넋을 빼앗겨 두 사람은 급속히 친해지게 되었다. 며칠 후 박신은 공무 중인 다른 지역을 순시하게 되었으나 늘 홍장만을 생각했다. 순시를 마치고 돌아온 박신은 여장을 풀자마자 홍장의 집을 찾았으나 홍장의 모습이 보이지 않았다. 낙심한 박신은 객사에 돌아와 그만 병이나 눕고 말았다. 이 당시 강릉 부사는 박신의 친구인 조운흘이었다. 조운흘은 박신이 돌아왔다는 말을 듣고 그를 찾아왔으나 홍장의 안부만을 물어 골려 줄 생각에 홍장이 밤낮 박신만을 생각하다 죽었다고 말했다. 그 말을 들은 박신은 며칠 동안 몸져누워 몸이 수척해졌다. 그러던 어느 날 보름달이 뜬 저녁 조 부사가 박신을 찾았다. 수척해진 박신을 보자 측은한 생각이 들어 경포에 달구경을 가자고 말했다.

조운흘이 박신에게 "달이 뜬 밤에는 천상의 선녀들이 내려온다는데 홍장도 내려올지 모른다."라고 하며 달래니 박신은 귀가 솔깃해져 조운흘과 함께 경포호에 달구경을 가게 되었다. 호수에 배를 띄어 놓고 술잔을 기울이며 달구경을 하고 있는데, 갑자기 안개가 끼더니 이상한 향내가 나며 퉁소 소리가 은은히 들려왔다.

박신은 조운흘의 말이 기억나 의관을 가다듬고 무릎을 꿇고 향까지 피웠다. 그 안개 속에서 돛에 '신라성대노안상(新羅聖代老安祥), 천재풍류

상미망(千載風流尙未忘), 문설사화유경포(聞設使華遊鏡浦), 난주료복재홍장(蘭舟聊復載紅粧)'이라 쓴 깃발을 단 배가 나타났다. 배 위에는 백발의 노인이 선관우의(仙冠羽衣)를 입고 단정히 앉아 있었고, 그 앞에는 푸른 옷을 입은 동자와 화관을 쓰고 푸른 소매를 두른 선녀가 있었다.

박신이 보니 그 선녀는 홍장이 틀림없었다. 박신은 뱃머리에 나와 선관에게 절을 하니 선관이 말하길 "이 선녀는 옥황상제의 시녀인데 죄를 짓고 인간 세상에 와 살게 되었다. 이제 속죄의 날이 다 되어 곧 올라가려고 하는데 박신과의 연분으로 오늘 밤 이곳에서 만나게 되었다."라고 하였다. 선관의 말을 듣고 선녀에게 가 보니 틀림없는 홍장이라 손을 잡고 눈물을 흘리니 홍장도 그리던 님을 만나 기뻐하였다. 박신은 선관 앞에 가 무릎을 꿇고 홍장과 하루만 인연을 원했다. 선관이 선뜻 응해 홍장과 객사로 돌아왔다.

그날 밤 박신은 홍장과 쌓였던 정을 풀기에는 너무 짧은 밤을 뜬눈으로 지새우게 되었다. 그러다가 박신은 새벽에 잠깐 잠이 들게 되었는데, 인기척에 눈을 뜨니 천상으로 간 줄 알았던 홍장이 옆에서 곤히 자고 있었다. 이때 조운흘이 문을 열고 들어와 비로소 박신은 조운흘에게 속은 줄 알고 웃었다. 조운흘이 친구인 박신이 풍류와 여색을 좋아하는 줄 알고 골려 준 것이다. 지금도 경포호 옆에 박신과 홍장의 사랑이 담긴 홍장암이 있다.

경포호

해파랑길 40코스

사천진해변 → 3.3km → 연곡해변 → 5.8km → 주문진항 → 3.6km → 주문진해변: 12.7km

사천진해변을 지나면 하평해변이다.

하평해변에서 해안로를 따라가면 수산과학원 동해수산연구소와 강원도 수산자원연구소가 있고 두 건물을 지나면 해안로 양쪽에 하늘을 향해 쭉쭉 뻗은 금강송 숲길이 나온다.

해안로에서 해파랑길은 금강송 숲속으로 길이 이어지고 누가 이렇게 멋진 소나무 숲을 조성했는지 궁금하고 그분들의 노고에 감사하면서 걸었다. 일반적으로 해변에는 곰솔(해송)이 잘 자라는데 이곳 연곡해변 부근의 소나무 숲은 모두 껍질이 붉은 적송(금강송)으로 소나무 숲속으로 비친 이른 아침 햇살이 그림 같은 풍경을 나그네에게 제공을 해 주고 있다.

금강송 소나무 숲을 지나면 연곡솔향기캠핑장으로 소나무 숲속에 다양한 색상과 모양의 텐트들이 소나무 숲속에 자리를 잡고 있다. 예전에 우리 애들이 어린 시절 처음으로 텐트를 구입했을 때는 텐트가 정말 조잡하고 형편없었는데 경제가 발전하고 기술이 좋아지면서 텐트의 품질도 좋아지고 차량으로 이동을 하니 크기도 무척 커진 것 같다.

젊은 시절이 만약 다시 돌아온다면 저렇게 멋진 장비를 구입해서 다시

가 보고 싶다고 아내와 이야기를 하면서 연곡해변을 지나갔다.

연곡해변을 지나 연곡천 영진교를 건넌다.

연곡천은 오대산 노인봉을 발원지로 하여 강릉의 대표적인 관광지이면서 아름다운 계곡인 소금강을 지나 동해의 푸른 바다와 이곳에서 만나게 된다. 그리고 심산계곡에서 발원하여 중간에 오염원이 별로 없어서 동해로 흘러드는 하천 중에 수량이 많고 물이 맑기로 유명하다. 가을 단풍 시기에 연곡천을 따라 6번 국도를 따라가면 멋진 단풍을 차창 밖으로 구경할 수 있고, 관광 성수기 휴일은 엄청난 차량으로 피해야 한다.

영진해변에서 주문진 이정표를 지나 해안도로를 따라 걸어가 신리하교를 건너면 주문진항 남쪽 입구이다. 주문진항 입구에서 주문진항이 끝나는 지점까지의 도로 우측 포구에는 각종 선박과 활어 판매장이 있고 좌측엔 수많은 건어물 가게와 각종 해산물 관련 음식점들이 무척 많다. 서울과 중부 지방 관광객들이 동해안으로 여행을 오면 대부분 이곳 주문진항에서 건어물을 사고 회를 먹고 가기 때문에 각종 가게의 이름도 경기, 안성, 청주, 충주, 광주, 원주, 춘천, 제천… 등으로 대부분 되어 있다. 아마 전국 각지에서 모여든 상인들이 자신들의 고향을 상호로 정한 것은 고향 사람들을 유치하기 목적이다.

주문진항은 100년 전통의 항구로 동해안 최대 어항이자 시장인 포항죽도어시장에 버금가는 규모로 사시사철 관광객들과 미식가들이 북적이는 곳이다. 주문진항 끝 부근의 주문진해안경비안전센터 반대쪽으로 들어가 오른쪽으로 꺾어 다시 이정표를 보고 좁은 골목길을 따라 올라가면 바닷가 언덕 위에 주문진등대가 있다.

주문진항

주문진등대(注文津 燈臺, Jumunjin Lighthouse)

100여 년의 역사를 가진 주문진등대는 최근 동해지방해양수산청이 5억 원을 들여 국민이 편히 쉬며 즐길 수 있는 친 해양 문화 공간으로 조성을 하였다. 최근 새로 설치된 안내판에 주문진등대에 대한 설명이 자세히 되어 있어 소개를 한다.

주문진등대는 등대 서쪽의 백두대간에서 시작된 산줄기가 동쪽으로 내려와 바다와 만나는 언덕(해발 30m 높이로 옛날에 '봉구미'로 불리던 곳)에 위치하고 있다.

우리나라 근대식 항로표지는 19세기 말 인천항, 부산항을 중심으로 통상과 군사 목적으로 설치되기 시작하였다. (최초의 근대식 항로표지: 인천항 월미도 등대, 1903년 6월 점등) 그러나 강원도 연안은 발달된 항구가 없어, 타 지역에 비하여 항로표지의 설치가 늦어지다가, 1918년 3월 20일(조선총독부 고시 61호) 주문진등대가 강원도 최초로 건립되었다.

1918년에 건축된 등대는 벽돌 구조이며 최대 직경 3m, 높이 13m로 기초, 등탑, 등롱(등롱, 동벽)으로 구성되어 있다. 지반에서 기초 상부까지 높이 3m, 등탑 높이 4.6m 등롱 높이 5.4m이며, 외벽은 백색의 석회모르타르로 마감하였다. 벽돌은 점토를 이용하여 제작하였으며, 이러한 벽돌식 구조의 등대는 우리나라 등대 건축의 초기에 해당하는 것으로 건축적인 가치가 매우 높은 것으로 볼 수 있다. 등대 출입구 상부에는 삼각형의 박공(Pedment)이 있으며, 박공 중앙에는 일제의 상징인 벚꽃이 조각되어 있고, 등대 외벽에는 6·25 전쟁 당시 총탄의 흔적이 고스란히 남아 있다.

주문진등대

주문진해변

일제시대의 암울한 역사 속에서 태어나 6·25 전쟁의 기억을 그대로 간직한 채, 오랜 시간 묵묵히 주문진 앞바다를 지키고 있는 주문진등대는 푸른 동해 바다와 언제까지나 함께할 것이다.

주문진등대를 내려와 해안로를 따라가면 오리진항으로 바닷가 해안의 바위가 멋진 곳이다. 이곳은 주문진 오리나루로 영화 〈미워도 다시 한 번〉의 촬영지이며 영화의 장면이 인쇄된 안내판이 오리나루 해안가에 있다. 오리진항을 지나면 마을의 형세가 소 같고 기암괴석이 많다는 소돌마을 소돌항이다.

소돌항

원래 항구의 이름은 우암진항으로 지역 주민들은 마을의 형세가 소 같고 기암괴석이 많아 소돌항으로 부르고 있었다. 강원도는 지역 주민들의 건의를 받아들여 강원도 고시 2008—132호(2008년 6월 5일)로 우암진항을 소돌항으로 명칭을 변경하였다.

소돌항 뒤쪽에는 기암괴석이 많고 특히 아들바위, 배호의 노래 〈파도〉 노래비 등의 조형물이 있으며 아들바위공원을 조성하여 관광객들에게 볼거리를 제공하고 있다.

아들바위공원

강릉시 주문진읍 소돌포구 바로 뒤에 있는 공원으로, 옛날에 노부부가 이곳에서 백일기도를 하여 아들을 얻은 후 자식이 없는 부부들이 기도를 하면 소원이 이루어진다는 전설이 전해 내려온다. 이곳에는 동자상, 아들부부상 등의 여러 조형물과 바람, 파도에 깎인 절묘한 모습의 기암괴석이 있다. 이 공원이 있는 마을이 소돌(牛岩)인데, 마을의 전체적인 형국이 소처럼 생겼다고 하여 붙여진 이름이라고 한다. 무엇보다 소돌의 상징은 아들바위공원에 있는 소바위이다.

아들바위공원을 지나 목재 데크를 따라가서 계단을 올라가면 아들바위 전망대가 있다. 전망대의 이름이 아들바위 전망대인데 아들바위 전망보다는 전망대 북쪽으로 끝없이 펼쳐진 소돌과 주문진해변의 풍광이 한 폭의 그림같이 너무 좋다. 넓은 해변에 오색찬란한 비치파라솔과 형형색색의 수영복을 입은 행락객들이 푸른 바다에 들어가 막바지 여름 해수욕을 즐기고 있다. 주문진 해변 중간 지점의 강원도교직원수련원을 지나 향호해변 경계 지점의 해파랑길 40코스를 완료하였다.

해파랑길 40코스 구간에서 멀지 않은 곳에 상원사가 있다. 상원사와 세조와의 인연을 소개한다.

상원사 고양이 조각상

세조는 수양대군 시절 책사인 한명회와 권람 신숙주 등과 계유정난을 일으켜 황보 인, 김종서 등의 정적들을 무참히 제거하고 자기의 동생인 안평대군과 금성대군을 죽이면서 왕위에 올랐다. 후일 자신에게 왕위를 물려주었던 단종이 살아 있으면 계속해서 왕권을 위협하는 일이 일어나는 것이 겁이나 단종도 사사를 한다. 이렇게 세조는 왕위에 오르는 과정에서 너무 많은 피를 흘려서 괴로워했다고 한다.

이후 꿈에서 현덕왕후(단종의 어머니)를 만나고 현덕왕후가 침을 뱉어 온몸에 부스럼이 났다. 부스럼도 치료를 하고 죽은 영혼을 달래기 위해서 전국 명산대찰을 찾아 불공을 드렸다. 상원사에 들러 하루는 세조가 불공을 드리기 위해 법당 안에 들어가려고 하는데 어디서 고양이가 나타나 세조의 곤룡포를 물고 늘어진다. 세조가 쫓으려 해도 고양이가 계속 곤룡포를 잡아당기자 세조는 문득 불길한 생각이 들어 법당에 들어가지 않고 군사를 시켜 법당을 수색하게 하였다.

법당을 수색한 군사들이 불단 아래 숨어 있던 자객들을 잡고 보니 단종의 복위를 위하여 세조를 암살하려는 자객들이다. 이리하여 화를 면한 세조는 고양이를 찾았으나 고양이는 이미 사라져 버렸으므로 세조는 강릉에서 기름진 땅으로 500석 지기를 장만하게 하여 절에 묘전을 헌납하면서 그 고양이를 위하여 제사를 지내 주도록 했다.

상원사 고양이상

그래서 특이하게 상원사 문수전 올라가는 계단 아래에 고양이 조각상을 있는 이유이다.

문수보살동자상

세조가 상원사 아래 계곡에서 목욕할 때 의관을 걸어 둔 곳을 관대걸이라 하며 다음과 같은 문수동자와 얽힌 전설이 전한다. 세조가 피부병이 걸려 쉽게 낫지 않자 오대산 상원사에서 부처님께 낫기를 기원하였다. 어느 날 상원사 앞 오대천에서 목욕을 하다가 지나가는 한 동자승에게 등을 밀어 줄 것을 부탁하였다. 세조가 목욕을 마친 후 동자승에게 그대는 어디 가든지 임금의 옥체를 씻었다고 말하지 말라고 하니 동자승은 대왕은 어디 가서 문수보살을 친견했다고 하지 마십시오 하고는 홀연히 사라져 버렸다.

이렇듯 문수보살의 가호로 피부병을 치료한 세조는 크게 감격하여 그 때 만난 동자승을 화공을 불러서 문수동자를 그리게 하였고, 그 그림을 바탕으로 문수보살상을 조각하게 하였다. 이 목각상이 현재 상원사 문수전에 있는 문수동자상이다. 예전에 문수동자상을 모신 법당이 청량선원이었는데 요 근래에 문수전으로 현판을 바꾸어 달았다.

해파랑길 양양 속초 구간

다양한 볼거리와 먹을거리,
손꼽히게 아름다운 조망

해파랑길 양양 속초 구간은 주문진 해변에서 장사항까지로 5개 코스 60.9km로 되어 있다. 양양의 시작인 주문진해변을 지나면, 거북이를 닮은 갯바위를 비롯해 다양한 볼거리가 가득한 휴휴암에서 쉰다.

정성스레 조성된 해안 길을 따르면 조선 개국공신인 하륜과 조준의 성을 따라 이름 지었다는 하조대의 경관이 나그네를 맞는다. 우리나라 4대 관음 도량으로 동양 최대의 해수관음상을 모신 낙산사는 걷는 이들의 마음에 안식을 준다. 낙산사 북쪽 숲길을 걸어 만나는 설악해변을 지나면 속초해맞이공원에서 행정구역을 속초로 바꾼다. 길은 여전히 바다를 따르다 대포항에 이르러 잠시 숲길로 드는가 싶더니, 이내 바닷길을 다시 고집한다.

먹을거리로 중무장한 속초 아바이마을에서 식도락을 즐기고, 갯배에 몸을 실어 물길을 건너면 해파랑길 중에서도 손꼽히는 조망을 보여 주는 속초등대전망대다.

꽈꽈한 계단을 올라야 하지만, 등대 위에 올라선 순간 고통은 희열로 바뀐다.

등대를 내려오면 신라 화랑이었던 영랑이 금강산 수련을 다녀오다 경치에 반해 세상사를 잊고 눌러앉았다는 영랑호의 호반 둘레길을 걷는다.

해파랑길 41코스

주문진해변 → 1.6km → 향호 → 5.1km → 남애항 → 4.3km → 광진해변 → 1.2km → 죽도정: 12.2km

향호해변 끝에서 좌측으로 가면 주문진의 석호인 향호에서 나온 물길이 바다와 만나는 곳이다. 이곳에서 서쪽으로 가서 7번 국도 하부 굴다리를 통과하면 향호가 있다.

주무진 향호는 사주(砂洲)로 바다와 격리된 호소(湖沼)로서 지하에서 해수가 섞여 들어와 염분 농도가 높아 담수호보다 플랑크톤이 풍부하고 부영양호(富營養湖)가 많은 석호(潟湖)이다. 석호는 수천 년 전 해수의 흐름과 지형적인 영향에 따른 복합적인 결과의 산물이다. 이곳은 다양한 생물의 보고일 뿐만 아니라 인간에게 쾌적한 삶을 영유할 공간이면서 삶의 터전을 후대에게 물려줘야 할 우리의 자산이라고 안내판에 적혀 있으며 둘레는 2.51km, 유역 면적은 7.94km^{2}이다.

향호는 경포호와 똑같은 석호로 경포호보다는 부족하지만 둘레에 산책길을 만들어 놓고 상류 향호 습지 지역에는 갈대 사이로 목재 데크를 설치하여 호수 위를 걸을 수 있도록 하였다. 한여름 폭염의 날씨에 향호의 산책로를 걷는 사람은 아무도 없고 우리 부부만이 폭염을 뚫고 힘겹게 걷고 있다. 향호 둘레길을 한 바퀴 돌아 7번 국도 버스 정류장에서 횡단보도를 건너 7번 국도를 따라 조금 가니 강릉과 양양 경계 지역에 양양군 이정표와 '산 좋고 물 맑은 양양이라네!'라는 표지석이 우릴 반긴다.

부산에서 출발하여 드디어 강원도 양양 땅에 들어서니 이제 여정이 얼마 남지 않은 것 같아 감회가 새롭다. 이제 양양 속초 구간과 고성 구간만 남았다.

양양 표지석을 지나 지경공원 쪽으로 해안로를 따라 해파랑길은 이어진다.

지경공원과 지경 해변을 통과하면 해안로 바다 쪽으로 군사용 철조망이 아직 철거되지 않고 남아 있어 전방이 가까워지는 것을 느낄 수 있다. 해안로에 살기 좋은 양양 해안도로라는 표지석을 뒤로 하고 해안로를 따라 북상을 한다. 그늘 하나 없는 폭염의 도로를 걷는 것은 인내와 끈기를 필요로 하는 것 같은데 우리 부부는 어떻게 보면 오기로 걷는 것 같다. 전날은 오후에 소나기가 내려 시원했는데, 오늘은 정오 무렵부터 폭염이 절정에 달하는 것 같고, 이글거리는 태양에 아스팔트에서 올라오는 열기가 가히 살인적이다.

지경해변 끝에서 화상천 다리를 건너면 원포해변이다.

남애항은 양양군에서 가장 큰 항구로 황영조 선수의 고향인 초곡항과 헌화로 끝에 있는 심곡항과 함께 강원도의 3대 미항으로 영화 〈고래사냥〉의 촬영지이기도 하다. 남애항 북쪽 방파제 끝 예전 군 초소 자리에 전망대를 만들어 놓아 남애항과 해안을 잘 조망할 수 있고, 요즘 스카이워크 건설이 각 지방 단체에서 유행인지 이곳도 스카이워크를 만들어 놓았다. 해파랑길 출발지인 오륙도에도 스카이워크를 만들어 놓았는데 해파랑길의 여러 지방자치단체에서 스카이워크를 건설하여 관광객들에게

남애항

개방하고 있다. 스카이워크 건설이 어떻게 보면 각 지방자치단체의 관광객들을 모으기 위한 몸부림인 것 같아 안타깝기도 하다. 남애항을 지나 남애3리해변을 통과하여 남애삼거리에서 7번 국도와 나란히 자전거길을 걸으면 오른쪽으로 남애초등학교가 있다.

7번 국도를 따라가 포매교를 지나면 국도 건너편에 포매호가 있다.

포매호도 지나온 경포호와 향호와 같이 석호로 두 호수보다는 작지만 호수의 수면이 아침 햇살에 반짝이고 있다. 포매호를 지나 광진삼거리에서 남애해변으로 내려갔다가 다시 7번 국도로 올라와 야산으로 들어간다. 야산의 묘소와 밭을 지나 군부대 초소를 통과하여 내려가면 휴휴암이다.

팔진 번뇌를 쉬어 가는 곳 휴휴암(休休菴)

휴휴암은 대한 불교 조계종 소속 사찰로 최근에 지어진 사찰이다. 절의 위치가 동해의 푸른 바다를 바라보며 절묘한 위치에 있다. 부산시 기장군의 해동용궁사와 함께 최근에 만들어진 사찰로 문화재는 없지만 바닷가 경치 좋은 곳에 위치한 관계인지 최근에 신도가 급증하여 사세를 확장하여 여러 요사채와 지혜관세음보살(智慧觀世音菩薩像)을 조성하였다.

휴휴암(休休菴)은 팔진 번뇌를 쉬어가는 곳이라는 뜻이다.

쉬고 또 쉰다는 뜻을 지닌 휴휴암, 미워하는 마음, 어리석은 마음, 시기와 질투, 증오와 갈등까지 팔만 사천의 번뇌를 내려놓는 곳이다. 묘적전이라는 법당 하나로 창건된 휴휴암은 1999년 바닷가에 누운 부처님 형상의 바위가 발견되어 불자들 사이에 명소로 부상했다. 바닷가 100평 남짓한 바위인 '연화법당'에 오르면 200m 앞 왼쪽 해변으로 기다란 바위가 보이는데 마치 해수관음상이 감로수 병을 들고 연꽃 위에 누워 있는 모습이다.

그 앞으로는 거북이 형상을 한 넓은 바위가 평상처럼 펼쳐져 이 거북이 바위가 부처를 향해 절을 하고 있는 모양새이다.

그리고 휴휴암 남동쪽 끝자락에 모셔진 지혜관세음보살(智慧觀世音菩薩像)은 항상 손에 책을 안고 다니시는데 학문이 부족하여 어리석은 사람들에게는 지혜를 갖추게 해 주시는 보살이시다. 휴휴암 지혜관세음보살은 53자의 크기로 낙산사의 해수관음상과 함께 양양의 대표적 관음성지의 관세음보살이다. 지혜관세음보살의 좌우에는 동해용왕과 남순동자를 배치했으며, 바닷가에 조성되는 해수관음상은 약병(藥甁)이나 보주(寶珠)를 신물로 들고 있는 것이 일반적이지만 휴휴암 지혜관세음보살은 지혜를 상징하는 서책을 들고 있음이 특징이다.

휴휴암을 나와 다시 7번 국도 옆을 따라가면 광진해변이다.

광진해변을 지나면 인구해변으로 휴일을 맞이하여 서핑을 즐기는 젊은이들이 아침부터 바다에서 서핑을 즐기고 있다. 인구해변에는 여러 곳의 서핑보드 대여점 있고 서핑족들이 북적이고 있다. 인구해변 끝의 인구항을 지나면 죽도정을 한 바퀴 돌아서 가게 되었다. 항구의 방파제 부근부터 철제 다리와 계단을 설치하여 관광객들이 죽도정 바위 절벽 구간을 안전하게 바다와 주변 경치를 보면서 죽도정을 돌 수 있다.

휴휴암 부처바위

남애항 일출

해파랑길 42코스

죽도정 → 5.0km → 38선휴게소 → 3.5km → 하조대 → 1.1km → 하조대전망대 → 0.3km → 하조대해변: 9.9km

죽도해변 양양죽도오토캠핑장을 출발하여 7번 국도와 만나는 지점에 양양지구 전투 초전 충혼비가 있다. 충혼비를 보니 이곳 양양이 한국전쟁 중에 치열한 전투 지역이었음을 알 수 있다. 충혼비를 지나 동산항으로 들어가면 상가 지역에 서핑 관련 대여점과 숙박업이 성업 중이고, 바다에는 서핑을 배우는 젊은이들이 북적이고 있다. 특히 동산해변은 바다 레포츠 장려 지역으로 해변 공원에 서핑 조형물이 멋지게 만들어져 있다.

동산해변을 지나 북분리 해변에서 7번 국도 굴다리를 통과하여 동해안 자전거도로와 해파랑길은 함께 간다. 동해안 자전거길을 따라가면 7번 국도 건너편 바다 쪽으로 해난어업위령탑과 무궁화동산이 있다. 무궁화동산에는 어린이교통공원과 경찰전적비가 있다. 전적비를 지나 7번 국도 위 다리를 건너서 경사로를 내려가면 38번 휴게소가 보이기 시작을 한다.

38선은?

1945년 8월 미소 양국이 북위 38도선을 경계로 일본 점령지의 전후 처리를 위하여 설정한 임시 군사 분계선으로 하나였던 한반도의 허리를 관통하며 12개의 강과 75개 이상의 샛강을 단절시켰다. 181개의 작은 우마

3.8선

차로, 104개의 지방 도로, 15개의 전천후 도로, 8개의 상급 고속도로, 6개의 남북 간 철도를 단절시키며, 하나의 독립국가의 발전을 저해하는 걸림돌이 되었다. 이데올리기의 갈등이 심화되고 적대감이 고조된 1950년 6월 25일 전쟁으로 이 선이 무너지나, 1953년 휴전협정으로 휴전선이 성립될 때까지의 남한과 북한의 정치적 경계선이 되었다.

양양 지역에서 최초로 38선을 돌파하면서 기념판을 세운 3사단 23연대(1950. 10. 1)를 기념하여 정부는 1956년 10월 1일을 국군의 날로 지정하였다. 1971년 충주중학교 2학년 때 설악산으로 수학여행을 가며 38선에서 잠시 버스에서 내려 기념사진을 찍었던 기억이 아스라이 떠올랐다. 반공 이데올리기가 한창이고 붉은색만 보아도 공산당이 생각나던 그 시절 38선 경계석을 보면서 잠시 두려움에 떨었던 기억이 있다.

38선휴게소를 지나 38선교를 건너 오른쪽으로 기사문항 조형물을 보고 기사문항으로 해파랑길은 계속 이어진다. 기사문항 북쪽 속초해양경비안전서 기사문항 출장소에서 좌측으로 마을 통과하여 7번 국도를 따라 가면 국도 건너편 언덕 만세고개에 3·1 만세운동 유적지가 있다. 일제강점기 대도시가 아닌 그 당시 작은 어촌 마을에 불과했던 이곳에서 대한제국의 독립을 위하여 필부들이 만세 운동을 했다는 것에 절로 숙연해진다. 이렇게 독립을 위해 몸 바치고 희생한 분들이 있어 오늘날 대한민국이 존재할 수 있는 것이 아닌가 생각을 해 본다. 잠시 3·1 만세운동 당시 희생하신 분들의 위해 명복을 빌어 본다.

만세고개를 지나서도 해파랑길은 7번 국도와 함께 가고 하조대교차로에서 우측으로 현북면 소재지로 들어간다. 하조대 이정표를 따라가면 하조대등대가 나오고 그림 같은 풍광이 나타난다. 끝없이 펼쳐진 동해의 푸른 바다와 먹이를 찾아 날고 있는 갈매기의 풍경은 한 폭의 그림이다.

등대에서 돌아 나와 등대 카페에서 계단을 올라가면 바닷가 절벽 위에 하조대 정자가 있다. 하조대 정자 앞쪽은 절벽 지대로 아직까지 이곳도 군 철조망이 철거되지 않고 있지만 주변의 풍경을 크게 헤치지는 않고 하조대 관람에 지장은 없다. 하조대 정자 앞 절벽 바위 위에 수령 약 200년 정도가 된 소나무가 바위에 뿌리를 내리고 고고하게 서 있다. 어떻게 저렇게 척박한 바위틈 사이로 뿌리를 내리고 약 200년을 살아왔는지 그 끈질긴 생명력에 감탄할 따름이다. 약 200년을 살아온 소나무는 그냥 일반 소나무가 아닌 분재를 닮은 멋진 소나무로 하조대를 더욱 빛나게 하고 있다.

하조대(河趙臺)

조선의 개국공신인 조준과 태종 이방원을 도와 조선왕조의 기틀 반석

위에 올려놓은 태종 시대의 재상 하륜이 이곳에서 잠시 은거하였다 하여 두 사람의 성을 따서 '하조대'라 칭하게 되었다고 한다. 조선 정종 때 정자를 건립하였으나 퇴락하여 철폐되었다. 수차례의 중수를 거듭하여 1940년에 팔각정을 건립하였으나 한국전쟁 때 불에 탄 것을 1955년과 1968년에 각각 재건되었다. 하조대는 동해 바다의 절경을 볼 수 있는 돌출된 만의 정상부에 위치하여 빼어난 경치를 자랑하고 있는 곳이다.

현재의 건물은 1998년 해체 복원한 건물로 최익공굴도리 양식의 육모정으로 지붕에 절병통을 얹어 소나무와 함께 주위의 자연경관과 잘 어울리고 있다. 정자각 앞에는 조선 숙종 때 참판 벼슬을 지낸 이세근이 쓴 하조대 3자가 암각 된 바위가 있다.

정자 주변은 하조대해수욕장을 비롯하여 여러 해수욕장이 해안을 수놓은 듯이 줄지어 있다. 하조대해수욕장은 수심이 깊지 않고 경사가 완만하며 울창한 송림을 배경으로 약 4km의 백사장이 펼쳐져 있다. 또한 담수가 곳곳에 흐르며 남쪽으로는 기암괴석과 바위섬들로 절경을 이룬다.

조준과 하륜

조준과 하륜은 고려 말 대학자 목은 이색의 문하생으로 고려 말 권문세족과 대립하여 새롭게 태동된 신진사대부의 일원이다. 무장인 태조 이성계와 문인인 정몽주, 정도전 등의 신진사대부는 위화도회군을 전후하여 권문세족을 몰아내고 권력을 잡는다.

권력을 잡은 신진사대부는 혼란한 고려를 개혁해야 한다는 데 공감을 하지만 정몽주, 길재, 이숭인 등은 고려왕조를 유지한 상태에서 개혁을 한다는 절의파로, 정도전, 조준, 하륜, 윤소정, 권근 등은 고려왕조를 멸망시키고 새로운 왕조를 세워야 한다는 역성혁명파가 대립을 하여 이방원이 정몽주를 살해하고 역성혁명파가 집권을 한다.

집권에 성공한 역성혁명파는 과감한 개혁을 실시하여 많은 부분에서 개혁 조치를 단행한다. 조준은 특히 고려 말 권문세족이 독점을 하고 있던 공전(公田)과 사전(私田)을 과감하게 혁파 후 과전법(科田法)을 실시하여 농민들에게 농지를 나누어 준다. 과전법의 실시로 일반 백성들이 비로소 농지를 소유하고 쌀밥을 먹을 수 있었다고 한다. 백성들은 이성계가 내려 준 쌀밥이라고 하여 이밥(이팝)이라고 했다는 설화가 전한다. 지금도 옛날 어른들은 쌀밥을 이밥(이팝)이라고 한다.

조준은 다시 이방원의 무인정사(제1차 왕자의 난) 때 좌의정으로 이방원의 요청으로 조정 회의를 소집하여 이방원의 제1차 왕자의 난을 정당화시켜 준 공으로 공신 반열에도 오른다.

하륜은 고려 말 대표적 권문세족인 이인임의 조카사위로 이인임이 제거된 후 혁명파에 합류하여 고려 공양왕을 폐위시키고 이성계를 등극시킨다. 하륜은 풍수와 관상에 조예가 깊어 태종의 이방원의 인물을 알아보고 친구인 이방원의 장인 민제에게 접근하여 이방원 세력에 합류 후 제1차 왕자의 난과 제2차 왕자의 난에 이방원을 도와 승리를 한다. 특히 군사를 동원한 이숙번을 태종 이방원에게 소개하는 등 제1, 2차 왕자의 난에 중추적 역할을 한다.

조선을 개국한 이성계는 조선의 도읍을 계룡산 신도안으로 천도하기로 하고 약 1년 가까이 진행을 하던 중 하륜의 상소문으로 공사를 중지하고 새로운 도읍지를 찾게 된다.

하륜은 "신의 아버지를 장사(葬事)하면서 풍수 서적을 열람했는데, 계룡산의 땅은 산이 건방(乾方 북서)에서 오고 물이 손방(巽方 남동)으로 흘러가니 이것은 송나라 호순신이 일러 준 바같이 물이 장생(長生)을 파(破)하여 쇠패(衰敗)가 곧 다치는 땅이므로 도읍이 적당치 못합니다."라고 상소문을 올렸다.

태조 이성계가 고려왕조의 여러 능의 길흉을 《지리신법》에 맞춰 다시 조사토록 명하였다. 결과를 보니 길흉이 모두 맞았음으로 1년간 진행된 계룡산 신도안의 공사를 중지시키고 다시 도읍을 선정한 곳이 현재의 북악산 아래 경복궁이고 지금의 서울이다. 현재의 한양 도성의 모습은 정도전의 구상으로 이루어졌지만 서울이 조선의 도읍이 된 결정적 공로는 하륜에게 있다고 해야 할 것 같다.

하조대를 돌아 나와 광정천을 따라 바닷가로 가면 바위 위 예전 군 초소를 개조하여 하조대전망대를 만들어 놓았다. 전망대에서 바라본 하조대해변과 하조대 쪽 전망이 대단히 좋고 이곳도 바다 쪽으로 스카이워크를 만들어 놓아 유리판 위에서 푸른 바닷속을 볼 수 있다.

하조대 소나무

해파랑길 43코스

하조대해변 → 4.3km → 여운포교 → 2.2km → 동호해변 → 2.9km → 수산항: 9.4km

해수욕장 개장이 지난주에 끝났지만 아직도 날씨가 좋고 기온이 30도 전후로 하조대의 넓고 깨끗한 해변 백사장에는 막바지 여름을 즐기는 사람들이 많다. 하조대해변 백사장을 통과하니 중광정해변 입구에 젊은이들의 축제 준비가 한창이다. 젊은이들 사이로 아웃도어를 입은 우리 부부가 이방인 같은 느낌을 받을 정도로 젊은이들의 복장이 자유분방하다.

나이 먹은 사람들이 이곳에 왜 들어왔지 하는 것 같아서 서둘러 축제 준비장을 빠져나왔다. 나와 집사람도 세월을 뒤돌아보면 저렇게 젊은 시절이 있었지 하는 생각을 하니 조금 서글퍼지려고 했다. 그 시절에는 이렇게 젊은이들이 한곳에서 어울려 축제를 벌인다는 자체가 힘들었고 삼삼오오 몰려다니기는 했으나 지금 같은 축제는 상상도 할 수 없었다. 그동안 세월 참 많이 변한 것을 느낄 수 있는 하루였고 축제를 즐기는 젊은이들 모습이 보기 좋고 부럽기도 하다.

중광정해변은 한국전쟁 후 군사시설로 묶여 있어 약 50년간 개방을 하지 않고 있다가 2013년에 철조망 일부를 철거 후 해수욕장으로 개방하였다. 해변의 개방이 늦어져 해변 주변에 편의 시설이 아직 미흡하고 이제

하조대

리조트 건설과 상가들은 한참 짓고 있다.

그래서 중광정해변은 아직 해양의 오염이 덜 되고 다른 해변에 비해 깨끗한 것 같다.

중광정해변에서 7번 국도 쪽으로 해변을 벗어나 조금 내려가면 여운포리마을의 커다란 표지석이 도로변에 있다. 여운포리 도로를 따라가면 좌측으로 들판 건너편 야산에 양양국제공항이라는 커다란 글씨가 보인다.

양양국제공항은 강릉공항과 속초공항의 대체 공항이자 영동권의 거점 공항을 표방하여 2002년에 개항을 했다. 3,500여억 원을 들여 만든 양양국제공항은 국내에서 네 번째로 큰 공항이자 동북아의 허브 공항으로 각광을 받게 되리라는 기대가 반영되었다.

그러나 2002년 개항 후 수송 실적은 꾸준히 줄어들었으며 이용객 부족으로 운항 노선과 횟수가 하나둘 줄기 시작해 급기야 2008년 8월 11일부

중광정해변

터 이듬해 8월까지 단 한 편의 비행기도 뜨지 않았다. 지난 2008년 영국의 BBC는 이렇게 텅 빈 양양국제공항을 가리켜 '유령공항'이라고 칭하기도 했다.

울진 구산면에 있는 울진공항도 양양국제공항과 유사하다.

99.9% 공사가 완료되었는데도 준공을 하지 않고 민간 훈련장으로 대여를 하고 있다.

준공을 해 봐야 취항을 할 비행기나 항공사가 없으니까! 천문학적인 예산을 투입하여 준공을 한 공항이 제 기능을 못 해도 어느 한 사람 책임을 지는 사람이 없으니 참으로 답답하다. 수요 예측을 잘못한 행정 부처나 정치적 논리로 공항을 만들어야 한다고 했던 그 많은 사람들은 어디서 무엇을 하는지 알고 싶다. 공항 건설을 잘못하여 막대한 국민의 세금을 낭비하여 처벌받은 사람 하나도 없고 사과한 사람도 하나도 없다. 국민을 우롱하고 속이는 위정자들을 이제 국민이 표로 심판할 때가 되었다. 현직 정치인이면 당연히 국민소환을 청구하여 몰아내야 한다. 양양국제공항과 울진공항을 보고 괜히 흥분한 것 같다.

여운포리 복지 회관을 지나서 조금 더 가면 도로변에 다시 동호리라는 커다란 표지석이 있다. 마을 표지석을 지나면 오른쪽으로 금강송 소나무 숲이 멋지게 펼쳐 있다.

이곳 금강송 소나무 숲은 중앙대학교 동호리 실습장으로 소나무 숲이 잘 관리되고 있다.

도로변의 해파랑길 이정표에서 수산항 방향 오른쪽으로 가면 동호리 해변이다.

동호리해변을 따라 내려가 소나무 숲속 캠핑장 부근 정자에 들어가 간식을 먹고 마룻바닥에 자리를 펴고 편안한 자세로 누워서 휴식을 하고 다시 출발을 했다. 장시간 걸어서 발이 많이 피곤했는데 신발과 양말을 벗고 발을 머리보다 높게 들고 누워서 휴식을 했더니 피로도 풀리고 한결 발이 편안하고 좋다.

동호해변을 지나 다시 동해안 4차선 도로와 합류하여 동해안 자전거길과 함께 해파랑길은 이어진다. 조금 북진하면 도로 건너에 을지인력개발원과 일현미술관이 있고, 바다 쪽으론 동호리 항구이다. 을지인력개발원은 을지재단과 을지병원, 을지대학의 인력개발원이다. 을지인력개발원 부근의 언덕길을 올라가면 자전거 양양(동호해변) 무인인증센터가 있다. 언덕을 지나 내리막을 내려가 동호리 북쪽 표지석을 지나 삼거리에 도착하면 좌측으로 양양국제공항 방향이고 해파랑길을 조금 더 직진하면 수산항 입구 삼거리이다.

수산항 삼거리에서 좌측으로 이정표를 따라 작은 언덕을 넘어가면 제법 큰 수산항이 나온다. 수산항은 앞에는 동해 바다가 있고 뒤에는 산이 있어 수산이라 부르게 되었으며 일명 수무라고도 한다. 수산항은 항구도 크지만 항구 주변에 각종 횟집과 숙박 시설이 많고 주변 시설도 깔끔하게 정비되어 식도락객과 관광객들이 많이 찾는 곳이다.

특히 주변에 양양 쏠비치 리조트가 들어서며 관광객들이 폭발적으로 증가했다고 한다.

해파랑길 44코스

수산항 → 5.4km → 낙산해변 → 1.3km → 낙산사 입구 → 1.8km → 설악해변 → 4.2km → 설악해맞이공원: 12.7km

해파랑길 44코스 안내판을 통과하면 일직선으로 뻗은 4차선 도로가 시원하고, 해파랑길은 차도 옆 인도에 동해안 자전거길과 함께 이어진다. 도로 옆 오른쪽엔 손양문화마을과 여러 채의 펜션이 있는 전원주택 지역으로 한번 살아 보고 싶은 마음이 드는 곳이다.

손양문화마을을 지나면 오른쪽 바다 쪽으로 양양 쏠비치 호텔과 리조트의 건물을 유럽풍으로 지어 놓았다. 양양 쏠비치는 대명콘도(주)의 리조트로 호텔과 리조트를 함께 건설한 신개념의 휴양 시설인 것 같다.

양양 쏠비치 호텔과 리조트 건너편 개활지엔 양양 오산리선사유적박물관이 있다.

오산리 선사 유적지는 우리나라 대표적 유적으로 역사 교과서에도 나오는 곳이며 이곳에서 출토된 유물을 방사선 연대 측정을 하면 기원전 약 6000년경으로 추정된다고 한다.

특히 이곳 유적지는 우리나라 신석기시대 유적지 가운데에서도 전기에 속하는 곳이다.

발굴 조사 후 오랫동안 방치되어 오던 땅에 최근 박물관을 지어 개방을 하고 있으나 갈 길이 바빠 그냥 통과를 했다.

4차선 도로를 따라 계속 가면 양양읍과 낙산사 부근이 보이기 시작을 하고, 양양읍 뒤쪽으로 설악산과 점봉산이 정상부에 흰 구름을 쓰고 거대하고 압도하는 모습으로 동해 바다를 보고 말없이 서 있다. 설악산을 보며 더 가면 눈앞으로 양양 남대천이 서쪽에서 동해 푸른 바다로 흘러 들어가고 있다.

남대천은 연어들이 모정을 찾아 돌아오는 강이라는 안내판을 보면 이곳이 남한 지역의 연어 최대 회기 강임을 알 수 있다. 연어들은 민물의 강 상류에서 태어나 일정 기간을 지낸 후 바다로 나가 베링해와 캄차카반도를 거쳐 약 1만 6,000km의 바다를 헤엄쳐 자기가 태어난 곳에서 후손을 남기기 위해 모천회귀 본능에 따라 남대천으로 돌아온다.

남대천으로 돌아온 연어들도 25코스 왕피천의 연어를 소개할 때와 같아 소개를 생략한다.

남대천 낙산대교를 건너 우측 바다 쪽으로 해파랑길은 이어지고 반대로 남대천을 따라 상류 쪽으로 가면 양양읍 소재지이다. 남대천 하구 부근 에어포트 콘도텔에서 우측으로 낙산해변으로 들어간다. 낙산해변을 따라 올라가면 해변 부근으로 각종 리조트와 숙박 시설들이 줄지어 있다.

낙산해변에서 걷기를 종료한 후 추석과 회사 계약 기간 만료, 9월 21일부터의 뉴질랜드, 괌 해외여행과 딸 가족과의 제주도 여행 그리고 시골집 가을걷이 등 여러 가지 일이 겹쳐 해파랑길을 더 이상 진행을 못 하고 있었다. 이제 시간적 여유가 있어서 12월 5일 2박 3일 여정으로 다시 시작을 했다.

낙산해변

낙산해변 주차장 부근의 낙산해변 상징 기념탑을 지나 상가와 숙박 시설 지역을 통과한 후 낙산사 주차장을 지나 7번 국도로 나왔다. 이 코스는 낙산사와 7번 국도 사이 야산 소나무 숲을 통과하도록 되어 있었으나 산불 예방과 대화재로 낙산사가 거의 소실된 후 겁이 난 낙산사에서 코스 변경을 요청하여 현재는 7번 국도 옆으로 진행을 하고 있다.

7번 국도와 인접하여 걷기가 힘든 관계로 국도 옆으로 나무를 이용하여 통로를 설치하여 보행자와 자전거가 안전하게 통행할 수 있도록 해 놓아 안심하고 갈 수 있다.

낙산사를 답사하고 가려 했으나 오늘 포항에서 늦게 출발하고 시간을 충분히 두고 답사하기로 하고 아쉬운 발걸음을 돌렸다. 내가 중학교 2학년 때 속초 쪽으로 수학여행을 와서 설악산 가기 전에 이곳 낙산사를 먼저 관람을 하고 갔던 기억이 나서 옛 생각을 해 보았다.

낙산사에 대한 추억

처음으로 양양 낙산사에 관광을 온 것은 1971년 충주중학교 2학년 까까머리 수학여행 때이다. 충주에서 새벽에 충북선 완행 기차를 타서 제천에서 중앙선으로 갈아타고 다시 영주에서 영동선을 타고 저녁 늦게 강릉 경포대에 도착을 했다. 기차를 처음 타는 친구가 많았다. 전국에서 유일하게 바다가 없는 충청북도에 살아서 바다를 본 친구가 거의 없었던 시절이었다. 터널을 지날 때마다 몇 개를 통과했니 하며 출입구에 나와 선생님 몰래 매달리기도 하며 여행의 기분을 촌놈들이 만끽했던 것 같다.

영주에서 영동선을 갈아타고 강릉으로 가는데 철암역에 도착하니 세상이 온통 검은색이다. 산도 검고 역도 검고 물도 검고 석탄으로 철암 부근이 온통 검은색이다.

그런데 기차가 철암역을 통과하여 통리역을 지나니까 이게 무슨 일인가! 기차가 앞으로 갔다가 다시 뒤로 갔다 하지 않는가. 무엇 때문에 그런지도 몰라 어리둥절했다. 누가 이유를 알려 주지 않으니 알 수 없었다. 궁금했지만 그냥 그런가 보다 했는데 세월이 많이 지나고 어른이 되고서 이유를 알았다. 기차는 승용차나 트럭과 같이 오르막을 오르기 어려우니 고도차를 서서히 극복하기 위한 방법이라는 것을 알았다.

기차가 고도를 극복하는 방법은 단양역과 죽령역 사이에 있는 죽령터널로 고도차를 극복하기 위해 산속으로 약 4.5km 들어가 크게 돌아서 나오고 터널에서 나오면 기차가 들어갔던 터널 입구가 아래에 보인다. 이런 방식을 루프식 방식이라고 한다. 통상적으로 우린 터널의 모양이 뱀이 또아리를 튼 모습과 비슷해서 또아리굴 또는 물동이를 머리에 일 때

머리에 받쳤던 똬리와 비슷해서 똬리굴이라고 했다.

통리에서 도계역 사이는 기차가 통리나 도계에 도착하면 객차나 화차 앞 뒤에 기관차 한 대씩을 연결하여 앞으로 갔다 뒤로 갔다 하면서 서서히 고도를 극복하는 방식을 활용한다. 이를 스위치백 방식이라고 한다. 그리고 남한에는 없지만 북한 지역에는 와이어로프를 이용하여 끌어올리는 윈치 방식도 있다 한다. 통리역에서 도계역 사이의 스위치백 방식도 이제는 터널을 뚫어서 루프식 방식으로 변경하여 더 이상 볼 수 없는 풍경이 되었다. 지금이야 충주에서 강릉까지 승용차로 2시간도 걸리지 않지만 그 당시는 강릉을 가려면 기차를 타고 하루 종일 가야 하는 거리였다. 강릉 오죽헌을 구경하고 그 당시 먼지가 펄펄 날리는 시골길을 달려 38도선을 통과하여 낙산사에 온 기억이 난다.

낙산사에 대한 기억은 많이 남아 있지 않지만 홍예문을 통과하여 바닷가 석굴 위에 지어진 홍련암의 마룻바닥을 뚫어 만든 창을 통하여 석굴을 보면서 아찔했던 기억이 오랫동안 남아 있었다.

7번 국도 바다 반대쪽으로 수많은 숙박 시설과 각종 음식점들을 보며 한국철도공사 휴양소를 지나면 물치천이다. 이곳의 지명은 강원도 양양군 강현면 물치리로 포스코 신입 사원 시절인 1982년 총각 때 이곳 군부대로 예비군 동원 훈련을 왔던 기억이 있어 아직까지 지명을 외우고 있다.

그 시절 포스코 예비군과 포항시 용흥동, 해도동 예비군들과 함께 왔는데 포스코 예비군들은 말썽이 없고 말을 잘 듣는데 용흥동과 해도동 예비군들은 지겹게도 말을 듣지 않던 기억이 아련하다. 며칠을 못 참아서 동원 훈련 기간 동안 군부대 영창에서 보내다 온 예비군이 다수이다. 밤에 노름을 하지 못하게 전기를 내려 강제로 소등을 하면 촛불을 켜고 노름을 하다 천막도 태웠을 정도였다. 밤에 다른 일 하지 말라고 계속 영화 상영을 해 주었다. 이런 기억도 이제는 추억이 되는 나이가 된 것 같다. 이제 다시 돌아갈 수 없는 시절이 그립고 세월이 정말 유수같이 지난 것 같다.

낙산사 입구를 지나 물치교를 건너면 물치항이다. 포구 입구의 조형물이 멋지고 이곳 항구에도 어김없이 활어회 센터가 있다. 물치항을 지나 설악해맞이공원은 설악항과 함께 있으며 각종 조각품들이 관광객을 맞이하고 있다. 이곳은 찾는 관광객이 많은지 주차장이 요금을 징수하고 횟집을 이용하면 돈을 받지 않는다고 하는데 무료 주차를 하고 관광객을 모아야 하나 아니면 지금과 같이 유료화하면서 횟집 이용객들만 무료로 하는 것이 옳은가 판단이 서지를 않는다.

설악해맞이공원에서 멀지 않은 곳에 있는 신흥사를 간단히 소개한다.

물치항 조형물

신흥사

신흥사는 대한불교조계종 제3교구 본사로 대한민국 사찰 중에 경주 불국사와 함께 가장 많은 문화재 관람료 수입을 올리는 곳으로 알고 있다. 그래서 대한불교조계종이 지방의 사찰을 확실히 장악을 하지 못하던 시절엔 불국사와 함께 주지 선임할 때 폭력 사태가 난무하고 심지어 살인 사건도 일어났던 곳이지만 최근엔 대한불교조계종에서 파견한 주지가 선임 되어 말썽이 없다.

주 법당은 목재로 만든 아미타삼존불을 모신 극락보전으로 지방 문화재로 등록되어 있다. 법당 안의 아마타불은 의상 대사가 만들었다고 하는데 믿을 수 없고 조각 양식은 조선시대의 양식이라고 한다. 신흥사는 많은 문화재 관람료와 시주로 최근에 많은 불사를 하여 절의 규모가 상당히 커져 있다.

특히 신흥사 앞 광장에 조성된 통일대불은 항마촉지인을 한 석가모니불로 높이가 14.6m 무게가 청동 108톤으로 어마어마한 규모로 제작되었다. 좌대 하부엔 불당을 조성하여 관세음보살을 봉안하고 있다. 불상 앞에는 부여 백제 대향로를 모방한 거대한 청동향로와 구례 화엄사 각황전 앞 석등을 역시 모방한 거대한 청동석등를 세워 놓았다.

그리고 불상의 미간엔 지금 10cm 크기의 인조 큐빅 1개와 8cm짜리 8개로 이루어진 백호가 박혀 있어 화려함을 더한다. 과연 이렇게 큰 불상을 만들어 통일대불이라고 하면 통일이 저절로 되는가? 많은 수입으로 어렵고 약자를 위하여 사용할 수 있는 방법은 없는 건가! 우리나라 각종 종교 단체의 무분별한 종교 시설에 대한 투자가 한심하다는 생각을 혼자 해 본다.

권금성에서 본 신흥사

낙산사

관세음보살이 머무른다는 낙산(오봉산)에 있는 사찰로, 671년(신라 문무왕 11) 의상(義湘)이 창건하였다. 858년(헌안왕 2) 범일(梵日)이 중건(重建)한 이후 몇 차례 다시 세웠으나 6·25 전쟁으로 소실되었다. 전쟁으로 소실된 건물들은 1953년에 다시 지었다. 3대 관음기도도량 가운데 하나이며, 관동팔경(關東八景)의 하나로 유명하다.

경내에는 조선 세조(世祖) 때 다시 세운 7층 석탑을 비롯하여 원통보전(圓通寶殿)과 그것을 에워싸고 있는 담장 및 홍예문(虹霓門) 등이 남아 있다. 그러나 2005년 4월 6일에 일어난 큰 산불로 대부분의 전각은 소실되었다. 원통보전 내부에는 건칠관세음보살상이 안치되어 있다. 6·25

전쟁으로 폐허가 된 도량을 복구한 후 이곳으로부터 약 8km 떨어진 설악산 관모봉 영혈사(靈穴寺)에서 옮겨 왔다고 한다.

제작 시기는 12세기 초로 추측되는데, 고려시대 문화의 극성기 양식을 나타낸 매우 아름다운 관음상이다.

이 절의 창건과 관련하여 전하는 이야기가 있다. 의상이 관음보살을 만나기 위하여 낙산사 동쪽 벼랑에서 21일 동안 기도를 올렸으나 뜻을 이루지 못하여 바다에 투신하려 하였다. 이때 바닷가 굴속에서 희미하게 관음보살이 나타나 여의주 수정염주(水晶念珠)를 건네주면서, "나의 전신(前身)은 볼 수 없으나 산 위로 수백 걸음 올라가면 두 그루의 대나무가 있을 터이니 그곳으로 가 보라"는 말을 남기고 사라졌는데 그곳이 바로 원통보전의 자리라고 한다.

부속 건물로 의상대(義湘臺), 홍련암(紅蓮庵) 등이 있고 이 일대가 사적 제495호로 지정되어 있다. 보물 제479호로 지정된 낙산사 동종이 화마에 녹아 버렸다. 소실되었다 복원된 원통보전에서 해수관음상으로 향하면 낙산사의 또 다른 매력이 기다린다. 바로 해수관음상에서 의상대를 지나 홍련암에 이르는 구간이다. 도보로 약 20분 거리지만 고개만 돌리면 낙산사와 자연이 빚어내는 조화가 걸음을 멈추게 한다.

해수관음상은 높이 15m, 둘레 3m 정도의 거대 불상으로 불상 조각의 일인자인 권정학 씨가 조각했다. 크기만큼 공사 기간도 상당한데, 1971년부터 다듬기 시작해 6년 6개월 만에 완성했다. 바다를 등지고 불상을 바라보면 관음보살이 백두대간에 서서 바다를 바라보는 듯하다. 그 시선을 따라 다음 목적지인 의상대와 홍련암으로 향한다.

낙산사 홍련암: 강원도 문화재자료 제36호

1984년 6월 2일 강원도 문화재자료 제36호로 지정되었다. 676년(신라 문무왕 16) 한국 화엄종의 개조인 의상(義湘)이 창건하였다고 하는 법당 건물이며 관음굴(觀音窟)이라고도 한다.

그 유래와 관련된 다음과 같은 전설이 전해 온다. 신라 문무왕 12년 의상이 입산을 하는 도중에 돌다리 위에서 색깔이 파란 이상한 새를 보고 이를 쫓아갔다. 그러자 새는 석굴 속으로 들어가 자취를 감추고 보이지 않았다. 의상은 더욱 이상하게 여기고 석굴 앞 바다 가운데 있는 바위 위에 나체로 정좌하여 지성으로 기도를 드렸다. 그렇게 7일 7야를 보내자 깊은 바닷속에서 홍련(붉은 빛깔의 연꽃)이 솟아오르고 그 속에서 관음보살이 나타났다. 의상이 마음속에 품고 있던 소원을 기원하니 만사가 뜻대로 성취되어 무상대도를 얻었으므로 이곳에 홍련암이라는 이름의 암자를 지었다고 한다.

낙산사 해수관음공중사리탑 비명에 1619년(광해군 12)에 중건했다는 기록이 있으나, 지금의 법당은 1869년(고종 6)에 중건된 후 2002년에 다시 중건하였으며, 2005년 낙산사 대화재에 사천왕문과 함께 불타지 않고 보존되었다.

목조 기와 건물로, 전설에서 새가 들어갔다는 석굴 위에 건립되어 있다.

법당 안에는 높이 52.5cm의 조그만 관음보살좌상(觀音菩薩坐像)을 모셔 놓고 있다.

그 밖에 제작 연대가 불기(佛紀) 2984년 유(酉) 2월 23일로 되어 있는 탱화(幀畵) 등 6점이 있다. 이들은 모두 근대에 제작된 것들이다. 법당 입

홍련암

구에는 최근에 조성한 석등(石燈)이 좌우로 벌려서 2기가 있고, 홍련암 입구에 요사(寮舍) 1동이 있다.

양양 낙산사 홍련암은 남해 금산 보리암, 여수 금오산 향일암, 강화도 낙가산 보문사와 함께 우리나라 4대 관음성지 중의 한 곳이다.

낙산사 원통보전

관세음보살을 봉안한 낙산사의 금당으로 671년 의상 대사가 홍련암을 관음굴에서 21일 기도 끝에 관세음보살을 친견하고 여의주, 수정 염주와 함께 사찰의 건립 위치를 전해 받은 곳에 원통보전을 세웠다. 원통보전에 봉안된 건칠관음보살좌상(보물 제1362호)은 고려시대 후반의 전통 양식이며 강원도에서는 유례가 없는 건칠 기법으로 조성된 불상이다. 2005년 양양 산불로 전소되었으나 건칠관음보살상은 금곡, 정념 스님과 사부대중의 지혜와 원력으로 화마 속에서도 무사할 수 있었으며, 현 전각은 2007년 11월에 복원하였다. 건칠 기법이란 나무 등을 이용하여 불상을 제작 후 옻칠을 여러 번 하여 굳히는 기법이다.

낙산사 의상대: 강원도 유형문화재 제48호

신라의 고승 의상 대사 671년(문무왕 11년) 낙산사를 창건할 때 이곳에서 좌선(坐禪)한 것을 기리기 위해 세운 정자이다. 1925년 당시 주지 탄용 스님이 건립하였고 만해 스님이 의상대기를 지었다. 이후 수차례 중수를 거듭하였으며 2009년 9월 해체 복원하였다. 육각형의 정자로 이익공 양식의 공포에 겹처마 모임지붕으로 상부에 화강암 절병통을 올렸다. 주변의 해송과 암벽 그리고 동해 바다가 어우러진 동해안의 대표적인 해안 정자로 의상대에서 맞는 일출경(日出景)은 낙산사의 백미(白眉)다. 이번에 낙산사를 답사하면서 운이 좋아 의상대에서 동해안의 일출을 정말 멋지게 감상했다.

의상대

해파랑길 45코스

설악해맞이공원 → 5.5km → 아바이마을 → 2.1km → 속초등대전망대 → 4.1km → 영랑호범바위 → 5.0km → 장사항: 16.7km

설악해맞이공원에서 조금 가면 바다 쪽으로 전국적으로 유명한 대포항과 대포항 회 센터가 있다. 대포항 주변엔 대형 주차장과 각종 음식점 그리고 숙박 시설이 엄청나게 많다. 이곳이 전국적으로 유명하게 된 것은 속초 설악산을 찾는 관광객들이 회를 먹기 위해 가장 접근이 용이하여 번성을 하는 것 같다. 설악산을 여행하고 온 관광객들이 갔다 오면 대포항의 이야기를 많이 한다.

동해안 해파랑길을 걸으면서 느낀 것은 동해안에 횟집과 음식점 그리고 리조트, 펜션, 민박들이 많아도 너무 많은 것 같다. 평일엔 숙박 시설 등에 손님이 거의 없고 또 펜션 단지 등엔 비수기에 황량한 느낌이 들 정도로 손님이 없다. 내가 걱정을 해서 해결될 일은 아니지만 폐업을 하는 리조트가 속초 부근에 많은 것을 보면 앞으로 더 걱정이다.

재벌 또는 대형 콘도 회사에서 더 좋은 시설에 싼 가격에 손님들을 막말로 빨아들이면 영세 업체는 도산을 할 수 밖에 없을 것 같다.

대포항을 지나 작은 언덕을 넘어가면 외옹치항으로 이곳도 작지만 활어회 센터가 있고 롯데 리조트 타운을 지나면 속초해변이다. 속초해변 중간 부근의 돌고래 조각상을 지나 해변의 끝 부근 상가 지역 해변에 산호와 조개 조형물을 멋지게 만들어 놓았다. 속초 해변 끝 부근에서 청호초등학교 쪽으로 들어가 학교 담장을 따라 북쪽으로 가면 청호동으로 청초호가 바다와 만나는 곳이다.

이곳에서 아바이마을로 들어가야 하는데 높은 청호대교를 올라갈 수 없어 주변을 살펴보니 다리 교각에 정겨운 글씨가 다음과 같이 써 있다.

아바이마을

이봅세~~날래 오기오! 아바이마을

교각 반대쪽을 보니 다리 위로 올라가는 엘리베이터가 있다. 엘리베이터를 타고 올라가 다리를 건넌 후 다시 엘리베이터를 타고 내려오면 이곳이 유명한 아바이마을이다. 아바이마을은 행정상 명칭은 청호동(靑湖洞)이고 아바이마을은 속칭이다. 1·4후퇴 당시 국군을 따라 남하한 함경도 일대의 피난민들이 전쟁이 끝난 뒤 고향으로 돌아갈 길이 없게 되자, 휴전선에서 가깝고 수복 지역인 이곳 속초 바닷가 허허벌판에 판잣집을 짓고 집단 촌락을 형성하였다.

이후 함경도 출신 가운데서도 특히 늙은 분들이 많아 함경도 사투리인 아바이를 따서 아바이마을로 부르기 시작한 것이다. 지금도 주민의 약 50%는 함경도 출신 실향민들이라고 한다. 그러나 실향민 1세는 거의 없고 2세들이 중심이 되어 마을을 이끌어 가고 있다. 주민들 대부분 어업에 종사했지만 1990년대 말부터 관광객들이 찾아들기 시작하면서 낚싯배 영업이나 횟집 그리고 음식점 등 관광 산업에 의존하는 주민들이 많다.

청호대교 아래 북청전통아바이순대국집에서 순대국과 막걸리 한 병을 시켜서 아내와 정말 맛있게 먹었다. 부모님의 고향이 북청이라는 주인아저씨가 들려주는 아바이마을의 이야기도 듣고 식당 뒤쪽 예전 건물도 구경을 했다. 예전에 이곳에 화장실이 없어 해변가 바위 사이에서 볼일도 보고 토굴 같은 집에서 고생들을 하면서 살았다고 한다. 조금 후에 형편이 나아지며 집도 짓고 했다지만 예전 건물을 보니 작은 학고방 같은 집들이 아직 남아 있다.

점심 식사 후 속초의 명물 갯배를 타고 속초 시내 쪽으로 건너갔다.

뱃삯은 200원으로 두 대가 교행을 하면서 다니고 와이어로프에 연결된 평평한 배를 순전히 인력으로 끌고 있다. 아저씨 혼자 끌기 힘드니 탑승객들에게 함께 해 보라고 권한다. 잠시 갯배를 타고 속초 중앙동 시내 쪽으로 나왔고 갯배를 타지 않고 이곳으로 차를 타고 들어오려면 다리를 두 번 건너서 약 3km 정도를 돌아서 와야 한다고 한다.

그래서 지금도 관광객과 주민들의 중요 교통수단으로 활용되고 있다.

갯배에서 내려 선착장을 따라 북쪽으로 내려가면 속초항과 속초항 국제 여객선 터미널이 있다. 속초항 동쪽 끝에는 동명항으로 이곳도 활어회 센터와 건어물 상가가 많고 동명항 뒤쪽 야산 언덕엔 영금정이 있어 조망이 참 좋다. 영금정 아래 안내판에는 다음과 같은 내용이 있어 소개를 한다.

영금정의 유래

영금정은 동명항의 등대 동쪽에 위치한 넓은 암반에 붙여진 명칭으로 1926년 발간된 《면세일반》에서 처음 기록을 볼 수 있다. 영금정이라는 이름은 파도가 석벽에 부딪칠 때면 신비한 음곡(音曲)이 들리는데 그 음곡이 거문고 소리와 같다고 해서 붙여졌다.

이 같은 전설을 통해 이 일대가 바다 위의 울산바위처럼 천혜의 아름다움을 간직한 돌산이었음을 확인할 수 있다. 그러나 일제시대 말기에 속초항의 개발로 모두 파괴되어 지금의 넓은 암반으로 변했기에 안타까움을 전해 준다. 한편, 김정호의 대동지지을 비롯한 조선시대 문헌에서는 이곳 일대를 비선대(秘仙臺)라고 불렀다. 선녀들이 밤이면 남몰래 하강하여 목욕도 하고 신비한 음곡조(音曲調)를 읊으며 즐기는 곳이라고 하여 붙여진 이름인데, 그만큼 이 일대의 경치가 신비한 아름다움을 가졌음을 뜻한다.

영금정을 내려와 다시 급경사 계단을 잠시 올라가면 속초등대로 속초8경 중에 제1경에 해당하는 속초등대는 영금정 가까이 있어 영금정속초등대전망대라고 많이 알려져 있으며 등대 내부를 관람하고 전망대에서 주변을 잘 조망할 수 있는 뛰어난 풍광을 자랑한다. 속초전망대를 내려와 등대해변을 지나 영랑호와 바다가 만나는 지점에서 좌측으로 도로를 횡단하면 석호(潟湖)인 영랑호이다.

영금정

석호(潟湖, Bar—Built lagoon)는 어떻게 만들어지나.

파도나 해류의 작용과 일정한 방향의 바람에 의하여 모래나 자갈이 쌓여서 해안에 생긴 모래톱을 사취라 하며, 좁고 긴 모양으로 해안가에서 바다로 뻗어 나가 만의 입구에 모래톱이 형성된다. 이렇게 사취가 만의 입구를 막는 것을 사주라 하며 바다와 육지 사이에 형성된 사주의 안쪽, 내륙 쪽으로 호수가 생성된다. 이 호수를 석호(潟湖, Bar—Built lagoon)라 하며, 담수와 해수가 섞여 있어 염담호(鹽淡湖), 함수호(鹹水湖)라 부르기도 하며, 염분이 5~15%를 갖는다.

우리나라 천연호의 대부분은 이에 속하고, 강릉 이북의 해안에 많이 발달되어 있다.

경포호, 영랑호, 청초호, 향호, 매호, 화진포, 소동정호, 광포, 쌍호, 송지호 등은 모두 이에 속한다. 석호는 수심이 얕고 바다와는 모래로 격리된 데 불과하므로, 지하를 통해서 해수가 섞여 드는 일이 많아 염분이 높다. 바다와 수로로 연결된 것도 있으며, 담수호에 비해서 플랑크톤이 풍부하여 부영양호가 많다.

영랑호

호수의 둘레가 8km로 산책로와 자전거길이 잘 조성되어 있으며 속초 북쪽 주민들의 중요한 휴식처이자 산책로이다. 호수 둘레에는 각종 편의 시설과 단독 주택 형태의 숙박 시설이 상당히 여러 채 있으나 비수기에 휴일이라 요즘은 텅텅 비어 있는 것 같다.

영랑호라는 이름을 얻게 된 것은 다음과 같은 전설이 있다고 영랑호 전설 조형물 안내판에 적혀 있다.

> 영랑호라 이름 지어진 것은 신라시대로부터 지금에 이르기까지 불려지고 있다.
> 설화에 따르면 신라의 화랑인 영랑이 친구인 슬랑, 남랑, 안상 등과 함께 금강산 수련을 마치고 서라벌로 돌아가는 길에 호수의 아름다움에 매료되어 서라벌로 돌아가는 것도 잊고 오랫동안 머물면서 풍류를 즐겼다 하여 그때부터 이 호수를 영랑호라 부르게 되었다. 이후로 영랑호는 화랑도의 수련장으로 이용되었다고 한다.

그리고 속초에는 두 개의 호수, 영랑호와 청초호가 있다.

이 두 호수에는 각각 암용과 수용이 살고 있었는데 한 어부의 실수로

영랑호

청초호 호숫가에 불을 내어 청초호의 수용이 불에 타 죽었는데, 그 이후 영랑호의 암용이 속초에 재앙을 내리기 시작하였고, 후에 이 사실을 안 마을 사람들이 제사를 지내 줌으로써 다시 평온을 찾았다는 전설이 있다고 한다. 이에 영랑호의 암용과 청초호의 수용의 사랑과 화합을 바탕으로 한 속초시의 진취적인 기상을 나타내며 화랑의 모습을 통해 건강하고, 인격과 수양을 고루 갖춘 인간의 모습을 표현하고자 조형물을 이 아름다운 호수 변에 세운다고 되어 있다.

영랑호는 동해안의 대표적인 석호로 호수 둘레에 산책로와 자전거길이 잘 만들어져 있어 영랑호 주변 시민들에게 휴식과 운동을 할 수 있는 중요한 곳이다. 영랑호 전설 기념탑과 영랑호 화랑도 체험 단지를 지나 영랑호와 바다가 만나는 지점에서 도로를 횡단하여 바다 쪽으로 간다. 장사항바다숲공원 표지판과 오징어 조형물을 지나면 오징어의 주산지인 장사항이자 해파랑길 45코스 종점이다.

해파랑길 고성 구간

아름다운 절경과 명승지,
대한민국 최북단 고성!

해파랑길 고성 구간은 장사항에서 통일전망대까지로 5개 코스 66.3km로 되어 있다.

해파랑길의 대단원은 우리나라 최북단 고성의 몫이다. 기대 이상의 절경과 명승지가 펼쳐진 고성 해파랑길은 봉포해변을 지나 관동팔경의 하나인 청간정에서 그 첫 번째 절경을 풀어놓는다.

고색창연한 송림에 둘러싸인 청간정을 돌아 나온 길은 잘 정돈된 산책로와 해변이다.

이름처럼 예쁜 아야진항을 사뿐히 돌면 거친 해안 풍광이 일품인 천학정이다. 겨울 철새 도래지로 이름 높은 송지호를 지나면, 왕곡마을에서 강원 북부에서만 볼 수 있는 양통집이라는 독특한 구조의 전통 가옥을 만난다.

가진항을 지나면 해파랑길은 농로와 천변길 등으로 다양한 변주를 울린다. 고성의 대표적인 어항인 거진항을 지나면 해맞이 산책로다. 이어지는 완만한 오르막을 오르면 화진포 호수와 화진포 앞바다가 시원하게 펼쳐진다. 김일성 별장과 화진포해양박물관 앞을 지나 만나는 곳은 분단

국가의 현실을 맞닥뜨리는 통일안보공원이다.

해파랑길의 마지막인 50코스 제진검문소부터 통일전망대 구간은 도보가 금지된 곳이다. 통일안보공원에서 출입신고서를 작성하고, 차량을 이용해야 한다. 걷기가 금지된 고성 최북단 '제진검문소—통일전망대'(약 5km) 구간은 15명 이상 인원이 일주일 전에 통일안보공원에 신고할 때에만 군부대 협조를 받아 걷기가 가능하다.

해파랑길 46코스

장사항 → 6.5km → 청간정 → 3.7km → 천학정 → 1.0km → 능파대 → 3.8km → 삼포해변: 15.0km

시내버스를 타고 장사항으로 가면서 동해의 검푸른 바다를 뚫고 올라오는 붉은 태양을 보니 큰일을 하러 가는 것도 아닌데 왠지 모르게 가슴이 벅차올라 왔다. 매일 보는 태양이지만 아침에 떠오르는 붉은 태양과 저녁에 서쪽으로 지는 저녁노을이 다름은 무엇 때문일까 반문도 해 본다.

장사항을 출발하여 해양경찰충혼탑을 지나면 속초와 고성 경계 지점으로 **금강산은 부른다. Geugang Mt, Calls you! 살기 좋은 고장, 살고 싶은 고성**이라는 대형 아치 간판이 이제 고성 땅에 왔음을 상기시키기에 충분하고 휴전선과 금강산이 멀지 않았음을 알 수 있게 해 준다. 멀리 서쪽으로 설악산 대청봉과 황철봉 보이고, 대청봉 북쪽의 울산바위는 아침 햇살에 반짝이고 있다.

울산바위 뒤쪽의 잘록한 곳이 미시령으로 현재는 터널을 뚫어 통행이 자유롭지만 예전에 미시령을 승용차를 운전하며 아슬아슬하게 넘던 기억이 아스라이 생각이 난다.

2000년에 백두대간 종주를 하면서 한계령에서 미시령까지 약 15시간의 긴 산행을 했다.

공룡능선과 마등령을 넘어 체력이 소진된 상태에서 황철봉 구간의 너덜지대는 거의 초죽음의 코스였다. 다음 구간은 미시령과 진부령 구간으로 대한민국의 백두대간 남쪽 구간 약 630km를 진부령에서 초출한 행사를 하면서 완주했다. 진부령에서 백두대간 완주 후 백두대간 종주 완주 동료인 지인의 도움으로 군 통제 구간인 진부령에서 금강산 향로봉까지 왕복 종주를 했다. 그때 본 흰색 돔형 건물을 오늘 해파랑길을 걸으면서 보니 아침 햇살에 반짝이고 있다. 잠시 설악산 쪽 사진을 찍고 옛 생각을 하면서 그 시절을 함께 백두대간 종주를 했던 동료들에게 카톡을 보내고 나니 와이프는 벌써 저만큼 가 있다.

용촌교를 건너면 봉포해변으로 고성에서 제일 유명한 해수욕장이고 청간정콘도를 지나면 국토종주동해안 자전거길 용포해변 인증센터가 있고 평화누리길 안내판에 다음과 같이 적혀 있다.

> 이 길은 2011년 행정안전부 접경 지역 지원 사업비로 조성한 길로서 인천 강화군에서 접경지 DMZ를 따라 고성군 통일전망대~토성면 용촌군계(속초시계)까지 이어지는 걷기 및 자전거 길입니다.

봉포항 서쪽에는 경도대학교가 있는데 학생 수가 줄어서인지 아니면 다른 이유에서인지는 모르지만 이전 반대 플래카드가 많이 걸려 있다. 무분별하게 대학을 설립해서 돈을 벌려고 한 설립자도 문제지만 설립 인가를 이런 접경 지역에 해 준 당국도 정신없기는 똑같은 것 같다. 학생 수는 점점 줄어드는데 대학은 많고 어느 교육자분은 이런 식으로 대학을 방치를 하면 얼마 안 있어 지방의 군소 대학은 모두 고사를 할 것이라고 한다. 조선 말 흥선대원군이 서원 철폐령을 내려 650개의 민폐형 서원을 철폐하고 47개만을 남겨 두는 조치를 취한 것을 타산지석으로 삼아야 한다.

봉포항으로 지나 토성면사무소를 지나면 천진해변이다.

천진항을 지나면 관동팔경 중에 하나인 청간정이 보이기 시작을 한다. 바닷가 절벽 위 경치 좋은 곳에 세워진 청간정은 관동팔경 중의 하나이며 고성의 대표적 관광지이다.

청간정(淸澗亭)

강원도 유형문화재 제32호 관동팔경(關東八景)의 하나다.

청간정은 관동팔경 중 북한에 있는 고성의 삼일포(三日浦), 통천의 총석정(叢石亭) 등 두 곳을 제외하면 가장 최북단에 위치한다. 청간천과 천진천이 합류하는 지점인 바닷가 기암절벽 위 만경창파가 넘실거리는 노송 사이에 위치해 있다. 특히 파도와 바위가 부딪쳐 바닷물이 뛰어오르고 갈매기가 물을 차며 날아오르는 순간의 일출은 가히 천하제일경이라고 한다.

달이 떠오른 밤 정자에서 바라보는 경치는 마치 바다 위에 떠 있는 배 안에 있는 듯 착각을 일으키며, 낙조(落潮)의 정취는 예전부터 많은 시인과 묵객의 심금을 울렸다고 한다. 12개의 돌기둥이 정면 3칸 측면 2칸의 누정(樓亭)을 받치고 있는 모습인데, 누정에 올라서면 탁 트인 동해의 맑고 푸른 물이 한눈에 들어오는 것은 물론, 민물과 바닷물이 만나는 합수머리를 목격하게 된다.

눈을 들어 멀리 서남쪽을 보면 설악산의 울산바위가 보이고, 해안선 쪽으로는 거침없는 동적인 맛이 흐르는 반면, 대나무와 소나무 숲속에 자리잡은 누정은 정적인 분위기를 풍겨 서로 대비를 이룬다. 정자 바로 옆의 벚나무에 꽃까지 피어날 때면 누정은 한결 화사해진다고 한다.

청간정의 창건 연대는 알 수 없으나 조선 중종 15년(1520)에 고쳐 지었다는 역사 기록으로 보아 적어도 그 이전에 지은 꽤 오래된 누정임을 알 수 있다. 그때의 정자는 1844년에 불타 버렸고, 그 이후 1928년에 다시 지은 것을 1955년 중수 당시에 이승만 대통령은 이곳 청간정에 들려 현판을 하사했다. 최규하 대통령은 1980년 광주 민주화운동 이후 군부 실세에 밀려 허수아비 대통령 시절에 이곳에 들러 다음과 같은 한시와 현판을 내렸으며, 해체 복원을 지시하여 1981년 4월 22일 완전 해체 복원하면서 휴게소, 주차장 등을 갖추게 되었다.

嶽海相調古楼上 果是関東秀逸景

(악해상조고루상 과시관동수일경)

庚申盛夏 尋清涧亭 大統領 崔圭夏

(경신성하 심청간정 대통령 최규하)

"설악과 동해가 마주하는 고루에 오르니/ 과연 이곳이 빼어난 경치로구나"

경신년 한여름 청간정을 찾아 대통령 최규하

청간정

청간정을 내려오면 아야진항으로 항구의 이름이 특이하고 동해의 새벽 바닷길을 여는 아야진항이라는 문구가 확 들어온다. 이른 아침 남보다 빨리 바다에 나가 고기를 더 잡기 위한 어부들을 보고 새벽 바닷길을 연다고 하지 않았을까 한다. 아야진항에서 7번 국도 쪽으로 나왔다 다시 바다 쪽으로 가서 작은 해변을 지나 야산으로 올라가 내려서면 바닷가 절벽에 천학정이 그림같이 서 있다. 천학정의 경치도 대단히 좋다.

천학정(天鶴亭)

교암리 마을 앞 조그만 산, 가파른 해안 절벽 위에 자리 잡고 있다.

1931년 지방 유지 한치응, 최순문, 김성운 등이 뜻을 모아 정면 2칸, 측면 2칸, 겹처마 팔작지붕의 벽이 없는 단층 건물로 건립하였다. 정자의 정면에는 '천학정' 현판이 걸려 있고, 내부에는 '천학정기'와 '천학정 시판'

이 걸려 있다. 남쪽으로 청간정(淸澗亭)과 백도가 바라다보이고 북으로는 능파대(凌波臺)가 가까이 있다. 주위에는 100년 이상이 된 소나무가 자리 잡고 있어 옛 정취를 느끼게 해 주며 아름다운 일출 명소로도 유명하다.

천학정을 내려와 해변을 따라가면 백도해변이다. 백도해변 앞으로 흰 바위섬 백도가 있어 이곳의 지명이 백도해변이 된 것 같다. 나무 한 그루 보이지 않는 흰 바위섬은 갈매기들의 안식처가 되고 있다. 백도해변 입구의 멋진 조형물을 지나면 미륵불 두 분이 바닷가 도로 옆에 모진 풍상을 맞으면서 있고 다음과 같은 전설이 있다.

> 삼척 부사를 지낸 분이 부친의 무덤에 문석을 세우려고 하는데 당시 문상을 온 고승이 마을을 가리켜 주면서 문석을 만들어 오면 가문이 번창한다고 하여 지금의 자리에서 문석을 만들어 옮기려고 하였으나 거센 풍랑이 일어 옮기지 못하고 돌아갔다. 그 후 마을에 청어 등 많은 물고기가 잡히고 풍어를 이루고 아이가 없는 집안에서는 치성을 들이면 아이가 생겼다고 한다. 일제시대 이후 잃어버렸다가 하나는 찾고 다른 하나는 바닷속에서 또 찾아 이곳에 다시 세웠다고 한다.

미륵불이라고 하지만 형태를 보면 어느 무덤에서 가져온 문인석이 분명하다.

미륵불을 지나 문암1리항에 가니 항구 내에서 통발을 이용하여 도루묵을 잡고 있다.

항구 안 물속을 보니 도루묵이 거짓말을 조금 더하여 물 반 도루묵 반이다. 문암1리 마을 안을 통과하여 이정표를 따라가면 문암리 선사 유적지가 있고, 발굴 완료 후 울타리를 쳐서 출입을 금지하고 안내판 이외에는 아무것도 없다. 삼포해변이 종점이다.

고성 8경

제1경 건봉사(乾鳳寺), 제2경 천학정(天鶴亭), 제3경 화진포, 제4경 청간정(淸澗亭),

제5경 울산바위, 제6경 통일전망대, 제7경 송지호, 제8경 마산봉 설경.

백도해변

해파랑길 47코스

삼포해변 → 3.2km → 송지호 철새 관망 타워 → 3.0km → 왕곡 한옥마을 → 3.5km → 가진항: 9.7km

삼포해변에서 7번 국도 쪽으로 나와 국도와 나란히 가면 봉수대오토캠핑장이다.

여러 대의 카러반과 야영 데크 그리고 주차장을 잘 갖춘 캠핑장이다. 주변에 봉수대가 있어서 봉수대해변인 것 같다. 오토캠핑장의 화장실 건물은 봉수대의 지명에 걸맞게 봉수대 형상으로 건설을 하여 특이해서 보기 좋다. 봉수대 캠핑장 주차장을 지나 죽왕면보건지소에서 해파랑길은 다시 송지호해수욕장으로 들어간다.

송지호해변을 지나 해파랑길은 송지호로 연결된다. 송지호엔 철새 전망 타워가 있다.

아직 날씨가 포근하여 송지호엔 철새는 보이지 않고 청둥오리 몇 마리만이 송지호를 지키고 있다. 본격적으로 추워지고 눈이 오면 먹이를 찾아서 철새들이 많이 날아들면 장관일 것 같다. 갈 길이 바쁜 우리는 다음을 기약하고 철새 관망 타워를 지나 소나무 흙길로 들어섰다.

송지호 북쪽 끝까지 소나무 숲속의 흙길은 솔잎을 밟으며 편안히 걸을 수 있고 고성왕곡마을 이정표를 보고 서쪽으로 아스팔트 포장길로 들어간다. 송지호는 경포호, 영랑호, 청초호, 등과 함께 동해안의 대표적인 석호로 간단히 소개를 한다.

송지호

호수 둘레 6.5km로 오호리 오봉리 인정리에 걸쳐 있는 석호로 1977년 국민 관광지로 지정되었다. 바다와 연이어 있어 도미, 전어 등의 바닷물고기와 잉어 등의 민물고기가 함께 서식을 하며, 맑은 호수와 송림이 울창하다. 호수의 맞은편 죽도 일대에는 송지호해수욕장이 4km에 걸쳐 있고 호수 안쪽으론 고성왕곡마을이 있어 함께 연계해서 여행을 하면 정말 좋은 코스이다. 그리고 호수의 동쪽엔 철새를 관망할 수 있는 타워가 있고 입장료는 어른 천 원이다. 송지호는 백조(천연기념물 201호)의 도래지이기도 하지만 아직 날씨가 따뜻해서인지 철새가 별로 없고 청둥오리만이 유유히 헤엄을 치고 있다.

송지호에는 다음과 같은 전설을 간직하고 있다.

"전설(傳說) 속의 송지호(松池湖)."

조선 초기인 500여 년 전에는 비옥한 땅이었으며, 정거재(鄭巨載)라는 고약한 부자가 살고 있었다. 어느 봄날 떠돌이 장님이 동냥을 구하여 정부자 집 문을 두드렸다가 포악한 정부자의 지시를 받은 종들에게 몰매를 맞고 쫓겨났으며, 때마침 지나가던 고승이 길가에서 울고 있던 맹인 부녀로부터 기막힌 사연을 듣고, 정부자 집을 찾아가 목탁을 두드리며 시주를 청하였다. 이번에는 종들을 시켜 외양간으로 끌고가 시주 걸망에 쇠똥을 가득 담게 하고 밖으로 내쳤다. 고승이 문간에 나와 놓여 있던 쇠 절구를

송지호

금방아가 있는 곳으로 던지자 떨어진 곳에서 물줄기가 솟아올랐고 고승은 두루마리 고름을 찢어 소나무 가지에 걸어 놓고 주문을 외며 사라졌다. 삽시간에 정부자의 집과 문전옥답은 물에 잠기기 시작했고, 놀란 종들은 두루마리 고름에 매달려 목숨을 건질 수 있었으나 정부자는 물귀신이 되고 말았으며, 지금의 송지호가 되었다. 맑은 날 오봉산에 올라 호수를 내려다보면 금방아가 보였으며, 탐이 나서 물속에 뛰어 들어간 채 영영 돌아오지 않는 사람도 수백 명이 된다고 전해지고 있으나 믿거나 말거나이다.

고성왕곡마을

송지호 둘레길을 걷다 고갯마루에 올라서면 앞쪽으로 그림 같은 풍경이 펼쳐진다. 이곳이 바로 고성왕곡마을로 해변과의 거리가 불과 1.5km인데 묘하게도 마을에서는 파도 소리를 들을 수 없다고 한다. 다섯 봉우리로 이루어진 산들이 마을 둘레를 에워싸고 있기 때문이다. 이처럼 산들이 에워싸고 있는 덕에 한국전쟁 때에도 대부분의 집들은 비행기 폭격을 피할 수 있었다. 그리하여 오늘날까지도 고택들이 고스란히 보존되어 전통 마을 분위기를 잘 간직하게 된 것이다.

안동의 하회마을이나 순천 낙안읍성, 경주의 양동마을처럼 규모가 크지 않다. 서애 류성룡이나 회재 이언적, 우재 손중돈 선생처럼 뛰어난 학자나 정치가를 배출하지도 않았다. 번듯한 외관을 갖춘 집들이 많은 것도 아니지만 일단 마을 안에 들어서면 과거로의 시간 여행에 빠져든 듯한 느낌이 든다. 마을 어귀에 들어서면 대형 안내판을 끼고 있는, 수령이 150여 년을 넘는 노송 거목 10여 그루가 솔향을 뿜으며 여행객들을 반기고 있다.

주민들은 "이 동네가 그리 부자 동네도 아닌데 기와집이 제법 많았던 것은 더 안쪽의 구성리마을에 기와를 만드는 가마가 있었기 때문"이라고 설명을 한다. 이곳의 기와집들은 방과 마루, 부엌과 외양간이 전부 한데 붙은 강원 북부 지방의 고유 가옥 구조를 보여 주고 있다. 이런 구조는 추운 겨울이 긴 북부 지방에서 찾아볼 수 있는 양식이다.

예스러운 분위기를 간직한 마을이라 때때로 드라마나 영화의 촬영 무대로 등장한다.

〈TV문학관 · 홍어〉를 비롯 〈배달의 기수〉 등 다수의 반공 영화가 이곳에서 촬영되었다.

마을 사람들은 엑스트라로 나선 경력을 자랑하기도 한다. 최근에 흑백으로 제작된 저예산 영화로 호평을 받은 영화 〈동주〉가 이곳에서 촬영되었다. 방앗간과 펌프식 우물 등에는 영화 〈동주〉 촬영 팻말이 있고 송몽규 역을 맡아 열연을 한 박정민 군이 충주중학교 동창의 아들이라서 마을에 더 정감이 갔다.

왕곡마을

지금은 농한기로 초가집의 이엉을 걷어 내고 새로 덮기 위하여 새 짚으로 만들어 놓은 이엉이 초가집 부근에 있다. 이곳 마을은 어떤지 모르지만 내가 어린 시절 고향 집도 초가이던 시절엔 동지 무렵에 이엉 갈이를 하고 부정을 타지 말라고 팥죽을 해서 먹었던 기억이 생각났다. 할머니의 심부름으로 이 집 저 집 팥죽을 돌렸던 때가 한없이 그립다. 오랜만에 본 초가도 좋았지만 수십년 만에 본 새 짚으로 된 이엉에 더 정감이 갔다.

고성왕곡마을을 나와 아스팔트 언덕길을 내려오면 공현진리이다.

공현진해변은 국도 7호 선상에 위치한 해변으로 교통이 편리하고 깨끗한 백사장이 펼쳐져 있는 조용한 해변이며 가족 단위 피서객이 많이 찾는 곳으로 1989년에 개장되었다. 그전까지는 군사 지역으로 묶여 있어 출입금지 구역이었다. 그래서 지금까지 환경오염이 되지 않고 깨끗한 백사장과 맑은 바다를 유지할 수 있었다.

군 접경 지역에 철조망을 치고 출입을 통제하는 것이 인위적이지만 환경을 보존하는 최선의 방법이다. 하지만 주민들의 재산권 행사와 맞물려서 할 수는 없고 모두가 환경을 보존하고 깨끗하게 관리하는 방법 이외에는 뾰족한 묘안이 현재는 없다. 그리고 공현진리해변에 있는 스뭇개바위(옵바위)는 동해안 일출의 명소로 사진작가들이 많이 찾는 곳이라고 한다.

가진항은 어촌 마을로 예로부터 가포진이라고 불렸는데 1914년 개편시 가진리로 변경되었다.

이곳을 찾는 관광객들에게 주민들이 특별히 추천하는 별미가 있는데 그것은 바로 옛 고기잡이배를 타던 어부들이 즐겨 먹었다는 가진 물회! 가자미와 오징어, 해삼을 기본으로 다양한 해산물을 넣어 먹는다. 고추장 육수에 오이, 배, 청양고추, 설탕, 깨 등을 넣어 단맛과 매운맛이 강하게 난다. 횟감을 다 먹은 뒤 별도로 나오는 국수사리를 말아 먹는 것, 그리고 커다란 그릇에 담겨 나온 물회를 각자 떠먹는 방식도 특징이다.

왕곡마을(2)

가진해변

해파랑길 48코스

가진항 → 4.1km → 남천교 → 5.0km → 북촌철교 → 7.5km → 거진항: 16.6km

가진항 해파랑길 안내판을 출발하여 거진해양경비안전센터 가진출장소 앞을 돌아 뒤쪽으로 언덕길을 올라간다. 바다 쪽은 군사 경계 지역으로 철조망 때문에 출입이 제한되어 있어 해파랑길은 마을 안쪽으로 들어가 시골 시멘트 포장길을 따라간다. 해파랑길 주변에 도로와 다리 공사를 하고 있어 안내판을 보니 관동별곡800리길 역사 체험 탐방 공사를 한다고 되어 있다. 이 공사가 준공되면 강원도 고성 쪽으로 접근이 더 쉬워지고 관광 활성화에 많은 도움이 되고, 일부 구간은 해파랑길과 연계해서 운영을 하면 좋을 듯하다.

남천 하구 양쪽에 크지 않지만 하구가 잘 발달하여 농경지가 넓게 펼쳐져 있고 많은 소를 키우는 축사가 여러 곳 있다. 최근에 뉴스를 보니 소비는 줄고 사육두수는 증가하여 산지 솟값은 폭락하고 있는데 소비자 가격은 요지부동이라고 한다. 모든 농축산물 및 수산물이 산지 가격이 오르면 소비자 가격은 즉각적으로 반영이 되어 벼락같이 올라가는데 반대로 산지의 가격이 떨어져도 한번 오른 가격은 좀처럼 떨어지지를 않는다.

해파랑길은 군사 철조망 옆 소나무 숲을 우측으로 끼고 한참을 이어지고 소나무 숲이 끝나는 곳에 있는 군부대는 해안가 철조망에 인접하여 있다. 아침부터 장병들이 총을 메고 분주하게 움직이고 있다. 언제나 얼룩무늬 제복의 군 장병들을 보면 가슴이 뛰는 것은 군에 다녀온 예비역들의 공통된 생각이지 싶고 얼룩무늬 장병들이 든든하다. 특히 내가 최전방 지역에 근무를 해서인지 전방 군인들을 보면 더 늠름하고 대견스럽다.

군부대를 지나면 북천으로 하구에 대형 배수 펌프장이 있고 앞쪽으로 고성 북천 하구가 넓게 펼쳐져 있다. 북천 하구 전망대에서 하구의 아름다움과 이른 아침 물속에서 유유히 헤엄치는 청둥오리와 갈매기들을 바라보면서 잠시 휴식을 취해 본다. 해파랑길은 이곳에서 북천을 따라 서쪽으로 이어지고 한참을 가면 평화누리길 북천철교에 도착을 한다.

북천철교(北川鐵橋)

이 철교는 1930년경 일제가 자원 수탈을 목적으로 원산(안변)~양양 간 놓았던 동해 북부선 철교로서, 1950년 6·25 전쟁 당시 북한군이 본 철교를 이용하여 군수물자를 운반하자 아군이 함포사격으로 폭파해야만 했던 비극의 역사 현장이기도 합니다. 이후 60년간 다릿발(교각)만 황량하게 방치되어 있었으나, 행정안전부는 평화통일을 염원하는 저탄소 녹색 성장을 도모하기 위하여 접경권인 이곳을 평화누리길로 지정함에 따라, 고성군은 한국한국철도시설공단으로부터 폐철각(廢鐵脚)을 기증받아 철각을 리모델링하고, 상판을 설치하여 북천철교가 걷기·자전거 마니아를 위한 전용 교량으로 재탄생하게 되었습니다.

교량 하부의 폐철각을 들여다보면 수많은 포탄 자국을 통해 동족상잔의 비극 6·25 전쟁이 얼마나 치열했는지를 알 수 있음으로 후세의 산 교육장으로 활용하고자 폐철각을 철거하지 않는 것이므로 본 철교가 남과 북의 화해와 협력, 통일을 염원하는 관문임을 널리 알립니다.

2011년 10월 29일

고성군수

이상은 북천철교 안내판의 내용이다.

북천철교를 지나 아쉬움 가득한 마음으로 북천 하구를 바라보며 발길을 재촉했다.

북천 제방 길을 한참을 내려가 반암교차로에서 잠시 해파랑길은 7번 국도와 만나고 길 건너에는 무형문화재 제16호 각자장 전수관이 있고 해파랑길은 다시 반암리마을 안길로 들어선다.

마을 안으로 들어서기 전 눈에 확~들어오는 이정표가 있어 보니 **울지 않는 호랑이 故 김득구 선수 묘**다. 김득구 선수가 시골 출신이라는 것은 알았지만 이곳 출신인지는 몰랐다. 지금은 UFC라는 종합격투기와 각종 프로 스포츠가 다양하게 많지만 김득구 선수가 챔피언에 도전하던 시절엔 프로 권투가 국내외 최고 인기 스포츠였다. 김 선수가 사망한 것은 젊은 시절 방송을 듣고 녹화 방송도 보아 알았으나 자세한 것은 몰랐다. 인터넷 관련 기사를 검색해 보니 1982년 11월 14일 미국의 라스베이거스에

북촌철교

서 열린 세계권투협회(WBA) 라이트급 타이틀전에서 미국의 맨시니 선수에게 불구의 투지로 도전을 했으나 14회에 KO 패를 당한 후 혼수상태에 빠져 깨어나지 못하고 사망을 했다.

반암해변과 반암항을 지나면 해파랑길은 철조망 바로 옆으로 군 작전 순찰로와 함께 가게 되고 멀리 거진항이 보이기 시작을 한다. 이곳도 철조망 안쪽 해변 백사장엔 갈매기만이 유유히 휴식을 하고 일부는 끼룩끼룩 울면서 먹이 활동에 분주하다. 해변에서 다시 7번 국도 쪽으로 나왔다가 거진읍으로 들어가는 삼거리에는 이곳 거진이 명태의 예전 주산지였음을 상징하고, 명태의 풍어를 염원하는 명태와 아이라는 큰 조각상이 서 있다.

예전에 이곳 동해안이 명태의 주산지였으나 현재는 지구온난화의 영향인지 수온의 변화로 동해안에서 명태를 거의 찾아볼 수가 없고 수족관에나 가야 어쩌다 잡힌 명태를 연구용으로 기르고 있다.

거진읍사무소를 지나 거진대교를 지나면 거진항으로 들어서게 된다.

이곳 거진항의 유래는 5백여 년 전 한 선비가 과거를 보러 한양으로 가던 중 이곳에 들렀다가 산세를 훑어보니 꼭 클 '거(巨)' 자와 같이 생겨 큰 나루, 즉 거진이라 불리고 있다는 전설이 뒷받침하듯 거진항은 백두대간 줄기의 구름이 해안을 에워싸고 있어 오래전부터 천혜의 어항으로 발달해 왔다. 명태의 주산지로 별미 음식이 다양하고 매년 '고성명태축제'가 열리는 항구이다. 그리고 거진은 입사 동기이면서 지금도 함께 모임을 하고 있는 최현호 군이 중·고등학교를 다니면서 청소년기를 보낸 곳으로 해파랑길을 걸으면서 전화를 했더니 이곳저곳의 추억을 들려준다.

거진항

명태의 추억

지금으로부터 40~50년 전에는 그야말로 명태가 지천이었다.

동해안에서 많이 잡히기도 했지만 원양어업이 발달하면서 북태평양의 베링해 부근에서 엄청나게 잡은 명태를 비싼 명란만 빼내고 나머지와 수놈은 모두 바다에 그대로 버릴 정도로 명태가 흔했다.

내가 어릴 때 살던 충북 충주는 내륙 깊숙이 있어 바닷고기 보기가 힘들었다. 그래서 어린 촌놈들은 바닷고기는 제사상에나 올라오는 짠 조기와 마른 북어, 오징어, 간고등어만 있는 줄 알았다. 어쩌다 어른분들이 장에서 엄청나게 짠 간고등어를 사 오셔서 숯불에 구워 먹으면 그렇게 맛이 좋을 수 없었던 기억이 난다. 그래서 지금도 생고등어보다는 간고등어를 더 좋아하고, 바닷가 친구들은 생고등어를 먹지 왜 간고등어를 먹는지 이해를 못 하겠다고 한다.

군대에 가기 전 북태평양에서 꽁꽁 얼은 동태가 국내에 반입되면서 충북 내륙지방에서도 드디어 명태(동태)를 먹을 수 있었다. 싼 가격에 팔뚝만큼 큰 동태를 무를 넣고 동태 매운탕을 끓여 먹으면 그 맛은 정말 환상적이었다. 이렇게 흔하디 흔하게 된 북태평양산 동태들이 국내 시장에서 전부 소비되지 않자 소비처를 찾아들어 온 곳이 군부대 부식이다. 내가 군대에 있던 1970년대 말에는 매일같이 꽁꽁 얼은 동태가 부식차량에 실려 들어와 반찬으로 나왔다. 그 당시 고춧가루값이 무척 비싸 동태 매운탕은 꿈도 못 꾸고 동태를 소금 간해서 쇼팅이라는 기름에 한 토막씩 튀겨 주던가 아니면 된장국을 끓여서 주는데 여러 달 먹고 나면 물려서 동태가 쳐다보기도 싫다.

미역국에 동태 튀김과 동태 된장국을 얼마나 먹었으면 우리 애들 낳고 소고기미역국을 맛있게 끓여 놓아도 쳐다보지도 않았고 동태는 제대 후 10년도 더 지나서 먹게 된 것 같다.

지금은 어민들이 살아 있는 명태를 잡아 오면 포상금을 주며, 구입한 놈을 해양수산자원연구소 수족관에서나 볼 수 있다. 얼마 전 뉴스에서 명태의 부화에 성공했다는 소식을 들었는데 빨리 동해안에 명태가 돌아왔으면 하는 바람이다.

명태

대구과 물고기로 한류성 어종이다.

우리나라를 비롯한 러시아, 일본의 주요 수산물로 대부분을 그물의 이용하여 잡고 연중 대부분의 시기에 포획이 이루어진다고 한다. 예로부터 우리나라에서 제사와 고사, 전통 혼례 등 관혼상제(冠婚喪祭)에 없어서는 안 될 귀중한 생선으로 여겨졌으며, 상태, 잡힌 시기 및 장소, 습성 등에 따라 다음과 같이 다양한 이름으로 불리는 것이 특징인 고기이다.

명태라는 이름의 기원에는 여러 가지 설이 있다. 이유권의 《임하필기》에는 '명천(明川)에 사는 어부 중 성이 태씨(太氏)인 사람이 물고기를 낚았는데, 이름을 몰라 지명의 명(明)자와 잡은 사람의 성을 따서 명태라고 이름을 붙였다'고 전해진다.

그 밖에 함경도와 일본 동해안 지방에서 명태 간으로 기름을 짜서 등불을 밝혔기에 '밝게 해 주는 물고기'라는 의미로 명태라고 불렀다고 하며, 영양부족으로 눈이 잘 보이지 않는 함경도 삼수갑산 농민들 사이에서 명

명태 동상

태 간을 먹으면 눈이 밝아진다는 말이 돌아 명태라고 불렸다고도 한다. 그리고 명태는 상태에 따라 생태, 동태, 북어(건태), 황태, 코다리, 백태, 흑태, 깡태 등으로 불린다. 생태는 싱싱한 생물 상태를 이르며 동태는 얼린 것, 북어(건태)는 말린 것이다.

황태는 한겨울철에 명태가 일교차가 큰 덕장에 걸려 차가운 바람을 맞으며 얼고 녹기를 스무 번 이상 반복해 노랗게 변한 북어를 말하며 평창 대관령과 인제 용대리에 황태를 만드는 덕장이 밀집해 있다. 얼어붙어서 더덕처럼 마른 북어라 하여 더덕북어라고 불리기도 한다.

코다리는 내장과 아가미를 빼고 4~5마리를 한 코에 꿰어 꾸덕꾸덕 말린 것이다. 그 밖에 하얗게 말린 것을 이르는 백태, 검게 말린 것을 이르는 흑태, 딱딱하게 마른 것을 이르는 깡태 등이 있다. 성장 상태에 따라 어린 명태를 아기태, 애태, 노가리라고도 한다.

그 밖에 알은 명란젓, 아가미는 아감젓, 그리고 내장은 창난젓으로 만들어 먹어 동태는 그야말로 하나도 버릴 것이 없는 귀중한 단백질 공급원이자 바닷물고기이다.

도루묵

도루묵은 초겨울이면 동해안 북쪽 특히 양양, 속초, 고성 지역은 도루목(묵)이 풍어이다.

각 포구마다 도루묵을 잡아 와 그물에서 떼어 내는 손길이 바쁘고 먼저 떼어 낸 도루묵은 아이스박스에 포장되어 팔려 나가고 있다. 그리고 일부 도루묵은 건조대에서 햇살과 바닷바람에 말리고 있다. 생도루묵 찌개도 맛있지만 구덕구덕하게 마른 도루묵을 간장 양념에 조려 먹는 맛도 일품이다.

도루묵은 최대 26cm까지 자라며 몸은 옆으로 납작하며 제1등지느러미 가운데 부분의 체고가 가장 높다. 머리는 작고 몸과의 경계 지점이 가장 부드럽다. 눈은 비교적 크며 눈의 위쪽 가장자리는 등 쪽 면에 접해 있다. 주로 수심 200~400m의 모래가 섞인 펄 바닥에 서식한다. 몸의 일부를 바닥에 묻은 채 지내고 주로 작은 새우류, 요각류, 오징어류, 해조류 등을 먹고 수심 2~10m의 해초가 발달해 있는 지역에서 11~12월에 산란한다.

주요 서식지는 알래스카주, 사할린섬, 캄차카반도, 한국의 동해 등의 북태평양 해역에 분포한다. 목어가 도루묵이 된 재미있는 이야기가 있어 소개를 한다.

첫째는 선조와 도루묵이다.

도루묵의 원래 이름은 목어(木魚)인데, 생선의 껍질이 나뭇결과 같은 무늬를 띤다고 해서 붙여진 이름이다. 약간 변음이 돼서 일부 지역에서 묵어로 불리기도 한다. 임진왜란 때 선조는 충주 탄금대에서 신립 장군이 배수진을 치면서 분전을 했지만 패전 후 왜적이 파죽지세로 한양으로 쳐들어오자 한양도성 수비는 생각하지도 않고 자기만 살겠다고 황급히 임진강을 건너 개성을 거쳐 평양으로 다시 전황이 불리하면 압록강을 건너 명나라로 가려고 의주로 피난을 갔다. 피난길에 시장기를 느껴 밥상을 받았는데, 수라상에 올라온 생선을 맛있게 먹은 후 그 이름을 물었다. 신하가 '목어(木魚)'라고 했더니, 임금은 즉석에서 이런 맛있는 생선 이름을 은어(銀魚)라고 하사(下賜)했다. 그 후 궁궐로 돌아온 선조는 피난길에서 먹었던 은어 생각이 나서, 다시 그 고기를 요리해 오도록 해 먹어 보니 그 맛이 예전과는 영 달랐다. 이 형편없는 맛에 실망한 임금은 그 고기 이름을 도로 목어(먼저대로, 본래대로)라고 부르도록 했다.

이로써 실속이 없는 것을 도루목(묵)이라고 부르게 되었고, 그 후 어원이 약간 변해 도루묵이 된 것이라고 한다. 원래 도루목이란 '말짱 환(環)이다'라는 것이다. 즉 일이 제대로 풀리지 않거나 애쓰던 일이 수포로 돌아갔을 때 말짱 도루묵이라는 말을 쓴다. 말짱 헛일이라고도 한다. 이 말짱 도루묵이란 말은 조선 후기 이긍익이 높은 관직에 올랐다가 삭탈당해 낙향한 허목을 도루묵에 비유한 일로 탄생했다.

개인적인 생각이지만 도루묵은 주로 동해안에서 잡히는 생선인데 한양에서 북쪽으로 피난을 간 선조가 먹을 수 있었을까 의문이고 선조가 몽진을 할 때는 여름으로 도루묵은 초겨울에 주로 잡히는 생선이다. 그리고 설령 여름에 잡혔다고 해도 냉장고가 없던 시절 과연 상하지 않고 가

져갈 수 있었을까? 물론 나중에 환도를 할 때는 겨울이지만~~

둘째, 인조와 도루묵이다.

인조반정으로 명분 없이 광해군을 몰아내어 귀양 보내고 정권을 잡은 인조는 이괄의 난에 한양을 버리고 공주까지 도망을 간다. 이괄의 난을 평정 후 인조는 국제 정세를 잘못 파악하고 망해 가는 명나라에 친명 사대를 계속하고 신흥 강국인 청나라를 오랑캐라고 무시하고 깔보다 청태종이 직접 대군을 쳐들어오는 병자호란을 맞이하여 강화도로 들어가려고 했으나 워낙 빨리 남하한 청군에 퇴로가 막혀 남한산성으로 들어간다. 남한산성으로 들어간 인조와 조선 조정은 명나라와 2백 년 동안 쌓아온 신의를 저버릴 수 없다는 척화파인 김상헌과 명분보다는 현실적인 국제 정세와 국가의 실질적인 이득을 중시하는 주화파 최명길 간에 남한산성 내에서 치열한 논쟁을 벌인다.

작은 산성 내에서 끝까지 싸우자는 척화파와 협상을 하자는 주화파 간에 논쟁을 벌이는 동안 엄동설한에 식량은 떨어지고 더 이상 버틸 수 없어 협상을 통해 항복을 하고 인조는 삼전도의 굴욕을 당한다. 이때 식량이 떨어진 인조에게 마른 도루묵을 요리하여 진상하니 조부인 선조와 같은 반응을 보였다고 하며 선조의 도루묵에 대한 이야기와 같다.

셋째, 세조와 도루묵이다.

계유정난으로 김종서와 황보 인 등 문종의 고명대신을 전부 무참하게 죽이고, 이후 단종을 몰아내어 집권을 하는 과정에서 수많은 사람들의 피를 본 세조(수양대군)는 정국이 안정되자 자신의 잘못을 후회하고 집권

과정에서 죽은 이들의 영혼을 달래 주기 위해 전국의 명산대찰을 찾아다니며 그들의 영혼을 달래 주고 있었다.

지금도 평창 오대산 상원사는 심심산골에 위치하고 있지만 그 당시는 그야말로 오지 중의 오지였을 것이고 더군다나 절인 관계로 임금의 수라상도 변변치 않았을 것 같다.

이렇게 궁핍하고 먹을 것이 부족할 때 강릉 사람이 세조에게 도루묵을 진상하여 먹어 본 세조가 선조와 똑같은 말을 한 것으로 되어 있으나 문헌에는 찾아볼 수 없고 다만 관동 지역에서 설화처럼 전해져 내려온다고 한다.

넷째, 동해안과 도루묵이다.

조선 중기 인조 때의 문신 이식(李植)의 시에 임금님이 왕년에 난리를 피해 황량한(동해안) 해변에서 고난을 겪다가 도루묵이라는 이름을 지었다고 하나 이는 하사한 명칭이 아니라 현지인들이 지은 이름이라고 한다. 그러면 동해 근처에 피난 온 왕은 누구일까, 고려와 조선 천 년 동안 수도를 버리고 피난 갔던 왕은 5명이다.

즉 11세기 고려 현종이 거란족의 침입을 피해 전남 나주로 피난, 13세기 고려 고종이 몽골군의 침입을 피해 강화도로 피난, 14세기에 고려 공민왕이 홍건적의 침입을 피해 경북 안동으로 피난, 16세기 말 선조는 임란 때 왜적을 피해 의주로 피난, 17세기 인조는 이괄의 난으로 충남 공주로 피난, 또 정묘호란 때는 강화도로 피난을 갔다. 마지막으로 또 인조가 병자호란 때 남한산성으로 피난을 가서 인조는 삼관왕이다.

그러니 고려 이후 도루묵이 잡히는 동해안으로 피난 간 임금은 한 명도 없는데 어떻게 된 것일까? 지금으로써는 어느 이야기가 정설인지 알 길이 없고 알 필요성도 느끼지 못한다. 다만 도루목(묵)의 이야기는 재미있는 스토리텔링의 소재로는 충분하다.

도루묵

해파랑길 49코스

거진항 → 3.4km → 응봉 → 1.6km → 김일성 별장 → 6.5km → 금강산콘도 → 0.8 → 통일전망대 출입신고소: 12.3km

거진항 해파랑길 안내판을 지나 목재 계단을 올라가면 남쪽으로 거진읍과 거진항이 한눈에 들어온다. 돌을 가공하여 바닥에 박아 만든 길을 따라 올라가면 거진해맞이봉산림욕장이다. 거진등대를 지나면 산림욕장 여러 곳에 조각품들을 전시해 놓았고 검은 돌에 작품명과 작가의 이름도 잘 보이도록 해 놓았다.

공원 동쪽 해변에 작은 바위섬이 있고 다음과 같은 설명이 되어 있다.

거진 뒷장에 위치한 이 섬은 예전에는 잔돌이 많아 '잔철'로 불리다가 이 중 제일 큰 바위가 갈매기 배설물로 하얗게 보인다 하여 지금은 '백섬'이 되었다. 이 섬은 해안도로가 생기기 전에는 무수히 많은 바위들로 사람이 들어가기 힘들었다.

"일제강점기 인근 마을에 살던 일본인들이 패전 소식을 미리 듣고 안전한 탈출을 위해 이곳 주민들을 몰살시키려고 하였으나, 이를 눈치챈 마을 사람들이 이곳으로 피난을 와서 위기를 모면하였다."라는 유명한 일화가 전해진다. 또한 이 섬은 신기하게도 평소에는 그냥 평범한 모양을 하고 있으나 일출·일몰에 현 위치에서 내려다보면 부처님이 누워 있는 '와불'

과 비슷한 형상이 뚜렷하게 보이며, 섬과 섬 사이 유리구슬처럼 투명하고 고운 쪽빛 바다가 있는데 그곳은 몸이 잘 가라앉지 않아 헤엄을 못 치는 사람도 쉽게 수영을 즐길 수 있다고 한다.

산림욕장 등산로를 따라 북쪽으로 해파랑길은 계속 이어지고 높지 않은 작은 봉우리를 몇 개 넘으면 응봉(鷹峰)이다. 응봉은 옛날부터 화진포(花津浦) 동쪽에 위치한 높은 산이 매가 앉은 형상과 같다고 하여 매 '응(鷹)' 자를 써서 응봉이라고 불렀다고 한다. 응봉은 해발 122m의 높지 않은 봉우리지만 수백 미터의 산봉우리 정상보다 조망이 훨씬 좋다. 응봉 앞쪽으로 넓은 화진호와 화진해변, 동해의 쪽빛 바다가 그림처럼 펼쳐 있다. 해파랑길을 걸으면서 본 풍경 중 이곳 응봉에서 본 화진포 주변의 풍광이 최고의 압권인 것 같다.

그래서 일제강점기 이후 권력자들이 별장을 만들었는가 보다. 화진포 주변엔 화진포의 성이라고 불렸던 김일성 별장, 대한민국 초대 대통령 우암 이승만 별장, 그리고 부통령 지내고 4·19 혁명 당시 자살을 한 이기붕의 별장이 지금도 있다. 응봉에서 급경사 내리막을 내려와 소나무 숲을 통과하면 화진해변에서 조금 떨어진 산 입구에 화진포의 성이라는 건물이 있다.

화진포의 성(일명 김일성 별장)

화진포의 성(城)은 일제강점기인 1937년 일본이 중·일 전쟁을 일으키면서 원산에 있는 외국인 휴양촌을 일본 군부의 비행장 부지로 사용하기 위해 강제로 철거키로 결정하고 원산해변에서 해안을 따라 남으로 약

김일성 별장

100마일 떨어진 장소인 화진포를 선교사들의 휴양지로 제공하여 강제 이주시켰다. 선교사로서 당시 휴양지 이전에 대한 실행 위원이었던 셔우드 홀(Sherwood Hall) 박사는 독일에서 히틀러 공포정치를 피해 망명해 온 독일인 베버(H, Weber)에게 별장을 건축하게 하였다. 독일에서 건축학을 공부한 베버는 1938년 원통형 2층 건물을 회색 돌로 꾸미고 현재의 위치에 유럽의 작은 성(城)을 닮은 모습의 멋진 건축물을 건립하였다.

건립 초기에는 선교사들의 예배당으로 이용하였고, 셔우드 홀은 가족과 친구들이 1940년 추방되기 이전까지 별장으로도 사용하였다. 해안의 절벽 위 송림 속에 우아하게 자리한 모습에서 '화진포의 성'으로 불려진 이후로 1948년부터 1950년 6·25 남침 이전까지 북한의 귀빈 휴양소로 운영되었다. 특히 김일성과 그의 처 김정숙, 아들 김정일, 딸 김경희 등이 하계 휴양을 했던 곳으로 지금까지 통칭 '김일성 별장'으로 널리 알려져 있다.

화진포의 성은 한국전쟁 중에 훼손되어 1964년 재건축하였으며 1995년 육군 복지단이 개·보수하여 장병 휴양 시설로 운영하여 오다가 1999년 7월 육군에서 기존의 건물을 용도 변경, 개수하여 현재 역사 안보 전시관으로 운영하고 있다. 1층 제1 전시실은 화진포의 역사와 셔우드 홀(Sherwood Hall) 박사 관련 자료를 전시 중이고 2층은 김일성 별장으로 사용 시절 숙소 등을 재현해 놓고 기타 여러 가지 자료를 전시했다. 그리고 옥상은 전망대로 화진포해변과 화진호 등을 잘 감상할 수 있고 호수 건너 우암 이승만 별장도 잘 보인다.

화진포의 성을 내려오면 화진포와 화진해변이다.

화진포(花津浦湖)

강원도 지방기념물 제10호, 면적 2.3km^2, 호안선 길이 16km, 경승지이며, 수복(收復) 전에는 김일성의 별장, 수복 후에는 이승만의 별장, 이기붕의 별장이 있었다. 담염호(淡鹽湖)로, 연어·숭어·도미 등 서식어가 많아 낚시터로도 유명하다. 호수와 바다 사이의 백사장은 해수욕장으로 이용된다.. 화진포는 동해와 연접해 자연 풍광이 수려하고 면적 72만 평에 달하는 광활한 호수 주위에 울창한 송림이 병풍처럼 펼쳐진 국내 최고의 석호이다.

수만 년 동안 조개껍질과 바위가 부서져 만들어진 화진포의 모래는 모나즈 성분으로 이중환의 택리지에 한자의 울 '명' 자와 모래 '사' 자를 써 '명사'라고 기록되어 있다. 해변은 수심이 얕고, 물이 맑을 뿐만 아니라 금구도(섬)가 절경을 이루어 해수욕장으로 널리 알려져 있다. 겨울에는 천연기념물 제201호인 고니 등 수많은 철새들이 찾아와 장관을 이룬다. 새하얀 고니 떼가 노니는 모습은 '백조의 호수'를 연상하게 한다.

화진포 해양박물관을 지나면 화진포해안 북쪽 끝으로 철 지난 겨울 바다엔 갈매기만이 아침 햇살을 맞으며 비상을 하고 있고, 넓은 주차장은 황량하기만 하다. 군 경계 철조망을 따라 조금 가면 초도항으로 이곳이 가시 성게의 주산지로 성게를 형상화한 초도항 안내판이 우리를 정겹게 맞이해 준다. 초도항 앞바다의 금구도는 마치 거북이가 남으로 기어가는 형상을 하고 있으며 금구도의 안내판에 이곳이 광개토대왕릉으로 소개되어 있는데 어디까지를 정설로 믿어야 할지 혼란스럽다. 광개토대왕의 능은 중국 집안시(國內城) 광개토대왕비 부근에 있는 것으로 추정을 하고 있다. 이곳 금구도가 광개토대왕릉이라는 자료가 발견되었다고 하는데 믿을 것은 못 되는 것 같다. 고성군이 관광객 유치를 위한 고육지책인 것 같아 씁쓸하다.

초도항은 지나면 초도해변으로 넓고 황량한 겨울 바닷가 백사장엔 갈매기가 주인이고, 철 파이프형 환봉을 이용한 튼튼한 울타리가 해변과 도로 사이를 갈라놓고 있으며, 멀리 대진항 등대의 흰 타워가 보인다. 초도해변을 지나면 대진항으로 북쪽으로 마지막 항구이다. 초도항과 대진항은 4월부터 일정 기간 저도어장을 개방을 하는데 북쪽 어로 한계선까지 군함과 해경의 감시하에 조업을 한다. 황금 어장이 열리는 첫날 서로 빨리 나가기 위해 새벽부터 자리 쟁탈전이 치열한 것을 다큐멘터리로 보았다.

대진항 주변의 청진호 식당 간판에는 머구리 복장을 한 분의 사진이 들어 있는데 자세히 보니 몇 년 전 KBS 〈인간극장〉에 나왔던 분이다. 함경도 청진분으로 고향과 가까운 이곳 대진에 자리 잡고 정착하여 머구리 생활을 하며 힘겹게 생활을 했는데 지금은 안정이 되었는지 횟집을 하면서 머구리를 하고 있는 것 같다.

대진항을 돌아 수산시장 끝에서 대진등대 쪽으로 올라가 언덕을 내려서면 앞쪽으로 대진해변이 나타나고, 해변의 북쪽엔 고성 금강산콘도 건물이 보인다. 금강산콘도는 남북 이산가족 상봉 행사 당시 이산가족이 모여서 대기를 했다 출발을 하고 금강산 관광 시에는 항상 북적이던 곳인데 지금은 한적한 느낌을 지울 수 없다. 금강산콘도 뒤쪽으로 돌아가면 철조망 너머에 작은 섬이 보이고 철조망엔 무장 공비 침투 지역 2명 사살, 3명 도주라는 글이 걸려 있어 이곳이 휴전선에서 가까운 군 접경 지역임을 알 수 있다.

금강산콘도를 지나면 마차진해변이고 구 7번 국도를 따라가면 고성 통일전망대 출입신고소로 해파랑길 49구간 종점이다.

화진포 응봉

화진포해변

해파랑길 50코스

통일전망대 출입신고소 → 4.7km → 명파해변 입구 → 1.0km → 제진검문소 → 7.0km → 통일전망대: 11.7km

해파랑길 50코스는 부산 오륙도에서 출발하여 고성 통일전망대까지 도보 길 약 770km 구간의 마지막 코스이다. 통일전망대 출입신고소를 출발하여 통일전망대까지 전 구간을 걸어갈 수 없고 통일전망대 출입신고소에서 제진검문소까지는 걷고 나머지 제진검문소부터는 민간인이 출입할 수 없는 군사 지역인 민통선 구간으로 출입 신고를 하고 입장료 3천원/인을 내야만 차량으로 통행할 수 있다.

처음 해파랑길 조성 당시에는 통일전망대 출입신고소에서 구 7번 국도 아스팔트 포장길을 따라가 최북단 마을 명파리를 지나 제진검문소까지 가게 되어 있었으나 최근 고성군에서 관동팔경 녹색 경관길을 조성하면서 일부 코스를 변경하였다. 통일전망대 출입신고소를 지나 구 7번 국도를 따라 조금 가면 좌측으로 대형 휴게소 건물과 건어물 직판장이 폐허로 변해 있다. 금강산 관광이 막히고 뒤쪽으로 7번 국도가 4차선으로 새로 개통되면서 이곳은 직격탄을 맞은 것 같다.

구 7번 국도를 따라가 마차진 대공사격장 쪽으로 들어가 이정표를 보고 도로를 횡단하여 좌측으로 가면 관동팔경 녹색 경관길(마차진~명파리 구간) 안내판이 있다.

여기서 나무 계단을 올라가면 해파랑길은 소나무 숲길로 이어진다. 2일 전 내린 눈이 얇게 쌓여 있고 아무도 지나지 않은 소나무 숲길을 걷는 기분이 상쾌하다. 조용한 산속 눈 길에 아무도 지난 흔적이 없고, 간혹 동물의 발자국만이 흔적을 남기고 싸리나무 가지를 깔아 먹은 흔적이 곳곳에 있다. 개활지 부근의 숲속에서 먹이를 찾던 고라니가 낯선 침입자에 놀라 도망을 친다. 소나무 숲을 지나 비포장 군 작전 도로로 나오면 소나무 숲 양지바른 곳에 태양열 발전소가 있다.

이렇게 한적한 남한의 최북단에 태양열 발전소가 있는 것이 신기했지만 얼마 전 뉴스를 보고 요즘 태양열 발전소가 왜 야산의 산속에 건설되는지 알았다. 태양열 발전소 건설 업체들이 소나무 상태가 좋은 곳을 발전소 건물 부지로 선정을 하여 부지를 조성하며 고가의 소나무를 캐내어 비싼 가격에 반출하고 있다 한다. 잘생긴(?) 소나무 한 그루에 수백만 원에서 수천만 원까지 하니 태양열 발전소 건설을 명분으로 꿩 먹고 알 먹고인 것 같다. 참 머리가 비상하고 사업 수단 좋은 사람들이 정말 돈을 쉽게 버는 것 같아 그 뉴스를 보며 씁쓸했는데 이곳의 태양열 발전소를 보니 그 생각이 번뜩 났다.

그래서 최근 정부에서는 산림 훼손이 없는 곳에만 허가를 내주기로 했다고 하는데 그동안 소 잃고 외양간 고치기가 아닌지 궁금하다.

발전소 부근에서 남쪽으로 슬산 봉수대가 있다는 안내판이 있고 주변에 군인들이 보초를 서고 있어 그냥 통과를 했다. 해파랑길은 비포장 군작전 도로를 따라가다 도로가 끝나는 지점에 있는 군부대 정문 앞에서 다시 소나무 숲속 길로 이어지고 좌측으로 최북단 마을 명파리와 7번 국도가 보이고 우측으로 동해안 북쪽 마지막 해수욕장인 명파해변을 보면서 나무 계단을 걸어서 내려간다.

명파해변에서 7번 국도 하부를 통과하여 구 7번 국도를 따라가면 민통선 검문소인 제진검문소가 있다. 검문소 근무 장병들로부터 검문과 차량 이동 시 준수 사항 등을 간단히 설명 듣고 검문소를 통과하여 민통선 안으로 들어갔다. 아들과 딸이 초등학교 다닐 때 부모님을 모시고 통일전망대에 온 이후 오랜만에 사위와 외손자도 함께 통일전망대에 오니 세월이 정말 많이 지난 것 같다. 제진검문소를 지나 4차선 도로를 따라 이동을 하여 중간 지점에 좌측으로 달리지 않는 열차인 동해선철도남북출입사무소와 동해선도로남북출입사무소가 있다. 하루빨리 남북의 화해 무드가 조성되어 이 길을 이용하여 금강산도 가고 철길을 이용하여 러시아의 시베리아까지 가는 날이 왔으면 한다. 최종적으로 남북통일이 되어 출입 사무소 필요 없이 자유로운 통행이 이루어졌으면 좋겠다는 바람을 해 본다.

남북통일이 되면 해파랑길이 계속 이어져 금강산을 지나 원산까지 가고 함흥을 지나 백두산의 물줄기가 이어져 내려오는 두만강까지 가고 싶다. 북쪽으로 가는 해파랑길을 갈 수 있다면 금강산의 해금강과 금강산을 둘러보고 진흥왕 순수비가 있는 마운령과 황초령도 가 보고 싶다. 또 조선왕조 태조 이성계의 조상들이 살았던 함흥에 가서 목조, 익조, 도조, 환조의 흔적을 찾아보고, 추존 왕릉도 답사하며 더 올라가 청진의 푸른 바다도 보고 싶다. 그러나 현재의 남북 상황과 북한의 군이 정권의 권력을 좌지우지하는 상태에서는 남북의 화해와 통일은 머나먼 일인 것 같다. 특히 최근 북한이 핵무기 개발을 위한 핵실험과 미사일 개발 등으로 국제사회로부터 제재를 받으면서도 기존의 기득권 세력들이 계속 권력을 잡고 있는 것을 보면 통일의 염원은 당분간 요원한 것 같다.

금강산 육로 관광 시 북적이던 동해선도로남북출입사무소엔 인적 하나 없는 한적한 곳으로 변해 있다. 출입 사무소 근처의 서천 1, 2교차로를 지나 도로를 따라가면 통일전망대와 새로 건설 중인 건물이 보이고 전망대 동쪽 바닷가 쪽으로는 부처님이 북쪽을 바라보며 서 있는 모습이 보인다. 전망대 주차장에 도착을 하니 관광 비수기에 평일이라 주차장이 한산하여 승용차를 주차장에서 더 위쪽에 주차하고 통일전망대로 올라갔다.

통일전망대 건물 앞 민족의 웅비(民族의 雄飛) 기념석 앞과 해파랑길 50구간 안내판 앞에서 기념 촬영을 하면서 지난 1월 1일부터 시작한 동해안 해파랑길 770km 50구간 걷기를 완료하였다. 포스코를 36년간 다니고 마무리하는 2016년 올해를 뒤돌아보고 퇴직 후 더 건강한 삶을 살고 건강을 유지하면서 노후를 보내려고 시작을 했는데 이렇게 마무리를 하니 기쁨과 성취감보다는 왠지 모를 허무감이 먼저 다가오는 것 같았다.

그동안 집사람과 함께 완주를 할 수 있어서 더 큰 의미가 있었고, 힘들지만 잘 따라와 준 집사람에게 고맙다는 말을 하고 싶다.

동해안 해파랑길 770km를 걸으면서 새삼 우리 국토의 아름다움을 가슴속 깊이 느꼈고, 해파랑길 주변을 관광지와 유적지를 함께 돌아볼 수 있는 고맙고 행복한 시간이었다. 그리고 지난 세월을 돌아보면 내 자신을 반성하고 회사 퇴직 후 어떻게 살아야지 하는 생각을 해 본 소중한 시간을 보낸 것 같다. 끝으로 함께 걸어 주고 힘들어도 잘 따라와 준 아내에게 다시 한번 고맙다는 말을 하면서 해파랑길 약 770km 완주의 글의 마치려고 한다.

감사합니다~~

통일전망대

고성 통일전망대와 비무장지대(非武裝地帶, DMZ: Demilitarized Zone)

○ 고성 통일전망대

동해안 지역의 금강산 비로봉(毘盧峰: 1,639m)과 해금강(海金剛)을 바라볼 수 있고, 나아가 반공 교육에도 도움을 줄 목적으로 1983년 7월 26일 착공해 이듬해 2월 9일 준공하였다. 북위 38.35°에 위치하며, 해발고도 70m에 높이 8.8m의 2층 슬래브 건물이다.

연건평은 104평이며, 1층과 2층 각 52평씩으로 구성되어 있다. 종전에는 1층은 멸공관으로, '민족의 얼', '멸공의 의지', '통일을 향한 전진' 등 3실로 세분해 6·25 전쟁 당시부터 현재까지의 각종 무기와 장비, 금강산의 대형 모형·사진 등이 전시되어 있었으나 현재는 간이 식당과 상점으로 변했다. 현재 멸공관은 서쪽에 공사 중인 건물로 이전을 할 것 같다.

2층에는 120석의 좌석을 배치하고, 북쪽 면은 모두 유리창으로 만들어 북한의 금강산과 해금강을 한눈에 볼 수 있도록 배치하였다.

전망대 주변에는 지름 1.25m, 높이 1.87m의 통일기원범종과 전등 1,500개가 달린 전진십자철탑, 민족웅비탑, 마리아상, 통일 미륵불, 351고지 전투전적지 등이 있다. 전망대에서 금강산까지는 최단 16km, 최장 25km밖에 되지 않아 일출봉(日出峰: 1,552m)·월출봉(月出峰)·채하봉(彩霞峰: 1,588m)·육선봉(六仙峰)과 집선봉(集仙峰)·세존봉(世尊峰)·옥녀봉(玉女峰: 1,424m)·신선대(神仙臺)·관음봉(觀音峰) 등 금강산의 대표적인 봉우리를 볼 수 있다.

그러나 최고봉인 비로봉은 맑은 날에만 보인다. 해금강은 더욱 가까워 만물상(萬物相)·부처바위·백바위·구선봉(九仙峰) 외에 선녀와 나무꾼

의 전설로 유명한 감호(鑑湖) 등 해금강 전체를 한눈에 바라볼 수 있다. 통일전망대에 가기 위해서는 10km 남쪽에 있는 통일안보공원 출인신고소에서 입장료 3,000원을 내고, 예전엔 소정의 교육을 받아야 했으나 현재는 교육 없이 바로 입장할 수 있다.

비무장지대(非武裝地帶, DMZ: Demilitarized Zone)에 대한 회상

내가 처음 비무장지대 남방한계선(약칭 GOP: General outpot)를 처음 본 곳은 현재 중부 전선 철원 지역 6사단 월정리역 부근이다. 1978년 봄 충북 증평 신병 훈련소에서 신병 교육을 마치고 수색대 요원으로 차출되어 포천 이동 13공수여단에서 특수전 교육을 받을 때이다. 특수전 교육 종반에 전방 실습을 간다고 하여 간 곳이 전방 부대인 철원 6사단이다. 주간에 도착하여 남방한계선(GOP)을 처음 보았을 때 그 팽팽한 긴장감은 세월이 많이 지났어도 지금도 생생히 기억을 한다.

주간에는 쉬고 밤에 GOP 근무를 그곳 현역병과 함께 합동으로 나가 칠흑 같은 어둠 속에서 초소 근무를 하는데 금방이라도 앞에 무장 공비가 나타날 것 같은 긴장감에 다리가 후들거릴 정도였다. 보통 전방 신병들이 GOP 근무를 하려면 주변의 지형에 익숙해지고 나면 천천히 주간 초소 근무부터 시켜 어느 정도 군대 밥을 먹어야 야간 초소 근무를 투입을 시키는데 우린 바로 투입이 되었으니 신병들이 얼마나 놀라고 긴장을 했겠는가!

2박 3일간의 짧은 전방 실습을 끝내고 복귀하여 특수전 교육 완료 후 자대 배치를 받은 곳이 양구 21사단 수색대이다. 전방 보급소에서 마중 나온 고참들에게 이끌려 더블 백(군대 용어: 따블 빽)을 메고 계곡을 지나 산길을 기합받고 얻어맞으면서 도착을 하니 남방한계선 부근 산속 양지 바른 곳에 지하 벙커 막사가 있었다. 전기도 들어오지 않는 시멘트 벙커 안에 2층 침상이 놓여 있었다. 고참들은 전부 계급장과 명찰도 없고 흡사 어떻게 보면 산속의 험상궂은 포수 같은 모습으로 나를 신기한 듯 바라보고 있었다. 자대를 배치받아 시작된 졸병 생활은 긴장의 연속이었고 매일 저녁 무슨 명목이든 취사장에 집합하여 고참이 군기가 빠졌다는 말과 함께 구타가 시작되고 빨리 몇 대 맞고 자는 것이 더 편할 정도였다.

며칠이 지난 뒤 처음으로 DMZ 수색 작전에 투입되었다.

지금은 어떻게 하는지 모르지만 그 당시는 적에게 신분 노출을 방지하기 위하여 명찰과 계급장을 제거한 군복을 입고 작전에 투입되었다. 개인화기인 M16 소총에 실탄 105발과 수류탄 2발이 지급되었고, 유탄 발사기 사수는 유탄 발사기와 유탄을 20발을 휴대한다. 또한 야간 매복 작전에는 월남전에서 위력을 발휘한 크레모아도 휴대를 한다.

소대장 또는 선임하사(중사)가 인솔하는 9명이 한 팀이 되어 DMZ 수색 또는 매복을 하게 된다. 처음으로 GOP 철조망 통문을 열고 비무장지대로 들어설 때의 기억이 세월이 많이 지났어도 지금도 뚜렷이 생각이 난다. 더욱이 밤에 비무장지대에 야간 매복을 나설 때는 두려움과 긴장감으로 가슴의 심장 뛰는 소리가 내 귀에 들릴 정도였다.

GOP

이렇게 두렵고 긴장되었던 것도 세월이 지나 소위 짬밥 그릇이 늘어나면서 비무장지대가 그냥 내 집같이 편안해졌던 것 같다.

그러나 제대할 때까지 항상 긴장했던 것은 야간 매복 작전 시 들어갈 때는 고참이 뒤에서 따라 들어가지만 반대로 복귀를 할 때는 역으로 제일 고참인 부분대장이 마지막 뒤에서 나가게 된다. 철수할 때 누가 뒤에서 나타날 것 같은 긴장감에 목뒤가 시려서 도저히 앞을 보고 걷지를 못하고 GOP 철조망을 나설 때까지 뒤돌아보면서 나왔다. 비무장지대에서 생활을 해서 통일전망대 같은 곳에 가면 나는 두렵거나 긴장감 같은 것은 없다. 옛날 군 생활을 추억으로 기억하고 주변의 경치를 즐기는 것으로 휴전선 155마일의 전망대 몇 곳을 다녀 보았다.

○ 비무장지대(非武裝地帶, DMZ: Demilitarized Zone)

DMZ(Demilitarized zone)로도 약칭된다.

우리나라의 비무장지대는 '한국 휴전협정'에 의해서 설치된 것으로, 휴전협정이 조인될 당시 쌍방 군대의 접촉선을 군사분계선으로 명확히 구분하여 이 선으로부터 남북으로 각각 2km씩 4km의 폭을 갖는 비무장지역을 일컫고 있다. 비무장지대 안에는 GP(Guard Post)가 명목상 군사정전위원회 감시하에 설치되어 있다. 그러나 현재는 남북한 쌍방에서 GOP 철책을 군사분계선 쪽으로 추진하여 가까운 곳은 쌍방의 거리가 2km도 안 되는 곳이 많다.

비무장지대 작전

1951년 7월 10일 휴전회담이 시작되고, 그해 7월 26일 협상 의제와 토의 순서가 확정됨에 따라 7월 27일부터 군사분계선과 비무장지대의 설정 문제에 대한 토의가 시작되었다. 유엔군 측은 현재의 접촉선을 군사분계선으로 하자고 주장한 데 대하여 공산군 측은 38도선을 군사분계선으로 설정해야 한다고 주장하였다. 이처럼 쌍방의 주장이 팽팽히 맞서 회담은 진전되지 않았다. 유엔군 측은 회담을 유리하게 이끌어 나가기 위해 전체 전선에 걸쳐 적극적인 공세를 전개하였다. 이것이 주효하여 10월 22일 공산군 측의 요청으로 판문점에서 휴전회담이 재개되었다. 공산군 측은 옹진반도에서 철수하는 대가로 유엔군에게 현재의 전선에서 최대 40km 철수할 것을 요구하면서 문산 북방 16km 부근의 지능동을 기점으로 하는 선을 군사분계선으로 하자고 주장하였다.

그 뒤 수차에 걸친 논의 끝에 공산군 측이 유엔군 측의 제안을 받아들여 군사분계선을 쌍방 군대의 현재 접촉선으로 하고, 남북으로 각각 2km씩 4km 폭의 비무장지대를 설정하는 데 합의함으로써 11월 27일 군사분계선과 비무장지대 설정 협정이 조인되었다.

그 요지는 다음과 같다.

1. 휴전협정이 조인될 때까지 전투를 계속한다.
2. 현재의 접촉선을 군사분계선으로 하고 이를 중심으로 남북으로 각각 2km씩 4km의 비무장지대를 설치한다.
3. 이 군사분계선과 비무장지대는 30일 이내에 휴전협정이 조인될 경우에 한하여 유효하고, 만일 30일 이내에 휴전협정이 조인되지 않을 경우에는 군사분계선은 휴전협정이 조인될 당시의 접촉선으로 한다는 것이었다. 그러나 합의한 지 30일이 되는 그해 12월 27일까지 휴전이 성립되지 않아 이 협정은 무의미하게 되었다.

그 후 휴전회담은 난항을 거듭하다가 1953년 6월 8일 포로 교환 문제를 마지막으로 휴전회담 의제가 모두 타결됨에 따라 1953년 7월 22일 군사분계선이 다시 확정되고 이에 따라 비무장지대가 설정되었다.

DMZ

제주 올레길은

사단법인제주올레에서 관리하는 제주특별자치도의 둘레길이다. 소설가이자 언론인인 서명숙 씨가 산티아고 순례길을 걷고 영감을 얻어 비영리단체인 제주올레를 설립하고 2007년부터 제주 올레길을 개발하였다.

제주 올레길의 방향과 원칙은 다음과 같다.

1. 제주도를 걸어서 여행하는 장거리 도보 여행길(27코스, 437km) 제주올레트레일(JEJU OLLE TRAIL)을 조성, 관리, 운영하는 비영리법인으로 후원금과 기념품 판매 수익 등으로 유지된다.
2. 걷는 사람, 길 위에 사는 지역민 그리고 길을 내어 준 자연이 함께 행복한 길을 목표로 놀멍, 쉬멍, 걸으멍 고치(함께) 가는 길을 만든다.

3. 제주 올레길은 옛날 제주 사람들이 걸어 다닌 길을 찾아 잇고, 안전을 위한 최소한 손질을 더해 자연 그대로의 길을 유지하려고 한다.
4. 제주올레를 기반으로 마을 주민, 자원봉사자, 후원 회원 등 다양한 사람들과 함께 길을 활용한 콘텐츠와 프로그램을 만들어 길을 통한 즐거움, 위로, 치유, 건강들을 나누고자 한다.
5. 제주올레의 생각과 가치를 우정의 길, 자매의 길을 매개로 세계인들과 함께 공유하며 교류하고 있다.

제주 올레길 1코스

시흥리 정류장 → 알오름 → 종달리사무소 → 성산일출봉 → 광치기해변: 15.1km

포항에서 새벽에 출발하여 전남 고흥 녹동항에 도착 후 미리 예매를 한 남해 카페리에 차를 선적하고 3층 객실에 들어갔다. 약 4시간을 운항하여 오후 1시경 제주항에 도착했다. 제주항에서 약 40분 정도 달려 성산읍 시흥초등학교에 도착 후 학교 주변에 주차를 하고 배낭을 간단히 메고 출발했다. 시흥초교 근처가 1코스 시작 지점으로 간단한 설명과 마을의 유래 안내판이 있다. 올레길을 계획하면서 자료를 찾아보고 준비를 했는데도 어떻게 해야 하는지 처음에 막막하기만 했다. 1코스를 시작하여 조금 올라가 처음 만난 올레길 공식 안내소에서 완주 증명을 위한 패스포트와 안내 책자를 구입하고 안내소 여직원분의 친절한 안내를 받았다.

안내소를 지나 올레길은 두산봉으로 올라간다. 말미오름인 이곳은 응화환으로 된 수중 분화구 내부에 이차적으로 생성된 화구구(火口丘)인 분석구를 갖고 있는 전형적인 이중식 화산체라고 설명되어 있지만 설명 내용이 잘 이해가 되지 않는다. 조금 더 쉽게 이해를 할 수 있도록 했으면 좋겠다. 전문가가 아니면 도통 알 수 없는 내용이다. 두산봉 정상의 조망은 대단히 좋아서 성산일출봉과 한라산이 한눈에 들어오고 성산포 일대의 넓은 들판이 한가롭기만 하다. 말미오름(표고 126.5m)의 능선에서 보이는 시흥리 밭에는 감자, 무, 당근 등을 재배하고 한 곳은 돌로 경계를 만든 밭이 한반도 지형을 닮았다. 밭을 만들면서 일부러 만든 것은 아니지만 한반도 지형과 흡사해서 신기하기만 했다.

말미오름의 긴 능선을 따라 내려갔다 올레길은 다시 알오름으로 올라간다.

알오름(표고 145.9m)의 완만한 경사를 오르면 언덕길 양쪽으로 억새가 하얗게 말라 있고 이곳도 조망이 대단히 좋아 동쪽으로 성산포의 들판과 성산일출봉 그리고 바다 건너엔 우도가 잘 보인다. 서쪽으론 아직 정상 부근에 흰 눈이 녹지 않은 한라산이 보여 제주도 동부 지역의 뛰어난 풍광을 볼 수 있어 첫날부터 기분이 좋다. 알오름을 내려와 밭을 통과하면 종달리로 시작은 서귀포시 성산읍 시흥리에서 시작을 했지만 올레길은 제주시로 들어왔다 종달해변에서 다시 서귀포로 들어가게 되어 있다.

한라산의 남쪽은 서귀포시이고 북쪽은 제주시로 하나의 섬이지만 놀랍게도 날씨, 언어, 사람들의 성격도 조금씩 다르다고 한다. 따뜻한 남쪽인 서귀포가 조금 더 느긋한 편이라고 한다. 시흥리와 종달리는 제주도에서 이웃한 마을이지만 서로 왕래가 별로 없는 가깝고도 먼 이웃이라고 하니 신기하다. 행정 개편을 하다 보면 어느 마을은 개울을 사이에 두고 경계가 지나고 우스운 말로 안방과 윗방이 다른 곳도 있다고도 한다.

1132번 제주도 일주도로 종달교차로를 건너 종달초등학교를 지나 올레길은 종달리 소금밭을 지난다. 종달리는 현재의 위치가 아닌 현 은월봉 앞에 넙은드르라는 평지의 대머들이라는 곳에 마을을 이루고 있었다. 진시황이 제주도의 혈들이 인걸(인재)만 쉴 새 없이 나오는 게 심상치 않아 고

종달이를 불러 제주의 수맥을 끊으라고 지시를 내렸고 고종달이 이 마을에 있는 물징거(용천수) 물의 떠 버리자 동네 사람들은 찾아 물을 찾아 바다 쪽으로 내려와서 지금의 종달리가 이루어졌다는 전설이 있다고 한다.

옛날 종달리(終達理)는 유명한 소금 생산지로 알려졌다.

본시 제주엔 염전이 없어 원시적인 방법으로 갯바위에서 소량의 소금을 생산하고 다량은 육지부의 수입에 의존했었다. 선조 때 목사 강여(姜侶)는 종달리를 최적지로 보아 마을 유지들을 출륙시켜 제염술을 익혀 들어와 소금을 생산한 것이 시초이다. 광복 후 육지와의 교통이 발달하여 육지염이 다량으로 수입되어 활기를 잃고 폐염 되었다가 방조제를 쌓아 간척지를 조성하였다. 이후 간척지에 농토를 만들어 농사를 지었으나, 쌀이 남아돌아 자연 폐작되고 현재 개인소유로 남아 있다. 폐작 되었으나 현재 땅값이 폭발적으로 상승하여 엄청난 가격이 형성되어 있다고 한다. 한마디로 천지개벽될 정도로 가격이 올랐다고 하니 그저 놀랍기만 하다.

종달리마을을 통과하면 종달리해변이다.

종달리해변 중간 지점에 해녀 동상이 있고 이곳이 제주시와 서귀포시의 경계 지점으로 목화휴게소에서 중간 지점 스탬프를 찍고 한라봉 한 봉지를 구입했다. 조가비박물관을 지나면 우측으로 제주도 올레길에서 처음 만나는 오소포연대가 있다. 연대는 횃불과 연기를 이용하여 정치·군사적으로 급한 소식을 전하던 통신수단을 말하고 봉수대와는 기능 면에서 차이가 없으나 연대는 주로 구릉이나 해변 지역에 설치되었고 봉수대는 산 정상에 설치하여 낮에는 연기로 밤에는 횃불로 신호를 보냈다. 오소포연대는 오조리 해안가에 있으며, 수산진에 소속된 것으로 정의현 소속 별장 6명, 봉군 12명이 배치되었다고 한다.

한반도 밭

일출봉

오소포연대를 지나 계속해서 도로변을 따라가서 오조포구를 지나 성산포 수문 다리를 건너면 성산일출봉 쪽으로 올레길이 이어진다. 성산포 동쪽 절벽 부근에서 성산일출봉 주차장으로 내려온다. 성산일출봉은 한라산과 함께 제주도의 상징과 같은 곳으로 제주도 동부 지역에서 가장 많이 알려진 관광지 중의 한 곳이다. 올레길 1코스는 성산일출봉은 올라가지 않고 주차장에서 마을을 통과하여 성산일출봉 남쪽 해변으로 올레길이 이어진다.

일출봉은 천연기념물 제420호로서 2007년 세계자연유산 등재, 2010년 세계지질공원 대표 명소로 인증되었다. 해 뜨는 오름으로 불리는 성산일출봉은 약 5천 년 전 얕은 수심의 해저에서 수성화산 분출에 의해 형성된 전형적인 응화구이다. 높이 180m로 제주도의 동쪽 해안에 거대한 고성처럼 자리 잡고 있는 성산일출봉은 사발 모양의 분화구를 잘 간직하고 있을 뿐만 아니라 해안 절벽을 따라 다양한 화산체의 내부 구조를 훌륭히 보여주고 있다. 이러한 특징들은 일출봉의 화산활동은 물론 전 세계 수성화산의 분출과 퇴적 과정을 이해하는 데 중요한 자료를 제공해 주고 있다.

성산일출봉 남쪽 해안에는 일제시대 만들어진 일본군 동굴 진지가 있다.

제2차 세계대전 말기에 일본군은 연합군과 최후의 일전을 준비하기 위해 제주 전역에 수많은 동굴 진지를 구축했다. 당시 성산일출봉은 일본 해군 자살 특공 기지였고, 이곳의 동굴 진지는 폭약을 실은 특공 소형선을 감춰 놓기 위한 비밀 기지였다. 일출봉 해안에는 모두 18곳의 동굴 진지가 확인됐는데, 총길이가 514m로 제주도 내 특공 기지 가운데 가장 긴 규모이다. 이곳 제주 일출봉 해안 일제 동굴 진지는 2006년 12월 근대문화유산 등록문화재 제311호로 지정되었다고 한다.

성산포 마을과 상가 지역을 통과하여 광치기 해변으로 올레길은 이어지고 성산포공원을 지나면 광치기해변 끝 부근이 제주 올레길 1코스 종점이다.

제주 올레길 1-1코스

천진항 → 하우목동항 → 하고수동해변 → 우도봉 → 천진항: 11.3km

성산읍 게스트하우스 무명화가의 집에서 아침 식사 후 성산포 여객선 터미널로 이동하여 배를 타고 우도로 들어갔다. 승선료 왕복 2명 8,000원 입장료 2명 2,000원 터미널 이용료 2명 1,000원 합계 11,000원을 지불했다. 재작년에 왔을 때도 입장료는 없었던 것 같은데 입장료를 승선료에 포함해서 받으니 할 수 없이 내지만 과연 우도 입장료를 받아야 하는가 의문이 든다. 우도는 소가 드러누워 있는 형상이라 하여 소섬, 쉐섬으로 부르다가 한자로 우도(牛島)로 표기했다고 한다. 1697년 조선시대 숙종 때 국유 목장이 설치되면서 말을 관리하기 위하여 사람들이 살기 시작을 했다. 섬 전체가 용암지대이며 넓고 비옥한 땅으로 이뤄져 있다. 특히 우도산 땅콩은 명품으로 알려져 있다. 우도 땅콩은 비옥한 토양에서 해풍을 맞으며 자라 여느 땅콩보다 크기가 작고 조직이 부드러우며 단백질 함량이 많다. 우도 곳곳에서 땅콩을 팔고 있다. 카페 등에서 땅콩 아이스크림을 팔고 있고, 그 맛이 별미이다.

우도 선착장에 내려 항구 입구에 있는 스탬프를 찍고 북쪽으로 해안도로를 따라 조금 내려가다 마을 안길로 들어간다. 우도 올레길은 해안선

우도

일부이고 나머지는 마을과 마을을 이어 주는 시골길과 농로를 따라 걷는 길이 많다. 마을 안길을 따라서 서천진동을 지나 해안으로 내려가면 우도 산호해변이다.

이곳 우도 홍조단괴 해빈은 천연기념물 제438호로 물속의 홍조류가 탄산칼슘을 침전시켜 홍조단괴를 형성한 곳이다. 홍조단괴를 예전에는 죽은 산호가 쌓여 만들어진 산호사 해변이라고 불렀는데, 나중에 홍조류가 바위 등에 몸을 붙이면서 살기 위해 만들어 내는 하얀 분비물과 조개비로 만들어진 백사장이라고 밝혀졌다고 한다. 이 백사장은 하얗다 못해 푸른빛이 돌 정도이다. 눈이 부시도록 하얗다고 서빈백사라고도 불린다.

홍조단괴 해빈을 지나면 하우목동항으로 성산포에서 천진항과 함께 배가 들오는 곳이며 우도 올레길 스탬프를 찍고 출발했다. 해안선과 함께 가던 올레길은 주홍동에서 마을 안길과 밭 사이 돌담길로 들어간다.

파평 윤씨 공원묘원을 지나 돌담길 사이 양지바른 곳에는 벌써 노란 유채꽃이 피어 나그네를 반기고 있다. 산고수동을 지난 하고수동해변에 도착을 하니 관광객들이 북적이고 음식점과 카페가 늘어서 있다.

재작년에 부모님과 동생과 함께 이곳에 왔을 때 보말 칼국수를 맛있게 먹었던 기억이 있다. 점심 먹기가 이른 시간이라서 그냥 통과를 했다. 제주에는 보말 칼국수를 파는 식당이 대단히 많다. 제주도에서 나는 보말이라는 작은 고둥을 넣고 끓인 칼국수로 국물이 진하고 독특한 맛을 내어 미식가들이 즐겨 찾고 있다.

우도봉 아래는 벌써 유채꽃이 활짝 피어 유채밭에 들어가 사진 촬영을 하고 있다.

유채밭에 들어가 사진 촬영하는 데 인당 천 원이라고 한다. 봄이면 제주도 노랗게 핀 유채꽃이 제주도의 풍경을 대변할 정도로 유명하다. 그래서 제주도 하면 유채꽃부터 생각이 날 정도였다. 유채는 육지에도 많이 재배하는 것으로 지역에 따라 여러 가지 이름으로 불리며 채소로 어릴 때는 나물로 먹고 노란 꽃이 떨어진 후 씨앗은 기름을 짜서 식용 등으로 사용을 한다. 유채는 표준어이고 사투리는 하루나, 신안아빠, 월동초 등으로도 불린다. 노랗게 핀 유채밭에 들어가 사진 촬영 때 돈을 받는 것을 보니 돈 참으로 쉽게 버는 것이지만 이것도 상술이라고 생각하니 이해가 간다.

유채밭을 지나 도로를 횡단 후 우도봉까지 잠시 힘들게 계단을 올라가면 우도등대가 있다. 우도봉 남쪽 절벽 아래 검멀레해변은 검은 모래 해변으로 검은 모래사장과 짙푸른 바다가 신비로운 느낌을 주는 곳이다. 검멀레해변 끝에는 우도 사람들이 고래콧구멍굴이라 부르는 동안경굴이 있다. 썰물 때만 드러나는 동굴로 이름처럼 고래가 살았다는 전설이 내려온다.

재작년에 검멀레해변을 지나 동굴까지 다녀왔는데 명성에 비해 별것은 없고 푸른 바다를 보면서 다녀 볼 만한 곳이다. 경사진 계단을 올라 능선을 따라가면 우도등대이다. 우도등대의 조망이 대단히 좋지만 오늘은 날씨가 흐려서 멀리 보지 못하는 아쉬움이 있다. 그래도 해안의 절벽과 검멀레 해안의 절경이 한눈에 들어온다.

우도봉의 예전 등대는 97년간 운영 후 노후되어 2003년 11월에 폐지하였으나 이 등탑의 항로표지가 역사적 가치가 인정되어 원형을 영구히 보존하기로 한다고 한다. 구 등대 옆에는 새로운 등대를 만들어 운영을 하고 1층에는 작은 등대 박물관도 함께 있어 관광객들이 많이 관람하고 있다. 등대에서 내려오면 작은 등대 공원을 만들어 우리나라 주요 등대 그리고 세계 각국의 주요 등대 모형을 만들어 놓아 비교를 하며 둘러볼 만하다. 조금 더 내려오면 우도 대공원이다.

대공원을 지나 마을을 통과하면 출발했던 천진항이다.

검멀레해변

제주 올레길 2코스

광치기해변 → 식산봉 → 대수봉 정상 → 혼인지 → 온평포구: 15.6km

올레길 2코스는 제주 올레—캐나다 브루스 트레일 우정의 길로 명명되어 있으며 오조포구를 지나면 대부분 내륙을 통과하는 코스이다. 광치기해변 1코스 종점에서 일출봉 쪽으로 조금 올라가다 유채꽃밭에서 성산포 호수 쪽으로 내려선다. 해안선을 막아 호수를 만든 곳을 지나면 좌측으로 양식장을 하다 폐업했는지 양식장 구조물이 흉물스럽게 호수에 방치되어 있다. 전국적으로 해안을 가 보면 양식장 폐기물이 넘쳐 난다. 폐업을 하면서 방치한 폐기물도 많지만 멀쩡한 어구도 많은 것을 보면 관리 소홀로 버려진 것도 많다. 양식장 사업도 좋지만 바다가 없으면 양식도 할 수 없다는 인식을 가지고 좀 더 철저히 폐기물을 관리를 했으면 하고 당국에서도 철저한 관리 감독이 필요하다.

오조포구 일대는 철새 도래지로 유명한 곳으로 조류 AI 관련 통행을 금지하고 있으나 올레길을 막지는 않고 있다. 이곳 일대는 썰물 때면 수십만 평의 모래밭이 드러난다고 한다. 물이 잔잔하고 성산일출봉의 그림자가 비친다고 하여 찾아오는 이들이 많고 조선 말기 보를 쌓아 논을 만들었지만 현재는 늪으로 남아 있다. 오조포구 부근 방조제를 지나 식산봉

광치기해변의 유채꽃

(바오름)으로 올라간다. 바닷가 오름인 식산봉은 표고 60.2m로 목재 계단으로 잘 닦여 있어 숲길을 즐기기에 좋은 곳이다. 식산봉에서 내려와 방조제를 지나 오조리사무소에 들어오니 해가 넘어가서 더 이상 갈 수 없어 택시를 타고 시흥초등학교로 가서 승용차를 찾아 식당으로 갔다. 식사를 하고 미리 예약한 게스트하우스 무명화가의 집으로 가서 금일 여정을 마무리하였다.

무명화가의 집 게스트하우스 남편분은 화가이며 게스트하우스를 직접 만들었고, 현재에도 옆에 건물을 혼자 증축하고 있다. 여사장님은 서울에서 식당을 하신 분으로 음식 솜씨가 정말 좋으신 분이다. 대부분의 게스트하우스가 아침에 샌드위치 정도만 주는데 이곳은 아침에 여사장님이 직접 아침 식사를 준비해서 손님들과 게스트하우스 내외분이 함께 모여서 식사를 한다. 저녁에 손님들이 거실에 모여서 TV도 함께 보면서 여행에 대한 정보도 교환하고 간단하게 맥주도 한잔할 수 있다. 그리고 저녁엔 마당에서 고기를 구워 먹을 수 있도록 준비도 해 주신다. 여사장의 인상도 좋으시고 음식 맛도 좋아 우린 3일간이나 숙박을 했다.

다음 날 오조리사무소를 출발하여 성산포성당을 지나 성산읍을 우회하여 마을 안길로 들어간다. 한참을 가서 1119번 지방도를 횡단하여 앞을 보니 대수산봉(큰물메)이 앞을 가로막고 있다. 체력이 떨어진 상태에서 대수산봉을 넘어가려니 아득하기만 하다. 한참을 정신없이 가다 보니 앞서간 외국인과 한국 아가씨가 되돌아온다. 길을 잘못 들은 것이다. 올레길을 가다 리본이 없으면 되돌아가서 길을 다시 찾아야 하는데 앞서가는 사람이 있으니 그냥 따라 간 것이 화근이었다. 되돌아와서 리본을 보고 급경사 길을 올라가니 대수산봉 정상이다. 대수산봉 정상은 예전 수산봉수로 조선시대까지 사용했으나 현재 원형은 없어지고 흔적만이 남아 있다. 대수산봉의 조망은 대단히 좋아 성산일출봉과 섭지코지가 한눈에 들어오고 운무가 끼어 있어도 멀리 한라산이 희미하게 보인다.

대수산봉에서 과일을 먹고 내려오니 길 양쪽은 전부 무밭이다. 일부 밭은 수확을 했고 아직도 무가 푸르게 자라고 있다. 무를 수확한 밭에서 남은 무를 하나 뽑아 깎아 먹어 보니 맛없는 과일보다 훨씬 맛이 좋았다. 그전에 마트에서 제주도 무를 파는 것을 많이 보았는데 이렇게 무를 많이 경작을 하는 줄 몰랐다. 무밭과 돌담길을 계속 걸어서 내려가니 혼인지가 있다.

혼인지는 삼성혈(三姓穴)에서 태어난 탐라의 시조 고(高), 양(梁), 부(夫) 씨의 삼 신인이 동쪽 바닷가에 떠밀려 온 함 속에서 나온 벽랑국 세 공주를 맞이하여 각각 배필을 삼아 이들과 혼례를 올렸다는 곳이다. 그 함 속에서 나온 송아지, 망아지를 기르고 오곡의 씨앗을 뿌려 태평한 생활을 누렸고, 이로부터 농경 생활이 시작되었다고 한다. 지금도 당시 세 공주가 들어 있던 함이 떠밀려 왔던 해안인 황루알에는 삼 신인의 말발굽이라는 흔적이 남아 있다고 한다. 고, 양, 부 삼 신인과 벽랑국 삼 공주가 합방하였다는 신방굴과 혼인지 연못을 지나 골목으로 들어가니 순덕이네 집이라는 맛집이 있다. 이 집은 재작년엔 부모님과 동생과 함께 왔었고 작년엔 딸과 사위와 왔었는데 해물 관련 음식 맛이 좋다.

순덕이 집을 지나 도로로 내려오니 길가에 제주 제2공항 건설 반대 플래카드가 많이 걸려 있다. 제주 제2공항 건설은 더 이상 미룰 수 없는 국책 사업이며 제주도 관광 발전을 위해서는 꼭 필요한데 주민들과의 마찰을 피할 수 없는 것 같다. 주민들과 정부 간의 원만한 합의가 이루어져 조기에 착공하기를 바라 본다. 혼인지를 지나 1132번 도로를 건너면 온평 마을이다.

혼인지

제주 올레길 3코스

온평포구 → 신산환해장성 → 신산리마을카페 → 신풍 신천 바다목장 → 표선해수욕장: 13.4km

제주 올레길 3코스는 영국 코츠월드웨이와 우정의 길로 명명되어 있다. 길이 험하지 않지만 A 코스는 제주도 중산간 지역을 지나고 B 코스는 해안선을 따라가는 구간이 많다.

온평포구 혼인지마을을 출발하여 조금 가면 제주도 특유의 검은 바위 해안을 바라보며 포구를 걷기 시작을 한다. 포구 해안에는 검은 현무암으로 쌓아 올린 도대(옛 燈臺)를 지난다. 제주 바닷가 마을 포구에는 고기잡이 나간 어부들이 무사히 돌아올 수 있도록 불을 밝히는 옛 등대가 있었다. 이것을 도대라 한다. 도는 입구를 나타내는 제주어이며 대는 돌을 쌓은 놓은 시설을 말한다.

도대를 지나면 3코스는 A 코스와 B 코스로 나누어진다.

A 코스는 제주도 중산간 지역의 오름의 풍광을 따라가는 코스로 19.9km이고, B 코스는 해안선을 따라가는 코스로 13.4km이다. 체력에 맞게 본인이 선택하여 가면 되고 우린 B 코스를 따라 해안선을 따라가다 김영갑갤러리두모악를 들렀다 가기로 했다.

해안선을 따라 조금 가서 오른쪽 내륙으로 들어가 무밭을 지나게 된다.

무밭과 마을을 지나 해안선으로 내려와 조금 더 가면 신산환해장성이 있다. 신산환해장성은 고려시대에 쌓은 산성으로 왜구 침입을 막기 위해 조선시대까지 보수 및 정비를 하면서 사용을 하였고 현재 약 600m로 온평환해장성 제4지점과 연결된다고 한다.

신산포구를 지나 신산리마을카페에 3코스 중간 스탬프를 찍는 장소가 있다.

스탬프를 찍고 해안선을 따라 B 코스로 가지 않고 A 코스에 있는 김영갑갤러리두모악 들렀다 가려고 올레길이 아닌 도로를 따라 내륙으로 김영갑 갤러리로 갔다.

김영갑갤러리두모악은 폐교였던 삼달분교를 개조하여 만들었으며 2002년 여름에 문을 열었다. 한라산의 옛 이름이기도 한 두모악에는 20여 년간 제주도만을 사진에 담아 온 김영갑 선생의 작품들이 전시되어 있다. 불치병인 루게릭병으로 더 이상 사진 작업을 할 수 없었던 김영갑 선생이 생명과 맞바꾸며 일구신 두모악에는 평생 사진만을 생각하며 치열하게 살다 간 한 예술가의 숭고한 예술혼과 가슴 시리도록 아름다운 제주의 비경이 살아 숨 쉬고 있다. 김영갑 선생은 나와 동갑인 1957년 정유년생인데 10여 년 전에 타계를 하여 너무 아쉬웠다.

환해장성

김영갑 갤러리에서 관람 후 마을 안길로 들어가니 이곳 밭도 모두 무밭이다.

무밭에 일하시는 분에게 제주 무에 대해 물어보니 그분 말씀이 이곳 무가 단단하고 맛이 좋다고 하신다. 그래서 왜 무밭에 풀이 이렇게 많습니까? 하고 물었더니 그분이 하시는 말씀이 무밭에 풀을 뽑으면 겨울에 보온이 되지 않아 무에 바람이 들어 상품성이 떨어진다고 한다. 이 말씀을 듣는 순간 난 아차 했다.

내 생각엔 일손이 부족하고 또 농민분들이 풀이 너무 많아 어떻게 할 수 없어 그냥 두었다고 생각했는데 내 생각이 잘못이라는 것을 알았다. 어디를 가나 고수가 있는 법인데 나 같은 하수가 괜히 아는 척한 것 같다. 세상 어디를 가나 고수가 있는 법이다.

즉 인생도처유상수(人生到處有上手)이다.

신풍교차로를 지나 해안으로 내려오면 신풍 바다목장이다. 이 목장은 예전에 신천마장이라 불리는 마을 공동 방목장이었고 지금은 사유지로 소를 방목하여 키우고 있다. 제주 올레의 제안에 소유주가 흔쾌히 길을 열어 준 덕분에 지금처럼 아름다운 제주 올레길이 되었다고 한다. 신천 바다목장엔 현재 소, 말은 몇 마리 없고 겨울에 신풍 바다목장엔 감귤 껍질을 널어서 말린다고 하는데 지금은 귤이 없어 황량하기만 하다. 넓은 목장에 노란 감귤을 널어서 말리는 광경이 장관이라고 한다. 감귤 껍질 말리는 시기에 이 광경을 보기 위해 많은 관광객들이 와서 사진 촬영할 때 인부들과 작은 실랑이가 벌어진다. 멀리서 풍경만을 촬영해야 하는데 인부들의 모습이 나오게 촬영을 하여 실랑이가 벌어지는 것이다. 사진도 좋지만 개인적인 프라이버시도 생각을 하고 망원렌즈로 개인의 얼굴이 나오게 촬영을 하면 안 될 것이다.

신천리포구를 지나면 신미천이다.

그리고 마을 표지석이 멋진 하천마을을 지나면 표선해변이다.

표선해변은 모래가 고운 해수욕장으로 오늘은 썰물이라 백사장이 넓게 펼쳐져 있고 경사가 급하지 않아 여름철 해수욕장으론 제주에서는 최고이다. 썰물 때에 커다란 원형 백사장인데, 밀물 때에는 바닷물이 둥그렇게 들어오면서 마치 호수처럼 보인다. 전설에 따르면 이 백사장은 원래 바다였고 동쪽의 남초곶은 큰 숲이었는데 설문대할망이 하룻밤에 새남초곶의 나무를 다 베어서 바다를 메워 이 백사장이 생겼다고 한다. 평온하게 보이는 표선백사장은 가슴 아픈 역사의 현장이기도 하다. 4·3사건 때 가시리와 토산리 등 중산간 지역에 살던 사람들은 마을을 비우라는 명령이 내려진 줄도 모른 채 밭일을 하며 남아 있었다. 토벌대가 이들을 잡아 표선백사장에서 학살했다. 1948년 11월부터 1949년 초까지의 슬프고 가슴 아픈 일이다.

표선면은 민속의 고장으로 성읍민속마을이 있다. 올레길은 성읍민속마을에서 벗어나 있으나 간단하게 소개를 한다. 1890년대의 제주를 재현해 놓은 야외 박물관이다. 제주의 산촌, 중산간촌, 어촌을 비롯하여 무속신앙촌, 관아까지 100여 채의 전통 가옥을 살던 집과 돌, 기둥 등을 그대로 옮겨 와 복원해 놓았다. 가옥 안에 생활 용구, 농기구, 어구, 가구, 식물 등 약 8천여 점의 민속자료를 전시하며, 목공예, 서예, 서각, 대장간, 혁필공예 등 전통 민속공예 장인들이 직접 옛 솜씨를 재현해 내고 있는 공예방, 사물놀이 공연장, 제주의 전래 작물을 재배하는 향토 작물 재배장 등도 있다. 제주 올레 패스포트 소지자는 입장료 20%를 할인해 준다.

김영갑 갤러리

표선해변

제주 올레길 4코스

표선해수욕장 → 표선해녀의집 → 알토산고팡 → 덕돌포구 → 남원포구: 19km

4코스 공식 제주 올레 안내소를 나와 해안도로를 따라가다 바다 쪽으로 가면 바닷가 자갈밭 사이로 올레길이 이어진다. 이곳 바닷가에도 어김없이 해녀상이 바다를 배경으로 서 있다. 바닷가 해변의 등대와 물허벅 동상을 지나면 올레길은 해안도로를 따라간다.

이곳 바닷가에도 어김없이 광어 축양장이 많다. 수많은 축양장의 광어는 일본으로 수출을 하는 것으로 알고 있는데 이렇게 축양장이 많은 줄 오늘 처음으로 알았다. 축양장도 인부들의 인건비를 줄이기 위해 동남아 사람들을 채용하여 일의 시키는 집들이 많다.

제주도특별자치도해양수산자원연구원을 지나면 세화2리이다. 세화2리를 지나면 광명등이 있다. 광명등은 포구에 들어오는 배를 위해 불을 밝혔던 제주의 옛 등대, 전기가 들어오면서 지금의 등대로 자리를 물려주었다고 한다. 옛날에는 광명등을 켜는 사람을 '불칙이'라 하였는데 마을에서는 포구 가까이에 사는 사람들 중 나이가 들고, 고기를 잡을 수 없는 사람을 선택하여 '불칙이' 역할을 맡겼다고 한다. '불칙이'가 저녁 늦게까지 불을 켜면 그 대가로 어부들은 잡아 온 고기를 나누어 주었다고 한다.

광명등

1990년대 초반 표선~세화2리 간 해안도로 개설로 인하여 훼손되었다가 2012년 서귀포시 지원과 주민들의 노력으로 복원되었다고 한다.

가시천 수중교를 지나 토산리 쪽으로 이동을 했다. 올레길은 다시 해안도로를 벗어나 바닷가로 길이 이어져 토산리까지 간다. 토산리 산책로를 따라가서 남쪽나라횟집에서 올레길 4코스 인증 스탬프를 찍은 후 올레길은 해안선을 벗어나 내륙으로 들어간다. 마을 안길 시멘트와 아스팔트 포장도로를 따라가면 길 양쪽은 천리향 또는 한라봉 등을 재배하는 비닐하우스로 규모가 엄청나다.

토산봉(망오름)에 올라가기 전 쉼터에서 혼자 올레길을 걷는 대학생과 만나 잠시 쉬었다가 토산봉으로 올라갔다. 급경사 길을 잠시 올라가면 팔각정이 있고 잠시 휴식 후 능선을 따라가면 토산봉 정상으로 토산봉수가 있다. 토산봉수의 조망은 대단히 좋다. 성산읍 지역은 무밭이 많으나 이곳 표선면 토산리 지역은 밀감 재배 단지로 비닐하우스 밀감과 노지 밀감밭이 끝이 없다. 봉수는 허물어져 작은 언덕같이 흔적만 있고, 이 봉수는 조선시대 봉수로 정의현 소속이다. 토산봉(망오름)은 해방 175m, 비고 75m인 2개의 말굽형 화구로 이루어진 복합형 오름이다. 이 오름의 형태가 토끼 형이라 붙여진 이름이라 하여 토산(兎山), 조선시대 때 오름 정상에 봉수대가 있어서 서쪽으로 자배봉수, 동쪽으로 달산봉수와 교신했었던 봉수대가 있어 속칭 '망오름'이라고도 한다. 망오름이라 호칭되어 오름 앞쪽 들을 망앞 뒤는 망뒤라고 부른다고 한다.

봉수대를 내려오면 거슨새미로 작은 연못인데 다음과 같은 설명이 있어 간단히 소개를 한다.

> 이곳 거슨새미는 한라산을 향해 물이 거슬러 흐른다 하여 거슨새미라고 불리고 있다. 여기서 조금 남쪽에는 순리대로 바다를 향해 흐르는 노단새미가 있다. 영천사 앞에서 시작된 샘물은 두 갈래로 흐르는데, 그중 하나가 거슨새미, 다른 하나가 노단새미이다. 거슨새미는 거슬러 흐르는 샘물이라는 뜻, 대부분의 제주도 하천들이 한라산에서 바다 쪽으로 흐르는 데 반해 거슨새미는 노단새미에서 솟은 물이 한라산을 향해 흐른다고 하여 이런 이름이 붙었다고 한다. 노단새미는 오른쪽(노단) 바다로 흐른다고 하여 붙은 이름이다. 전해지는 이야기에 따르면 옛날에 제주에 장수가 태어났다는 소문을 듣고 중국에서 호종단이라는 지관을 보내어 제주의 산혈과 물혈을 모두 막아 버리라고 했다. 그 명에 따라 호종단이 물혈을 막으며 토산리에 이르렀다. 그러나 다행히도 수신이 처녀로 변신하여 마을 농부에게 일러 샘물

을 놋그릇에 떠서 숨겨 놓은 덕분에 거슨새미와 노단새미는 마르지 않고 살아남게 되었다는 이야기이다. 그 뒤 호종단은 차귀도 근처에서 풍랑을 만나 불귀의 객이 되고 말았다고 한다. 거슨새미와 노단새미는 여전히 물이 마르지 않고 있다.

거슨새미를 지나면 건물을 온통 노랗게 칠한 삼천도지법궁이 있다. 법궁 주차장에서 무를 썰어 무말랭이를 만들고 계시는 아주머니가 있어서 인사를 하니 반갑게 맞아 주신다. 무 좀 얻어먹을 수 있습니까? 했더니 껍질을 벗겨서 주신다. 오늘도 먹어 보니 단단하고 물기가 많고 맵지 않아 맛이 좋다. 우리가 맛있게 먹었더니 한 조각을 더 주시면서 제주도 무 자랑을 한참 하신다. 여행객에게 무를 주고 정답게 말씀을 해 주신 아주머니에게 감사를 한다.

태흥2리 포구는 옥돔마을로 수산물 공판장에서 옥돔과 백조기 경매가 한창이다. 제주도의 대표적 고급 어종이 옥돔이다. 경매장 밖에서 경매가 끝난 생선을 중매인들이 관광객들을 상대로 팔고 있는데 한 바구니에 오만 원이라고 한다. 옥돔이 산지라서 싸구나 했는데 관광객 아주머니가 사려고 하니 한 바구니가 아니고 1kg에 오만 원이라고 한다. 1kg가 세 마리 정도 된다고 하니 서민들은 맛도 못 볼 정도로 비싸다. 백조기는 옥돔에 비해 가격이 낮아 1kg에 12,000원라고 한다. 현재 제주 시내에서 팔리는 옥돔은 옥돔과 비슷한 생선으로 대부분 가짜가 많고 일부는 중국산도 들어온다고 한다. 지중해리조트를 지나면 올레길은 해안도로를 벗어나 해안가로 올레길이 이어지고 의귀천 수중교를 건너면 태흥1리 포구이다.

태흥1리를 지나면 4코스 종점이 있는 남원읍이 보인다. 태흥1리에서 다시 해안도로를 따라 해안을 따라가면 남원읍 비안포구가 있고 이곳에 올레길 5코스 안내 센터가 있다.

옥돔마을

제주 올레길 5코스

남원포구 → 큰엉 입구 → 위미동백나무군락지 → 넙빌레 → 망장포 → 쇠소깍다리: 13.4km

남원읍은 남제주군에서 서귀포시를 제외한 읍 중에서 모슬포읍과 함께 교통이 편리하고 가게나 음식점 등 편의 시설도 잘되어 있는 중소 읍이다. 제주 올레길 5코스는 남원포구에서 시작하여 대한민국에서 가장 아름다운 해안 산책로로 꼽히는 큰엉해안경승지 산책길을 지나 민물과 바닷물이 만나는 쇠소깍까지 이어지는 길이다.

남원 비안 포구 해안도로 경계석에 검은 대리석을 붙여 시를 새겨 놓은 문화 거리는 남원을 사랑하는 사람들의 모임에서 조성하였다고 한다. 문화 거리를 지나면 올레길은 해안도로를 벗어나 해안 바닷가로 간다. 이곳 길은 '큰엉'이라고 하는데 큰엉은 여기서(구럼비)부터 서쪽(황토개)으로 길이 2.2km까지 해안가의 높이가 15~20m에 이르는 기암절벽이 성을 두르듯이 서 있고 중앙 부분에 있는 큰 바위 동굴을 뜻한다. '엉'이라는 이름은 바닷가나 절벽 등에 뚫린 바위 그늘(언덕)을 일컫는 제주 방언이다.

이곳으로부터 해안을 따라서 서쪽으로 1.5km에 이른 곳은 제주도 최고의 해안 산책로가 자리 잡고 있어 관광 명소로 널리 알려져 있다. 남원 관광지구로 지정되어 있고, 또한 이 산책로는 아열대 북방한계선으로 다양한 조류와 식물 등이 서식하고 있다.

그리고 큰엉 중간 부근에는 제주코코몽에코파크와 신영균영화박물관이 있어 이곳을 관람 후 큰엉 해안 산책로를 함께 걷고 있다. 그리고 박물관 옆에는 금호제주리조트가 있어 관광객들이 더 많다. 큰엉 산책로에는 호두암과 유두암이 있으며 우렁굴도 있다.

특히 인디언 추장 얼굴 바위에는 관광객들이 바위를 배경으로 사진을 찍고 해안선을 구경하면서 막바지 겨울 풍경을 즐기고 있다. 인디언 추장 얼굴 바위에서 조금 더 가면 나무숲 사이로 보이는 바다와 하늘이 한반도 지형과 같아 신기하기만 하다.

큰엉을 지나 마을 안길을 따라 한참을 가면 위미리 동백나무군락이 있다. 높이 10~12m에 둘레가 20~35m나 되는 동백나무들이 군락을 이루고 있어 겨울이면 붉은 꽃이 환상적인 아름다움을 선사하는 곳으로 1982년부터 제주특별자치도 기념물 제39호로 보호받고 있다. 위미리 동백나무숲은 황무지를 옥토로 가꾸기 위하여 끈질긴 집념과 피땀 어린 정성을 쏟은 한 할머니의 얼이 깃든 유서 깊은 곳이라고 한다. 17세 되던 해 이 마을로 시집온 현병춘(玄秉椿)(1858~1933) 할머니가 해초 캐기와 품팔이 등 근면 검소한 생활로 어렵게 모은 돈 35냥으로 이곳 황무지(속칭 버득)를 사들인 후 모진 바람을 막기 위하여 한라산의 동백 씨앗을 따다가 이곳에 뿌린 것이 오늘날에 이르러 기름진 땅과 울창한 숲을 이룬 것이라고 한다. 그래서 마을 사람들은 이곳을 버득할망돔박숲(버득할머니동백숲)이라고 부른다. 촌부의 집념 어린 정성과 노력이 오늘날의 위미리 동백나무군락을 만들었다고 하는데 절로 고개가 숙어진다.

위미리 동백 숲 마을을 지나 하천을 따라 내려가면 세천포구이다. 세천

포구에서 남쪽으로 바닷가 해안선을 따라 올레길은 이어진다. 위미항 들어가기 전 바다 한가운데 지귀도가 늦은 오후 햇살에 반짝이고 있다. 위미항 전에 조배머들코지가 있다. 조배머들코지란 조배낭(구실잣밤나무)과 머들(돌 동산)이 있는 코지(바닷가 쪽으로 튀어나와 있는 땅)이란 뜻이다. 주변의 경관을 감상할 수 있도록 곶과 연못을 한 바퀴 둘러 간다. 지금도 기암괴석이 멋지지만 과거에는 그 규모가 지금의 두 배가 넘었고, 용 모양의 바위도 있었다고 한다. 마을에 전해 오는 이야기에 따르면 일제강점기 일본의 한 풍수학자가 한라산의 정기를 끊기 위해 마을 사람 김아무개를 거짓으로 꾀어 기암괴석을 파괴하게 만들었다. 그러자 거석 밑에서 곧 용이 되어 승천하려던 이무기가 피를 흘리며 죽어 있었다고 한다. 1997년 서귀포시의 지원을 받고 마을 사람들이 합심하여 깨어진 바위들을 추슬러 일부 복원을 하였다고 한다.

올레길은 위미항 북쪽 입구에서 도로 쪽으로 나왔다가 다시 포구 쪽으로 들어갔다 다시 나오다 보면 물허벅을 멘 동상 아래 바다와 인접한 곳에 고망물이라는 용천수 샘이 있다. 고망물은 한라산에서 발원하여 화산회토층이라는 천연적 여과 과정을 거치면서 용출되는 고망물로 물맛이 일품이라고 한다. 바다와 강이 만나는 곳에 있는 고망물은 제주 8대 명수라고 하며 고망물의 뜻은 고망(바위 구멍)에서 솟아나는 물이라는 뜻인데, 예부터 가뭄이 심한 때에도 물줄기가 마르지 않고 물맛이 좋아 식수로 사용했다. 상수도가 개설되기 전 오랫동안 주민들의 식수로 사용을 했고 1940년대에는 고망물로 소주를 생산하는 황하 소주 공장이 있었다고 한다. 고망물을 지나 나오는 넙빌레는 넓은 빌레(너럭바위)라는 뜻의 제주어로, 차갑고 깨끗한 용천수가 솟아 마을의 여름 피서지로 유명하

쇠소깍

다. 여자는 동쪽, 남자는 서쪽에서 노천욕을 즐긴다고 한다.

위미항 남쪽으로 지귀도(地歸島)가 보인다. 지귀도는 민간에서는 직구섬 또는 지꾸섬 등으로 불린다. 한자로는 지귀도(地歸島)로 표기하고 있다. 한자를 풀어 땅이 바다로 들어가는 형태에서 유래했다고 하는데, 이는 민간의 어원설로 볼 수 있다. 섬의 지형이 평평해서 이처럼 해석한 것이다. 위미리 해안으로부터 남쪽으로 4km 지점에 위치해 있다. 섬 모양은 동서의 길이가 긴 타원형으로 낮고 평평하여 섬의 정상의 높이도 14m 정도이다. 섬 중앙부는 평평한 용암대지 상을 하고 있고, 주위에는 5~10m 높이의 현무암질 암반 해안을 이루고 있다. 섬의 평탄부 8만여 평은 억새풀 군락으로 황무지가 되어 있다.

신례2리 표지석을 지나며 작은 공천 포구가 있고 신례천을 지나 망장포를 또 지나면 올레길은 내륙으로 들어간다. 망장포구는 작은 포구로 예전부터 있던 것을 주민들이 정부의 지원을 받아 보수를 하고 보수공사

기념비를 만들어 놓았는데 포구가 작은 것이 정말 예쁘고 최근에 새로 만든 망장포구는 옆에 있다. 망장포는 고려 말엽 제주도가 몽골의 직할시였을 당시 이 포구를 통하여 제주에서 세금이란 명목으로 거둬들인 물자와 말 등을 수송했던 데서 연유한 이름이다.

내륙으로 들어간 올레길은 망오름을 통과하는데 지형이 마치 여우와 닮았다고 해서 호촌봉수라고 부른다. 1960년대 이후에 감귤원이 조성되면서 봉수가 사라졌다고 한다. 예촌망(망오름)을 지나 감귤밭을 통과하여 효돈천의 쇠소깍 다리를 건너면 올레길 5코스 종점이다.

큰엉 한반도 숲

제주 올레길 6코스

쇠소깍다리 → 제지기오름 → 보목포구 → 소라의성 → 올레시장 → 제주올레여행자센터: 11km

제주 올레길 6코스는 스위스 체르마트 호수길과 우정의 길로 해안 길과 시내를 통과하는 평탄한 코스이다. 초반에 오름을 하나 오르고 숲길도 지나지만 길이 험하지 않아 초보자도 수월하게 걸을 수 있다. 해안가의 정취를 느낄 수 있는 소금막과 난대림과 천연기념물 5종이 서식하는 천지연 위 산책로를 걸으며 서귀포의 문화와 생태를 접할 수 있는 코스이다.

쇠소깍다리 옆 올레길 6코스에서 휴식 후 출발을 했다. 쇠소깍다리에서 효돈천을 따라 잘 만들어진 목재 데크를 걸어가면 쇠소깍에 도착을 한다. 쇠소깍은 효돈천이 바다와 만나는 지점에 만들어진 깊은 소(沼) 형태이다. 이곳 효돈천은 유네스코 제주도 생물권보전지역으로 한라산국립공원, 영천, 섶섬, 문섬, 밤섬을 포함하는 서귀포해양도립공원 일대가 된다. 효돈천은 한라산 백록담에서 발원하여 서귀포 쪽으로 나아가 하천과 바다가 만나는 쇠소깍으로 흘러든다. 쇠소깍(용연, 쇠소) 양쪽 절벽은 병풍을 세워 두른 듯 조수(潮水)가 상통(相通)하는 장강(長江)을 형성하고 있고, 방위 위 푸른 소나무도 녹색 강을 자랑하며 예로부터 우리 조상의 어업 기지인 천연 어항으로서 우돈(牛頓) 지명을 따서 우소(牛沼)라 하였다고 한다. '깍'은 하천의 하구(하구) 부분으로 바다와 만나는 곳을 일컫는 제주어다. 따라서 쇠소깍은 쇠소와 하구 부분의 바닷가를 통치하는 지명이며 옛 조상들은 쇠소에 용(龍)이 산다 하여 용소(龍沼)라 부르기도 했다.

얼마 전까지만 해도 쇠소깍에서 제주의 전통 배 태우와 투명 카약를 탔는데 오늘 와 보니 없어지고 관광객들이 쇠소깍 주변을 감상하면서 사진만 찍고 있다. 태우와 투명 카약이 없어진 이유가 궁금해서 인터넷에 검색을 해 보니 안전상의 이유로 제주도에서 중단을 시켰다고 한다. 아쉽지만 안전과 환경 보전이 우선이니까!

쇠소깍이 있는 효돈 지역은 효돈 감귤로 유명한 곳이다. 오래전부터 효돈은 따뜻하여 감귤이 재배되었다고 전하며 지금도 효돈 과원터가 전해오고 있다. 이 고장에서 생산된 감귤은 진상품으로 사용되어 왔으며 조정에서는 그 감귤을 성균관 유생들에게 나눠 주고 황감제라는 특별 시험을 치를 만큼 이 고장에서 생산된 감귤은 맛이 깊었다. 지금도 그 맛이 유지되고 있는 귤이 바로 효돈 감귤이라고 한다.

그리고 효돈동의 지명 유래는 다음과 같다. 효돈동의 옛 이름은 쉐둔 또는 쉐돈이다. 쉐둔을 한자로 표기한 것이 우둔(牛屯)이고 이후에 한자 효돈(孝敦)으로 표기하여 왔는데 이에서 효돈동이라 하였다. 18세기 고문서에 우둔리을(牛屯理乙)/쉐둔마을로 표기하였고 18세기 중반부터 우둔(牛屯)이라는 표기를 효돈으로 바뀌어 표기하면서 효돈으로 굳어졌다고 한다. 1914년 행정구역 개편에 따라 상효리, 신효리, 하효리로 세 마을 체계 속에 이어지다 1981년 7월 1일 서귀포읍이 서귀포시로 승격되면서 상효는 영천동에 소속되고 신효와 하효는 효돈동으로 통합되였다.

쇠소깍해변을 지나면 하효항으로 제법 항구가 크다. 하효항을 지나면 바닷가에 생이돌과 모자바위가 아침 햇살에 반짝이고 있다. 해안을 따라가다 하효마을 표지석을 지나 올레길은 제지기오름으로 올라간다. 제지기오름은 표고가 94.8m로 이 오름 남쪽 중턱의 굴이 있는 곳에 정과 절을 지키는 사람인 절지기가 있었다 하여 절오름, 절지기 오름으로 불리다가 와전되어 제지기오름이 되었다는 설이 유력하다고 한다. 제지기오름을 급경사를 오르면 조망이 대단히 좋다. 멀리 한라산과 섶섬의 그림 같은 풍경이 멋지고 제지기오름 아래 마을은 고층 빌딩이나 아파트가 거의 없는 단독주택 지역으로 난대림 수목과 감귤나무가 울창한 숲을 이루어 꼭 외국의 풍경을 보는 것 같은 착각이 들 정도이다.

섶섬은 서귀포시 보목동 해안에 있는 섬이다. 서귀포시에서 남서쪽으로 3km쯤 떨어진 무인도이다. 각종 상록수와 180여 종의 희귀 식물, 450종의 난대 식물이 기암괴석과 어우러져 울창한 숲을 이루고 있다. 숲이 우거져 숲섬이라 불렀는데, 변음되어 섶섬이라 불린다. 한자로는 대부분의 문헌과 지도에서 삼도(森島)라고 표기했다. 섬의 모습이 풍수지리상 문필봉의 형상을 하고 있어서 섬 앞의 마을인 보목동에는 예로부터 교육자가 많이 배출되었다고 한다. 보목 해안도로를 따라가다 올레길은 바닷가 숲속으로 들어간다. 난대림 숲과 푸른 바다와 해안의 절경을 감상하면서 가는 코스가 거의 환상적이다.

제주대학교연수원을 지나 보목하수처리장에서 올레길은 다시 포장길로 걸어 나오면 왼쪽으로 서귀포 칼호텔이 있다. 칼호텔은 정원의 잔디와 장자가 그림 같다. 칼호텔을 돌아 다시 파라다이스호텔 옆으로 해서 바다로 나오면 소정방폭포이다. 소정방폭포도 정방폭포와 같이 폭포수

제지기오름의 풍경

가 바로 바다로 떨어지고 낙차와 수량이 적다. 소정방폭포는 한여름 백중 때는 물맞이를 하는 인파가 몰린다고 하고 한겨울에도 물맞이를 하는 사람을 간혹 볼 수 있다고 한다. 예전부터 물맞이를 하면 신경통 등에 좋다고 하여 내륙에서도 물맞이를 하러 다녔는데, 나도 어린 시절 할머니를 따라 충주 근교에 양막 폭포로 물맞이를 하러 갔던 때가 있었다.

소정방폭포를 지나면 정방폭포가 있다. 정방폭포는 폭포수가 바다로 직접 떨어지는 아시아에서 유일한 해안 폭포이다. 폭포의 높이 23미터, 폭은 8미터, 폭포 아래 수심 5미터의 못이 바다로 이어진다. 폭포 양쪽에는 제주에서는 보기 드문 수성암괴가 썩인 암벽이 병풍처럼 둘러있다. 마치 하늘에서 하얀 비단을 드리운 것 같다 하여 정방하포라고도 부른다. 제주특별자치도 지정문화재 기념물 제44호로 지정 보호되고 있다.

정방폭포 입구에서 시내 쪽으로 나오면 정방폭포 상부에 서복불로초 공원이 있다. 2000년 전 진시황제의 사자인 '서복'이 진시황제의 불로장

보목항과 섶섬

생을 위한 불로초를 구하기 위해 동남동녀(童男童女) 오백 명(혹은 삼천 명)과 함께 대선단을 이끌고 불로초가 있다는 삼신산(三神山)의 하나인 영주산(瀛州山—漢拏山)을 찾아 정방폭포 해안에 닻을 내리고 영주산에 올라 불로초를 구한 후 돌아가면서 정방폭포 암벽에 서불과지(徐市過之)라는 마애명(磨崖銘)을 새겨 놓았는데 서귀포라는 지명도 여기서 유래되었다고 한다. 불로초공원 앞에는 이러한 전설을 바탕으로 기념관을 만들어 놓았고 2005년 현 중국 국가 주석이 절강성 당서기 시절 방문을 했다는 플래카드를 걸어 두고 관광객을 유치하고 있다.

서복전시관을 지나 시내를 통과하면 고 이중섭 화가의 기념관이 있다.

기념관 내 이중섭 화가 거주지는 1950년 한국전쟁 당시 원산에서 월남하여 제주도로 피난을 와서 일본인 아내와 두 아들과 함께 1951년 1월부터 그해 12월까지 살면서 작품 활동을 했던 곳으로 제주시에서 복원을 한 것이다. 거주지 위에는 기념관을 지어 놓고 화가 이중섭의 일생과 작품 그리고 편지 등을 전시하고 있다. 입장료는 천 원으로 관광객들이 무척 많고 제주에서 일 년 정도만 살았는데 제주시에서 화가 이중섭을 발 빠르게 관광 상품화한 것 같다. 이중섭 화가는 한국의 피카소라고 불릴 정도로 추상적인 작품이 많고 특히 황소 그림을 좋아했다. 이중섭 기념관을 지나 예술의 거리를 통과하면 서귀포 올레 전통 시장이다. 제주올레여행자센터가 있고 6코스 종점이다.

제주 올레길 7코스

제주올레여행자센터 → 외돌개 전망대 → 법환포구 → 강정천 → 월평아왜낭목: 17.6km

제주 올레길 7코스는 서귀포 유명 관광지 외돌개 공원을 통과하는 코스로 대부분의 구간이 해안을 따라가고 요즘 제주 해군기지 건설 관계로 해안 통행이 불가한 강정마을에서 내륙으로 들어 갔다가 강정포구에서 다시 해안 길을 걷게 된다.

올레 사무국에서 서쪽으로 조금 가서 서귀교에서 남쪽으로 내려가다 보면 천지연 폭포 상부이다. 다리를 건너 좌측으로 서귀포칠십리시공원으로 올레길이 이어지고 공원 중간 전망대에서 천지연폭포가 잘 보인다. 서귀포칠십리시공원은 조선시대 제주도를 세 고을(제주목, 대정현, 정의현)으로 나누고 난 뒤에, 정의현청의 관문에서 서귀포의 서귀진(또는 서귀포 방호소)까지의 거리가 70여 리가 되었다. 그래서 서귀포 칠십리라는 말은 예로부터 민간에서 전해지기도 했지만, 일제강점기에 가요로 불리면서 더욱 알려져 공원을 조성하면서 서귀포칠십리시공원이라고 명명하였다.

공원을 가로질러 덕판배미술관 도예 공방을 지나 마을을 통과하면 삼매봉중계소로 올라간다. 삼매봉 정상엔 KBS 중계탑과 전망대가 있고 조

천지연폭포

망이 대단히 좋아 바다 쪽으로 서귀포 앞바다의 네 섬인 범섬, 문섬, 새섬, 섶섬 그리고 서쪽으로 마라도와 가파도까지 한눈에 볼 수 있다. 삼매봉 정상에는 남성대라는 이름의 팔각정이 세워져 있는데, 수평선 멀리 남극노인성을 바라보는 곳이라는 뜻이다.

삼매봉에서 급경사 길을 내려와 바닷가의 나무 데크를 지나면 외돌개 공원이다.

이곳 외돌개 공원은 고등학교 수학여행과 신혼여행 때 와 보고 근 35년 만에 온 것 같다. 예전에는 외돌개만이 외롭게 남해 바다를 지키고 있었는데 지금은 공원 부근에 공원을 조성하여 관광객들이 편안히 관람을 할 수 있도록 해 놓았다. 오늘 이곳에 오니 내국인도 많지만 특히 중국 관광객들이 많다. 외돌개는 돌이 홀로 서 있어서 붙여진 이름으로 높이가 20m, 폭은 7~10m에 이른다. 화산이 폭발하여 분출된 용암지대에 파도의 침식작용으로 형성된 돌기둥이다. 외돌개는 고려 말 최영 장군이 원나라

세력(목호)을 물리칠 때 범섬으로 달아난 잔여 세력들을 토벌하기 위해 바위를 장군 모습으로 변장시켜 물리쳤다고 해서 장군바위라고도 한다.

위생 처리장을 지나 개울을 건너면 야자수 나무숲이 멋진 작은 공원이 있다. 멋진 야자수 숲이 외국의 풍경을 보는 것 같다. 이곳에서 바닷가 해안 길을 따라가면 법환포구이다. 법환포구엔 자연 용출수를 이용한 남성용 노천탕이 있고, 이곳을 막숙이라고 하는데 사연은 이렇다. 원나라가 망하고 명나라가 일어선 다음에도 목호들은 천성이 난폭하고, 호전적이어서 제주도를 점거하고 난동을 부렸는데 이를 '목호의 난'이라고 한다.

원나라가 제주에서 기르는 말을 보내 줄 것을 요구하자, 조정에서는 말을 가지러 제주목에 관리를 파견하였다. 원나라의 목자들은 원세조께서 기르신 말을 원나라에 보낼 수 없다고 하면서 관리들을 죽이고 난을 일으키자, 공민왕 23년(1374)에 임금은 최영에게 군사를 주어 토벌케 하였다. 최영 장군은 군사 25,605명을 병선 314척에 태우고 명월포로 상륙하여 그들을 격퇴하자 목호의 잔당들이 후퇴하여 오음 벌판(지금의 강정마을)에 진을 치고 최후의 결전을 벌였다. 목호군은 대패하였고, 목호군의 대장 석질리필사와 그의 가족 및 장수들이 법환마을 앞바다에 있는 법섬으로 도망을 갔다. 이에 최영은 법환포구에 막을 치고서 군사를 독려하며 목호의 잔당을 섬멸한 것에서 유래하여 '막숙'이라고 한다.

법환포구 공원 옆에는 최영 장군의 승전비를 최근에 새워 놓았다. 법환포구는 제주 서귀포 해녀 문화 마을로 해녀분들이 많고 제주 해녀 체험장도 있다.

법환포구를 지나면 유명한 강정마을이다.

강정마을에 해군기지가 들어서면서 주민들과의 마찰로 한때 공사가

위돌개

중단되기도 했으나 얼마 전에 우여곡절 끝에 준공을 했고 항구엔 대형 군함이 정박해 있다. 해군기지 전 서건도가 바닷가에 있고 서건도는 이름에 대한 설이 분분한 섬이다. 1709년에 제작된 '탐라도 지도'에 부도라고 표기되어 있는데, 지금의 서건도는 썩은 섬을 잘못 표기한 것으로 알려졌다. 섬의 토질이 죽은 흙이라고 하여 썩은 섬이라고 부르는데 하루에 두 번 썰물 때 물이 빠지면 육지와 연결되는 모세의 기적을 볼 수 있다. 바닷가에서 나와 약근교를 건너 다시 좌측으로 들어가면 켄싱턴리조트 바닷가 우체국이 있다.

바닷가 우체국에서 중간 지점 스탬프를 찍고 켄싱턴리조트를 돌아 강정천을 따라 나오면 길옆에 주상절리를 볼 수 있다. 강정천은 은어가 사는 맑은 물로 유명한 하천이다. 비가 올 때만 강물이 차는 제주의 여느 강들과 달리 사시사철 맑은 물이 흐른다. 수질이 1급수로 장어, 은어 등 민물고기가 산다. 그중 은어는 상큼한 수박 향이 나는 회로 유명하다. 또 여름에는 물이 얼음처럼 차가워 서귀포 시민들이 피서지로도 즐겨 찾는다고 한다.

강정교에서부터 강정 해군기지 반대하는 노란 리본이 많이 걸려 있고 길가에는 지금도 천막에서 반대 투쟁 중으로 스피커에서는 민중가요가 큰 소리로 나오고 있다. 양측의 지혜로운 해결 방법은 없는 것인가 안타깝다. 해군기지엔 지금도 공사가 계속 중이고 기지 옆에는 크루즈선 입항을 위한 부두 공사가 한창이며 올해 12월까지 완료한다고 한다.

강정포구 옆 정자에서 간식을 먹고 계속해서 아스팔트 길을 따라 바닷가로 가면 낚시를 하는 분들이 많다. 이곳은 월평포구로 작은 포구가 너무 이쁘고 어떻게 보면 앙증스럽다고 해야 할 것 같다.

월평포구를 지나 말질로를 지나면 굿당 산책로이다. 굿당 산책로는 아주 옛날 월평 고을의 안녕을 기원하던 굿당이 있어 그곳을 찾아가던 길이다. 7일에 한 번씩 정성을 올리던 이레당이라고 한다. 굿당 산책로를 나와 월평마을 아왜낭목 작은 마켓이 올레길 7코스 종점이다.

월평포구

제주 올레길 7-1코스

서귀포버스터미널 → 엉또폭포 → 고근산 정상 → 하논 분화구 → 제주올레여행자 센터: 15.7km

제주 올레길 7—1코스는 제주 올레길 완성 후 개발하여 추가한 코스로 서귀포시의 내륙을 돌아 나오는 코스이다. 길은 대부분 평탄하고 아스팔트 길이 많으며 비가 와야 물이 떨어지는 엉또폭포를 지나면 제주 오름 중에서는 높은 편인 고근산을 통과하게 되고 이후부터는 내리막길과 시내를 통과한다.

제주월드컵경기장은 멀리에서 바라보면 마치 거대한 조형물처럼 보이고 서귀포 신시가지의 중심이다. 2002년 월드컵을 위해 지은 축구 전용 경기장으로 현재 제주 유나이티드의 홈구장이다. 제주의 오름과 화구에서 모티브를 따온 독특한 지붕 디자인으로 멀리에서도 눈길을 끌고, 바다와 섬, 한라산이 한눈에 들어오는 곳에 위치하고 있어 그 자체로 관광 명소이다.

월드컵 경기장 정문 관광 안내소에서 서귀포 2청사를 지나 대신중학교에서 올레길은 감귤밭 사이로 들어간다. 월산동 입구에서 1136번 지방도를 횡단하여 아스팔트 길을 따라가면 엉또폭포 이정표가 있다.

엉또폭포 입구 다리 부근에서 좌측으로 나무 데크를 따라가면 엉또폭포가 있다. 이 폭포는 비가 올 때만 물이 흘러 폭포가 된다. 엉또폭포는 '엉'의 입구라고 하여 불려진 이름이다. '엉'은 작은 바위 그늘집보다 작은 굴, '또'는 입구를 표현하는 제주어다.

보일 듯 말 듯 숲속에 숨어 지내다 한바탕 비가 쏟아질 때면 위용스러운 자태를 드러내는 폭포이다. 높이 50m에 이르는 이 폭포는 주변의 기암절벽과 조화를 이뤄 독특한 매력을 발산한다. 폭포 주변의 계곡에는 천연 난대림이 넓은 지역에 걸쳐 형성되어 있어 사시사철 상록의 풍치가 남국의 독특한 아름다움을 자아낸다. 엉또폭포는 KBS 〈1박 2일〉에 소개되면서 세상에 알려져 비가 오는 날이면 많은 사람들이 찾는다고 한다.

엉또폭포 옆에는 엉또산장이 있고 주인장이 엉뚱한 분인지 여러 곳에 재미있는 글을 적어 놓았는데 일부를 소개한다.

> 세계 3대 폭포인 나이아가라(북미), 이과수 폭포(남미), 빅토리아 폭포(아프리카)에 이어 4대 폭포에 들어가는 엉또폭포에 오셨습니다.

엉또폭포에서 나와 엉또교를 건너 조금 더 가서 포장길을 벗어나 고근산 산책로로 들어선다. 꼬불꼬불한 등산로를 지나 막바지 급경사 계단을 올라가면 고근산 정상이다. 고근산은 서귀포시 신시가지를 감싸고 있는 오름으로, 시야가 탁 트여 있어 마라도에서부터 지귀도까지 제주 남쪽 바다와 서귀포시의 풍광이 한눈에 들어오는 곳이다. 그리고 북쪽으로 한라산 중산간 지역과 한라산 정상의 남벽이 잘 보이고, 또한 서귀포 칠십리 야경을 보기에 좋은 장소로 꼽힌다. 설문대할망이 한라산 정상을 베개

엉또폭포

삼고 고근산 굼부리에 궁둥이를 얹어 앞바다 범섬에 다리를 걸치고 누워서 물장구를 쳤다는 전설이 전해 오고 있다.

고근산 정상을 한 바퀴 돌면 북쪽 능선을 따라 내려가는 길이 나온다. 산을 올라 정상을 밟는 것보다 오히려 억새 능선을 따라 내려가는 이 길이 7—1코스의 절경이다. 겨울을 지나며 억새꽃이 떨어져 바람에 흔들리는 억새밭을 가르며 내려가는 길은 색다른 해방감을 준다. 억새밭을 지나 시멘트 포장길과 아스팔트 길을 따라가서 풍년농원을 지나 제남아동센터 앞에서 중간 스탬프를 찍었다.

1136번 지방도를 건너 호근동 마을 길로 들어선다.

봉림사를 등지고 다시 숲길을 따라 성당터를 지나 오른쪽으로 돌아가면 하논분화구 입구이다. 하논분화구(표고 143미터)는 동양 최대의 마르형 분화구로, 수만 년 동안의 생물 기록이 고스란히 담긴 '살아 있는 생태박물관'이라 불린다. 하논 분화구는 풍경만으로도 색다르기 때문에 육지와 다른 제주의 신비로움 중에서도 7—1코스에서만 볼 수 있는 또 다른 신비로움을 느끼게 해 주는 곳이다. 하논은 큰 논이라는 뜻으로 분화구에서 용천수가 솟아 제주에서는 드물게도 논농사를 짓는 곳이다. 분화구 안으로 내려서면 작년에 타작을 한 흔적을 볼 수 있으며 드문드문 서 있는 집에서는 개들이 낯선 사람을 보고 짖고 있다.

하논 분화구를 지나 다시 도로를 횡단하여 걸매생태공원으로 올레길은 들어간다.

이곳은 예전에 농사를 짓던 곳으로 제주도에서 매입하여 생태공원으로 조성을 했다고 한다. 생태공원은 서귀포시 서홍동 천지연폭포 상류에 위치하고 있는 공원으로 하류에는 국가지정문화재 천연기념물 제29호인 제주도 무태장어 서식지, 천연기념물 제163호 제주 천지연 담팔수 자생지, 그리고 천연기념물 제379호 제주 천지연 난대림이 위치하고 있다. 이는 인간과 자연이 공존하는 생태공원의 표본으로서, 국내 최대 관광의 보고인 천지폭포를 보호하고 친환경적 자연 생태를 보존하여 자연환경의 소중함을 일깨울 수 있는 생태 관광 자원으로 가치가 높다. 천지연폭포 상류 나무다리 건너 계단을 올라가서 시내를 통과하면 제주올레여행자센터가 있다.

하논 분화구 논

제주 올레길 8코스

월평 아왜낭목 → 주상절리관광안내소 → 중문색달해수욕장 → 논짓물 → 대평포구: 19.6km

월평 아왜낭목을 출발하여 조금 가니 감귤밭 천막에서 아저씨가 날씨가 추우니 불을 쬐고 가라고 한다. 아침 날씨가 추워 들어가 아저씨와 대화를 하는 중에 레드향을 하나씩 주시면서 먹어 보라고 하는데 정말 맛있었다. 요즘은 예전 감귤보다 신품종인 천혜향, 한라봉, 레드향을 많이 키우고 있다고 한다.

레드향과 한라봉 등을 왜 비닐하우스에서 키우느냐고 물어보니 노지에서 키우면 바람과 비를 맞아 상품성이 떨어져 비닐하우스에서 키우고 생산 원가가 많이 들어서 힘들다고 하면서 비닐하우스 1평 건설에 12만원이 들어간다고 한다. 이런저런 이야기를 하면서 레드향 하나를 얻어먹고 인사를 하고 나왔다. 아직도 시골에 이런 인심이 살아 있는 것 같아 고맙다. 아무리 세상이 각박해지고 힘들어도 여행을 하다 보면 정말 좋은 분들을 많이 만날 수 있어 좋다. 특히 도보 여행을 하면서 만나는 분들은 특히 정이 많고 친절한 것 같다.

담앤루리조트를 통과하여 나오니 약천사라는 조계종 사찰이 있다. 본전 건물은 3층으로 웅장한 팔작지붕 다포계 양식의 법당에는 삼신불을 모시고 있는 대적광전이다.

중앙에는 비로자나불, 오른쪽에 아미타불, 왼쪽이 약사불로 화려함의 극치를 보여 주며 아시아에서 가장 큰 대적광전이라고 한다.

약천사를 지나 마을 길을 통과하면 대포포구이다. 대포포구엔 몇 척의 요트가 정박 중이고 절벽 사이에 위치한 아담한 항구가 정감이 간다. 대포(큰 개)라는 마을 이름은 옛날에 마을에서 포구가 얼마나 중요했는지 짐작하게 해 준다. 대포포구는 북태평양을 향해 진출하기 좋은 위치에 자리 잡고 있어 겉으로는 아담해 보이지만 이런 지리적 조건 때문에 예로부터 해양 교통의 요지였으며 최근에도 연근해와 동중국해로 진출하는 어선들의 어업 기지 역할을 하고 있는 곳이다. 대포포구를 지나 대포연대 부근의 축구장을 지나면 중문 대포주상절리대가 있다.

중문 대포주상절리는 천연기념물 제443호로 입장료 2,000원/대인이고, 이곳 주상절리는 서귀포시 중문동에서 대포동에 이르는 해안을 따라 약 2km에 걸쳐 발달해 있다. 주상절리대는 약 25만 년에서 14만 년 전 사이에 '녹하지악' 분화구에서 흘러온 용암이 식으면서 형성된 것이다. 기둥 모양으로 쪼개지는 주상절리는 약 1,100도의 뜨거운 용암이 식으면서 부피가 줄어 수직으로 쪼개지면서 만들어지는데, 대체로 5~6각형의 형태가 흔하다. 검붉은 육각형의 거대한 돌기둥이 병풍처럼 펼쳐 서 있는 대포주상절리는 높이가 30~40미터, 폭이 약 1km로 한국에서 규모 면에서 최대이다. 파도가 주상절리에 부딪히며 하얗게 부서지는 모습도 장관인데 파도가 심하게 일 때에는 높이가 20미터 이상 솟구치기도 한다. 옛 지명인 지삿개를 따라 지삿개 바위라고도 부른다. 18세기 중반까지 주상절리 기둥은 물론 현무암까지도 원시 바닷속에서 침전으로 만들어진 것

중문 대포주상절리

으로 생각했으나 18세기 중반 용암이 주상절리와 연결되었다는 것을 관찰하였다고 한다.

ICC제주국제컨벤션센터와 제주부영호텔&리조트 앞 산책로를 따라 올레길은 이어지고 씨에스호텔앤리조트를 통과해서 도로 쪽으로 나온다. 씨에스호텔앤리조트는 초가지붕과 기와집 형태의 단층 호텔과 리조트로 바닷가의 그림과 같다. 세에스호텔앤리조트는 은하수가 내리는 천이라는 뜻을 가진 성천포구의 수백 년 된 자생 어촌인 배릿내마을에 위치하고 있다고 한다. 이곳은 옥황상제를 모시고 일곱 선녀들이 목욕을 하고 갔다는 천제연의 맑은 물줄기가 바다와 만나는 곳으로 천연기념물로 지정된 성천봉과 주상절리가 인접하여 수려한 경관을 자랑한다. 풍광이 멋진 세에스호텔앤리조트를 인터넷에 검색을 해 보니 중문관광단지에서 가장 좋은 고급 호텔과 리조트로 서민들은 상상도 할 수 없는 가격으로 올라와 있다.

씨에스호텔앤리조트

세에스호텔앤리조트에서 제주 올레를 위해 내부 산책로 일부를 개방해 준 것에 감사를 한다. 세에스호텔앤리조트를 통과하여 중문 관광 도로를 신세계쇼앤서커스 부근에서 도로를 횡단하여 조금 내려가 천제2교 전에서 올레길은 베릿내오름(성천봉) 정상까지 계단을 올라간다. 베릿내오름(표고 101.2m)의 베릿내는 천제연의 깊은 골짜기 사이를 은하수처럼 흐른다고 해서 별이 내린 내(별빛이 비치는 개울)라는 뜻으로 붙은 이름이다. 성천봉 정상은 조망이 대단히 좋아 중문색달해변이 한눈에 들어오고 서쪽으로 여미지식물원이 보인다.

베릿내오름(성천봉) 돌아 나와 천제2교 밑으로 내려가 바닷가에 위치한 퍼시픽랜드 공연장을 지나면 올레길은 A, B 코스로 나누어진다. A 코스는 중문색달해변을 통과하고 B 코스는 내륙으로 바로 들어가 믿거나 말거나 박물관 삼거리에서 합류를 한다. 우린 A 코스를 선택해서 중문색달해변 쪽으로 갔다.

중문색달해변은 모래 해변으로 푸른 바다와 흰 모래가 환상적인 모습이고, 외국의 풍경을 보는 것 같다. 중문색달해변을 걸어 경사를 걸어 올라가면 하얏트 호텔이다. 호텔을 지나 오른쪽으로 여미지식물원을 지나면 중문관광안내소가 있다. 중문관광안내소를 지나 왼쪽으로 꺾어 도로를 걷다가 중문 골프장을 다시 왼쪽으로 끼고 도로를 따라가면 여래생태공원이다.

여래생태공원은 한라산에서 내려오는 물과 습지를 이용하여 생태공원을 조성했고 중간엔 서귀포에선 보기 힘든 작은 인공 저수지도 있다. 이곳엔 반딧불도 있다고 하는데 반딧불 유충의 먹이인 다슬기가 개울에 엄청나게 많지만 생태공원으로 잡지 못하고 왔다.

여래생태공원 개울 하류엔 제주에어레스트시티곶자왈빌리지를 포스코 건설에서 2016년 12월에 준공 예정이었지만 현재 무슨 이유인지 현재 공사가 중지되어 있다. 내가 다니던 포스코의 사정이 좋지 않은데 자회사 중에 가장 큰 포스코 건설도 이렇게 건설을 하다 중지를 하고 있으니 보는 마음이 좋지를 않다.

여래 펌프장을 지나면 이곳도 환해장성이 남아 있다.

환해장성은 고려시대 몽고와 왜구 침입을 막기 위해 쌓은 것인데 이곳 이장은 다음과 같이 간판에 적어 놓았다.

> 선조들이 액운이나 외부 침입을 차단하기 위하여 쌓아 놓은 공동체의 얼이 깃든 소중한 문화유산입니다.

환해장성을 지나면 논짓물이다. 논짓물을 지나 포장길을 따라가면 하예포구가 있다. 하예동어촌계와 대평 해녀 탈의장을 지나면 대평포구이다. 대평포구의 대평마을의 옛 이름은 난드르, 바닷가 한편에 숨은 듯 자리 잡고 있다. 북쪽으로는 군산과 안덕계곡, 서쪽으로는 여래동 월리봉과 박수기정 등이 감싸듯 가리고 있어 4·3의 참상을 피할 수 있었다고 한다. 조용한 바닷가에서 돌담으로 둘러싸인 밭을 일궈 오며 외부인들의 출입이 거의 없던 패평리로 제주 올레가 지나면서 이제는 문화 예술인들도 많이 찾아드는 곳이 되었다고 한다. 호젓하고 아늑한 마을의 분위기에 반하여 오래도록 머무르는 여행자들도 점점 늘어나는 추세라고 한다.

중문색달해변

제주 올레길 9코스

대평포구 → 군산오름 정상부 → 안덕계곡 → 창고천다리 → 화순금모래해수욕장: 11.8km

제주 올레길 9코스는 레바논 마운틴 트레일과 우정의 길로 코스의 길이는 짧지만 월라봉을 오르는 길이 제법 어렵고, 월라봉과 박수기정은 숲이 울창하여 길을 잃을 염려가 있어 표시기를 잘 보고 따라가야 하며 월라봉과 박수기정을 제외하고 대체적으로 길이 양호하다.

이곳 대평마을은 현재 외지인들이 급격히 유입되어 현지인들보다 많아졌다고 하고 펜션 등의 숙박 시설도 많이 생기고 있다. 땅값이 급격하게 상승될 때 무작정 오를 것이라고 생각을 하고 대출 등을 내어 땅을 구입한 사람들이 땅값은 요즘 더 이상 오르지 않고 정체되었다. 대출금 압박이 오자 경매에 나온 물건 등이 서서히 증가를 하고 있다고 차량을 회수하기 위해 타고 온 택시 기사분들이 말을 한다. 소위 막차를 탄 사람들은 큰일 난 것 같다고 한다.

제주도에서 와서 집을 지어 살든가 아니면 숙박 시설을 장기 대여하려면 동쪽으론 표선이나 남원읍 쪽이 좋고, 남쪽으로 대평포구 쪽 전망이 좋고 모든 면에서 최고인 것 같다.

대평포구의 9코스 출발 지점에서 스탬프를 찍고 포구 서쪽에 병풍처럼 우뚝 솟은 박수기정 급경사를 올라갔다. 박수기정이란 '박수'와 '기정'의 합성어로 바가지로 마실 샘물 '박수' 솟은 절벽 '기정'이라는 뜻이다. 가파른 오르막은 그리 길지 않아 곧 박수기정 뒤편에 이르고 다시 폭신하고 완만한 경사를 둘러 걸으면서 대평마을의 모습을 여러 방향으로 보게 된다. 박수기정으로 올라가는 길은 몰질이라고 하는데 예전에는 공몰캐라고 불렀다고 한다.

그 이유는 고려조 말기 원(元)나라의 제주 통치 당시 감산리 동네 쪽에 군마육성소(軍馬育成所)가 있었다. 그래서 공마(貢馬)를 기르는 곳이라 하여 이 일대를 공몰캐라고 불렀고 대평포구 당캐와 이 군마육성소 사이에 물건을 운반하는 육상로로 이용되었다. 원나라 조정에 진상할 적마를 이 길로 당캐까지 수송하여 공마선(貢馬船)에 실은 데서 몰질이라는 말이 연유되었다고 한다.

박수기정 정상에서 보면 서쪽으로 산방산과, 북쪽으로 한라산, 서쪽으로 중문과 중문색달해변, 남쪽으로 망망대해가 펼쳐지고 있다. 박수기정에서 내려와 기정길과 볼레안길을 지나면 올레길은 다시 내륙 쪽 월라봉으로 올라간다. 월라봉 중턱을 돌아 나오다 보면 일제강점기 일본군들이 만든 동굴 진지가 있다. 월라봉과 산방산 그리고 송악산에는 일제 동굴 진지가 많은데, 태평양전쟁 막바지에 이른 1945년 일본은 결7호 작전이라는 군사작전으로 제주도를 결사 항전의 군사기지로 삼았다. 동굴 진지는 일본군이 미군의 상륙이 용이한 화순항과 산방산 앞바다가 잘 보이는 곳에 많은 동굴 진지를 구축한 군사시설의 일부이다.

월라봉에서 내려와 올랭이소를 통과한다. 겨울과 봄에 올랭이(제주어로 오리)가 찾아오는 물이라 해서 붙은 이름으로 주위의 풍광이 아름답고 조용하여 1980년대 초반까지 동네 사람들이 목욕을 하던 곳이라고 한다. 올랭이소를 지나면 올레길 옆으로 자귀나구 숲길이 한참을 이어진다. 숲길 끝에서 바다 쪽으로 황개천을 따라 내려와 황개천교 부근에서 중간 지점 스탬프를 찍고 간식과 막걸리를 한잔하고 출발했다.

안덕화력발전소 부근에는 제주 화순리 선사마을 유적공원이 있다.

화순리 선사마을 유적은 한국남부화력(주) 남제주화력 3, 4호기 건설사업 추진하는 과정에서 발굴 조사가 이루어졌다고 한다. 발굴 조사 결과 이 지역은 탐라 형성기에 축조된 서남부 지역 최대의 거점 마을 유적으로 밝혀졌다. 타원형 구덩이 모양의 송국리형 집자리와 삼양동식 토기라고 일컫는 적갈색 경질토기, 굽다리형 토기 등이 출토되었다. 따라서 이러한 유적의 중요성을 감안하여 이곳 화순리 선사마을 유적공원이 조성되었으며 발굴 조사된 내용을 이전 복원하고 전시하였다.

동하동 폭낭과 폭당 쉼터를 지나면 해양경찰서 지서가 있다. 지서를 지나면 화순금모래해변이다. 올레길 9코스는 11.8km로 비교적 짧은 거리지만 조망은 대단히 좋다. 금일 날씨까지 좋아 남쪽으론 가파도와 마라도를 보면서 북쪽으로 한라산 남벽 분화구를 멀리서 감상하면서 걸을 수 있어 좋은 구간이었다. 성산읍에서 이곳 화순까지 오면서 제주의 아름다움에 다시 한번 감사를 하고 남은 구간 무사히 완주하였으면 좋겠다.

박수기정

산방산

제주 올레길 10코스

화순금모래해변 → 사계포구 → 송악산 → 섯알오름 → 하모해변 → 하모체육공원: 15.6km

올레길 10코스는 스위스—제주 올레 우정의 길로 스위스 레만호 와인 지역 하이킹 코스—제주 올레길 10코스가 자매결연을 맺은 길이다.

이곳 화순금모래해변은 백사장 모래에 금이 함유되어 있다고 해서 금모래 해변이라고 하고 실제로 1966년 국내 굴지의 재벌 회사에서 화순 관광 사무소를 개소해 금을 채굴했으나 타산이 맞지 않아 포기를 했다고 한다. 화산금모래해변에는 용천수를 이용한 용천수 풀장이 있어 해수욕과 담수욕을 함께 즐길 수 있다.

화순금모래해변을 지나면 썩은 다리 탐방로이다. 그 이유는 바닷가의 검은 바위들이 썩어 있는 것 같아 붙여진 이름이다. 썩은 다리 탐방로를 지나면 화순 곶자왈 탐방로가 시작된다. 올레길은 다시 내륙으로 들어가 한국불교 태고종 소속 사찰인 영산암을 지나면 산방산 뒤쪽이 된다.

산방산은 국가지정문화재 명승 77호(서귀포 산방산)로 지정되어 있으며 산방산 훼손 방지를 위하여 2012년 1월 1일~2021년 12월 31일까지 10년 동안 공개 제한 지역으로 지정되어 출입을 금하고 있다. 산방굴사까지는 정해진 관람로를 따라 관람이 가능하며 그 외 지역 무단출입 시 문화재보호법 제101조에 따라 2천만 원 이하 또는 2년 이하의 징역을 받게 된다는 안내판이 곳곳에 설치되어 있다.

제주도의 대표적 관광지 산방산을 간단하게 소개를 하면 다음과 같다. 산방산은 표고 395.2m로 80만 년 전에 형성된 종 모양의 용암 덩어리로, 제주 서남부 어느 곳에서나 우뚝 서 있는 모습을 볼 수 있다. 산 정상 쪽에는 온난한 기후에서 자라는 식물들이 울창하고 암벽에 붙어 사는 희귀한 식물들이 자생한다. 제주산방산암벽식물지대는 천연기념물 제376호로 보호하고 있어 모든 동식물과 암석 등의 채취, 수집, 포획 행위가 금지되어 있다. 산방산에는 한라산과 얽힌 전설이 전해 온다. 옛날 어느 사냥꾼이 한라산에서 사냥을 하다가 사슴을 발견하고 화살을 쏘았는데 그 화살이 빗나가 그만 옥황상제의 엉덩이에 맞았다. 화가 난 옥황상제는 한라산 봉우리를 뽑아서 던져 버렸고 그것이 서쪽으로 날아가 바닷가에 박혔다. 봉우리가 뽑힌 자리가 백록담이고 서쪽 바닷가에 떨어진 봉우리가 산방산이라고 한다. 산방산의 아래 둘레와 백록담의 아래가 엇비슷하다고 한다.

산방산을 북쪽 아래로 돌아 나와 지방도를 만나면 이곳은 추사(김정희) 유배길과 만난다. 추사 김정희가 이곳과 가까운 대정읍에서 약 9년간 귀양살이를 하고 떠난다. 귀양지에 추사기념관과 위리안치되었던 집을 복원해 놓았다. 추사기념관이 제주 올레길에서 벗어나 있으나 한번 둘러볼 만하다.

다시 바닷가로 나오면 사계항으로 제주 관광 잠수함을 타기 위한 선착장으로 배와 잠수함 그리고 송악산 앞바다에 떠 있는 바지선까지 모두 노란색이다. 사계항은 조선시대 관내 도요지에서 만든 토기를 '테우'로 운반한 항구였다. 항구 한쪽에는 해녀와 전 러시아 대통령 고르바초프의 부인 라이사 여사의 동상이 있다. 1991년 당시 노태우 대통령과 고르바초프 대통령이 제주신라호텔에서 정상회담을 할 때 부인들은 이곳 사계항을 방문하여 해녀분들의 조업 현장과 직접 잡은 수산물을 시식한 것을 기념하여 동상을 세웠다고 한다.

사계항에서 송악산까지 가는 해안도로는 한국의 아름다운 길 100선에 포함된 길로 곳곳에 차를 세워 놓고 경치를 감상 중인 관광객들이 많다. 해안도로에는 바리케이드를 설치하여 출입을 못 하게 하고 있다. 이곳 해안은 산방산과 용머리해안지질트레일로 해안사구와 하모리층이 발달한 곳으로 보존의 가치가 높다. 해안가에 붉은색의 퇴적암층과 그 주위를 덮고 있는 모래층이 있다. 붉은색 퇴적암이 약 3,500년 전 무렵 송악산에서 분출한 화산재가 파도에 깎여 나가 해안가 주변에 쌓인 것을 하모리층이라고 한다. 하모리층 상부에는 가늘고 고운 모래가 바람에 날려와 쌓인 언덕 지형이 나타나는데 이런 지형을 모래언덕 또는 사구라 부른다.

이곳은 제주 사람 발자국과 동물 발자국 화석 산지이다. 사람발자국 화석은 우리 인류의 기원과 진화를 밝혀 주는 귀중한 자료일 뿐 아니라, 당시 이 지역에 생존했던 우리 조상들의 삶의 자취를 해석하고 자연과 문화를 이해하는 데 없어서는 아니 될 소중한 유산이다. 이곳 화석은 방사성탄소 동위원소 측정 결과 1만 5천 년 전에 형성되었다고 하며 사람의 발자국과 함께 수많은 동물의 발자국이 발견되었고, 특히 코끼리의 발자국도 발견되어 옛날에는 이곳에도 코끼리가 살았던 것을 알 수 있다. 화석지대를 지나면 도로변에 패총도 있어 원시시대 이곳 일대는 고대인들의 중요한 삶을 터전이었던 것 같다.

형제섬

송악 펜션 단지를 지나면 송악산 주차장이고, 서귀포 쪽의 조망이 대단히 좋아 지나온 박수기정과 화순금모래해변, 산방산 등이 한눈에 들어오고 바다 한가운데 형제섬은 손에 잡힐 듯이 보인다.

송악산 주차장을 출발하면 이곳도 일본군 진지가 있고 곳곳에 승마 체험장이 있다. 작년에 이곳에 와서 외손주 말을 태워 줄 때 마부 아저씨의 말에 의하면 송악산 일대를 중국인들이 쇼핑센터를 건설한다고 집중적으로 사들였다고 하면서 평당 천만 원이라고 하는 말을 믿을 수 없지만 제주도에 중국인들이 집중적으로 투자한 것은 맞는 것 같다. 송악산 산책로와 올레길은 함께 가고 절벽과 푸른 바다를 바라보며 걷는 구간이 환상적이다. 마라도와 가파도를 함께 볼 수 있는 곳에 전망대가 세 곳이 있다.

송악산을 내려와 섯알오름에 오르면 일제고사포진지가 있다. 이곳 시설물은 당시 전략적으로 매우 중요하게 여겨진 알뜨르 비행장을 보호하기 위한 군사시설이었다. 고사포진지를 내려서면 우측으로 당시 비행장으로 비행기 격납고 콘크리트 구조물이 흉물스럽게 보인다. 알뜨르 비행장의 알뜨르는 아래 있는 넓은 들이란 뜻의 제주어로 일제강점기 대륙 침략을 위해 항공기지가 필요하다고 판단한 일본은 중국과 일본의 중간 거점인 제주도에 1926년부터 대대적인 비행장 건설 공사에 들어갔다. 10여 년 만에 20만 평 규모의 비행장을 건설한 일본은 중일전쟁 후 일본 본토 오무라의 해군 항공기지를 알뜨르 비행장으로 옮기고 규모를 40만 평으로 확장했다. 지금은 일제의 잔혹사을 보여 주는 역사교육장으로 활용하고 있다.

조금 더 가면 제주 4·3 유적지 섯안오름이다. 섯안오름은 송악산 동알오름에서 서쪽에 있다 하여 섯알오름이라 하며, 한국전쟁 발발 후 전국적으로 보도연맹원을 학살할 때 모슬포를 중심으로 한 제주 서부 지역의 예비 검속자 210명이 이곳에서 학살당했다고 한다. 제주 4·3 사건으로 희생된 분들의 추모비와 당시의 상황 등이 기록되어 있고 진상 규명을 위한 활동 등도 기록해 놓았다. 남북 대치 상황과 이념적 사상에 의해 발생한 시대적 아픔이다.

조금 더 가면 당시 알뜨르 비행장 유적지 안내판과 비행장 활주로가 있다. 알뜨르 비행장 일대는 일본군이 철수하면서 국방부 땅으로 예속되어 현재까지 이루고 있다. 이곳에서 농사를 짓는 분들은 매년 국방부와 계약을 하고 농사를 한다고 한다. 그래서인지 비행장 부지였던 이곳에는 밭만 있고 건축물은 하나도 없다. 이 땅을 국방부가 매매를 하면 천문학적인 금액이 될 것이다. 제주방송을 들으니 이곳 비행장을 국방부가 제주시에 기부하고 국방부는 대신 성산포에 건설하는 제주 2공항을 국방부가 함께 사용할 수 있게 해 달라고 하는데 어떻게 될지는 모르겠다.

도시가 지금과 같이 확장되지 않았던 시절 군부대 부지는 도심 외각에

송악산

대부분 위치하고 있었다. 그러나 도시의 팽창으로 외각이었던 군 부지가 도심권에 들어가면서 군부대 땅값이 천정부지로 비싸졌다고 한다. 그래서 부동산 가치로 보면 국방부가 국내 최고 부자라는 말이 맞는 것 같다.

무를 수확하고 다시 농사를 위하여 밭을 갈아 놓은 밭 사이로 올레길은 이어지고 도로를 횡단하여 모슬포해변으로 내려선다.

송악산(2)

제주 올레길 10-1코스

상동포구 → 냇골챙이 앞 → 가파초교 → 개엄주리코지 → 큰옹진물 → 가파치안센터: 4.2km

모슬포항에서 가파도까지 멀지 않은 거리인데 승선료는 무척 비싸서 왕복 뱃삯과 입장료, 항만 이용료 포함하여 13,100원/인당이다. 여객선이 아니고 유람선으로 등록을 해서 비싼 것 같고 현지 주민들은 2,000원이다. 뭔가 잘못된 것 같지만 그냥 타고 갈 수밖에 없다. 그리고 여기도 입장료를 받는데 왜 입장료를 받는지 설명도 없고 왜 받는지도 모르겠다. 우도와 같이 합산해서 지불을 해야 하니 울며 겨자 먹기로 내야 한다.

가파도는 올레길은 처음 만들 때 포함되지 않았다가 후에 포함되면서 10—1코스가 되었다. 가파도는 국내에서 사람이 살고 있는 유인도 가운데 가장 낮은 섬이다. 섬의 최고 높이가 20.5m에 불과하고 평평하여 섬 어디에서든 섬 전체가 한눈에 들어온다. 제주와 마라도 사이에 위치해 있다. 모슬포항에서 5.5km 떨어져 있는 섬으로 한국 최남단 마라도의 명성에 가려 있었는데 제주 올레 코스가 생겨 많은 이들이 청보리밭을 찾아오게 되었다고 한다. 가파도는 아무리 느리게 걸어도 두 시간이면 섬 전체를 모두 둘러볼 수 있다.

금일 날씨가 좋아 조망이 대단히 좋았다. 제주도에는 오름이나 봉이 아닌 산이 모두 7개인데 가파도에선 영주산을 제외한 한라산, 산방산, 송악산, 군산, 고근산, 단산 등 6개의 산을 볼 수 있다 한다.

모슬포항에서 유람선을 타면 가파도 상동포구까지 20분 정도면 도착을 한다. 포구에서 내려 올레길 출발 스탬프를 찍고 서쪽으로 가서 마을을 통과하여 서쪽 일주도로를 따라간다. 이곳 도로변 정자는 일몰이 아름다운 곳이라고 하며 바다에는 해녀분들이 물질을 하면서 작업을 하고 있다. 이곳에서 남쪽으로 해안도를 따라가면 장택코 정자가 있다. 장택코는 이곳 바닷가에 파도가 닿아 부서지는 소리가 마치 길게 코를 푸는 소리와 같다고 하여 붙여진 이름이다.

가파도와 마라도와 주변에는 낚싯배들이 많고, 이곳 가파도 갯바위에는 낚시를 하는 사람들이 많다. 냇골챙이 앞에서 해안도로를 벗어나 가파도 안쪽으로 들어오면 밭에는 청보리가 파랗게 자라고 있다. 보리밭 주변에는 풍력발전기 두 기가 있는데 고장이 났는지 멈추어 서서 돌지 않고 있다.

가파도를 서에서 동쪽으로 가로질러 가서 가파초등학교와 가파도 전화국을 통과하면 역시 이곳도 파란 청보리밭이다. 북쪽으로 모슬포항과 한라산, 산방산을 보면서 보리밭 사이를 잠시 걸으면 개엄주리코지에 도착한다.

가파도 보리밭과 바람이라는 안내판에는 다음과 같이 적혀 있다.

> 가파도에는 17만 평의 보리밭이 있다. 보리가 자라고 익어 가는 늦겨울부터 초여름까지 보리밭 길은 우리를 과거로 가는 시간 여행자로 만들어 준다. 가파도는 바람의 섬이다.

가파도 보리밭

섬은 모든 바람을 온몸으로 맞는다. 바람은 우리에게 세상의 모든 소식을 전해 주리라.

개엄주리코지에서 남쪽으로 도로를 따라 내려가면 큰옹진물이 있다. 옹진이. 옹진이란 바가지란 뜻으로 바닷가 바가지처럼 움푹 패인 곳에서 물이 나온다고 하여 부르는 이름이라고 한다. 이곳에서 좀 더 내려가 가파마을 재단을 지나면 가파도 하동포구이다.

하동포구에서 가파도 올레길 완료 스탬프를 찍고 섬 중앙을 남에서 북쪽으로 가면 가파보건진료소를 지나 가파초등학교가 있다. 이 길은 올레길에서 빠져 있으나 배를 타기 위하여 상동포구로 가기 위해선 이 길을 통과해야 한다. 아담하고 예쁜 가파초등학교는 학생들이 있는지 분교로 떨어지지도 않고 초등학교를 유지하고 있어 고맙다. 시골의 대부분의 초등학교가 폐교 또는 분교로 전락을 하는데 이렇게 작은 섬의 초등학교가 아직도 건재하고 있는 것이 신기하고 감사하다.

가파초등학교 담장 옆에 이곳 출신인 독립운동가 김성숙 님의 동상이 있다. 김성숙은 이곳 가파도 출신의 독립운동가이자 정치가이다. 김성숙은 향리 서당에서 한문을 익히고 상경하여 1915년 4월 경성(京城)고등보통학교에 입학하였다. 경성(京城)고등보통학교 4학년이던 1919년 파고다 공원에서 3·1 독립만세운동이 일어나자 학생들에게 만세운동에 적극 동참하도록 주도하였다. 경성여고보에 다니던 제주 출신 고수선과 최정숙·강평국 등도 김성숙의 영향으로 3·1 독립만세운동에 적극 참여하였다. 후일 일본 와세다대학으로 유학 후 독립운동을 하다 해방 후 제5대 민의원에 당선되어 의정 활동을 하였다. 김성숙 선생이 이렇게 작은 섬에서 태어나 서울에 유학을 하고 독립운동을 하였다니 존경스럽고 감사하다. 일제강점기 가파도는 지금과 달리 생활하기가 궁핍하였을 것 같은데 서울로 유학을 보내고 후일 다시 일본에까지 유학을 했다고 하니 김선생의 부모님과 김성숙 선생은 교육에 대한 열정이 대단하신 분이시다. 이런 분들이 계셔서 오늘날의 대한민국이 있음을 알아야 할 것 같다.

가파도 유채꽃

제주 올레길 11코스

하모체육공원 → 모슬봉 정상 → 정난주 마리아 성지 → 신평 곶자왈 → 무릉외갓집: 17.3km

우리 아버님은 이곳 제주도 모슬포에서 6·25 한국전쟁 당시 고생하면서 신병 훈련받던 말씀을 자주하셨다. 힘든 신병 훈련 후 바로 전쟁에 투입되지 않고 하사관 학교에 입교를 하여 하사관 교육까지 수료를 하셨으니 제주도 모슬포에 대한 추억이 많으신 곳이다. 아버님은 몇 번 제주에 오셨지만 일행 때문에 모슬포에 못 오셨는데 재작년 가을 제주도 가족 여행 시에 내가 모시고 그 당시 훈련을 받았던 모슬포 제1훈련소를 찾았더니 세월이 너무 많이 지나 흔적을 찾을 수 없었다. 다만 그 당시 훈련소 정문만이 길가에 남아 있었다. 그래도 아버님의 기억을 되살려 흔적만이라도 찾아온 것이 다행이라고 생각을 했고 내가 이번에 올레길을 걸으며 다시 모슬포에 오니 우리 아버님 세대의 고생이 오늘의 한국이 있기까지의 밑거름이라고 생각해 본다.

모슬포 하모공원 옆 올레길 안내소를 출발하여 모슬포항 외각을 돌아가면 대정 올레 오일시장이 있다. 이곳 모슬포는 제주도 남쪽에서 가장 큰 항구로 마라도와 가파도 운행하는 배가 출발하고 포구에는 각종 어선들이 정박 중이다. 오늘은 장날이 아니라서 시장 안은 황량하고 모든 좌판이 비어 있다. 오일장 근처의 옥돔 식당은 보말 칼국수로 유명한 집으로 번호표를 받고 기다려야 한다. 제주도에 오면 꼭 들렀다 가는 집이다.

올레시장을 지나면 〈삼다도 소식〉 노래비가 있다. 〈삼다도 소식〉은 작사 유호, 작곡 박시춘, 노래 황금심이 불렀다. 한국전쟁 당시 육군 제1훈련소에 있었던 군 예대의 소속 연예인들이 전선으로 떠나는 장병들을 위하여 공연을 했으며 이 노래도 이곳 제1훈련소 부속 건물에서 만들어졌다고 한다.

모슬포를 통과하면 밭에는 온통 마늘이 심어져 있고 따뜻한 날씨 때문인지 마늘이 많이 자랐다. 성산읍 부근에는 무밭이 많고 표선과 남원해변엔 양식장이 많다. 서귀포는 온통 귤 농장이다. 서귀포를 지나 모슬포 지역으로 오면 한라산 중산간 지역이 모두 마늘밭이고 간간이 무밭과 양파밭이 있다. 모슬포라는 지명은 바람이 모질게 불어서 모슬포라는 말이 있을 정도로 바람이 세기로 유명하다고 한다. 그래서 감귤을 재배할 수 없다고 한다.

서귀포시 대정 청소년수련관을 지나 1132번 지방도를 통과 후 올레길은 모슬봉으로 올라간다. 모슬봉은 대정읍 모슬포 평야 지대 한가운데 우뚝 솟아 있는데 모슬은 모래라는 뜻의 제주어인 모살에서 온 말로, 무슬개(모슬포)에 있어서 모슬봉이다. 상모리, 하모리, 동일리, 보상리 등 4개 마을의 경계가 오름 꼭대기에서 만나며, 조선시대에는 이곳에 봉수대가 있었다고 한다. 모슬봉 코스를 바람의 코스라고 부르며 모슬포는 '못살포'라고 부를 정도로 바람이 심하기로 유명한데, 역사의 소용돌이에 휘말려 피바람, 눈물 바람이 불었던 곳이고 그 속에서 자신들을 지켜 내기 위해 고통과 인내 속에 투쟁을 했던 곳이기도 하기 때문이라고 한다. 모

마늘밭

슬봉 북쪽으로 돌아서 내려가면 공원묘원으로 묘지가 엄청나게 많다.

묘지를 통과하여 마을로 내려와 도로를 따라간다. 이곳 지역도 온통 마늘밭으로 그 규모가 엄청나다. 의성 마늘이 많다고 하는데 이곳에 와 보니 여기가 더 많은 것 같다. 천주교 성당 묘지를 지나면 정난주 마리아 성지가 있다.

이 코스는 천주교 순례길의 일부이고 정난주 마리아 묘가 여기에 있는 이유는 다음과 같다. 정난주 묘의 정난주는 정약현의 딸이며 다산 정약용의 조카이자 조선 순조 때 황사영 백서사건으로 순교한 황사영의 아내이다. 바람의 땅 대정읍에 유배되어 관비로 살다가 생을 마감한 정난주 마리아가 묻힌 곳이다. 정난주 마리아는 제주가 맞이한 첫 번째 천주교인으로 기록되어 있다. 130년 동안 묻혀 있다가 1970년대에 수소문 끝에 묘를 찾아 순교자 묘역으로 단장했고, 1994년 제주도의 신자들이 대정성지로 조성하였다고 한다.

황사영 백서 사건

순조 1년(1801년) 발생한 신유박해를 피해 황사영이 충북 제천 베론의 숯을 만드는 토굴로 피신해 조선의 천주교 박해를 2자가량 되는 명주 천(비단)에 13,311자를 써서 북경의 구베아 주교에게 알리려 했다가 발각되어 처형된 사건이다.

백서의 앞부분은 박해의 전말을 알리는 내용이다. 그리고 황사영은 청나라 황제의 명으로 서양의 선교사를 받아들이고 청나라 한 성(省) 편입시킴으로써 조선의 선교사 활동을 보장받기를 희망하였다. 또한 서양의 수백 척의 배와 병사를 동원하여 조선 조정을 협박하여 신앙의 자유를 보장할 수 있도록 희망하였다. 백서의 내용을 본 조선 조정은 아연실색하였다. 글의 내용은 반란이자 역모였다.

그래서 황사영은 체포되어 사형을 당하고 어머니는 거제도로 아들은 추자도로 부인은 제주도 대정으로 귀향을 가게 된다.

조선 조정은 가백서를 청나라에 보내서 황사영의 처단을 정당화하고 황사영 백서는 의금부에 보관하였다. 1925년 뮈텔 주교가 입수해 교황 비오 11세에게 보냈고 현재는 교황청 민속박물관에 보관되어 있다.

황사영은 백서 사건으로 처형되고 부인 정난주 마리아는 제주도로 유배를 오면서 두 살배기 아들을 추자도에 두고 떠났고 후손들이 지금도 추자도에 살고 있다고 하는데 올레길 18—1에 다시 소개를 한다.

다시 출발하여 신평교차로를 지나면 신평 곶자왈로 곶자왈 숲 초입 옆에는 제주영어교육도시개발구역으로 부지 조성이 끝났으나 건물 공사는 아직 착공하지 않은 것 같다. 곶자왈이란 나무의 넝쿨 따위가 마구 엉클어진 곳을 제주말로 곶자왈이라고 한다. 열대 북방 한계 식물과 남방 한계 식물이 공존하는 세계 유일의 독특한 숲이다. 제주 올레길에 의해 처음으로 일반에게 공개되었다.

이곳 곶자왈 숲길은 2008년 제9회 아름다운 숲 전국대회 부문에서 아름다운 공존상(우수상)을 수상한 곳으로 올레길 걷을 때 절대로 다른 곳으로 벗어나면 안 된다. 숲이 우거지고 길이 미로 같아 잘못하면 실종되기 싶다. 올레길 리본을 잘 보고 운행을 해야 한다.

곶자왈 숲길을 내려서면 무릉2리 표지석이 있다. 이곳에서 제주 쪽으로 이동하다 마을로 들어가면 시골마을영농조합법인 올레 친환경농업 체험 농장이 있다. 이곳은 폐교를 이용하여 체험 농장을 하는 곳으로 올레길 11코스 종점이다.

정난주 묘

제주 올레길 12코스

무릉외갓집 → 산경도예 → 신도포구 → 수월봉 → 자구내포구 → 용수포구: 17.5km

이번 12코스는 서귀포와 제주시 동쪽 경계인 성산읍을 출발하여 서귀포시로 들어왔다가 이제 서쪽에서 다시 경계 지역을 통과하여 제주시 코스로 들어간다. 10일 만에 올레길 전체 구간 중 절반을 통과하는 것 같고 체력만 떨어지지 않고 발만 아프지 않으면 당초 목표인 20일이면 완주를 할 것 같다.

무릉 생태 학교를 출발하여 마을로 들어가 마을 회관 근처 주택 담장 돌에 다육이를 붙여서 키우는데 바위에 붙어서 사는 다육이의 생명력이 놀랍고 예쁘다. 마을을 통과하여 들판으로 나오면 여기도 온통 마늘밭이다. 밭에서 소독기를 이용하여 땅속에 소독을 하는 아주머니를 만나 무슨 약을 뿌리시나요? 물어보았더니 소독약이 아니고 제초제를 뿌린다고 한다. 비닐 속에 들어 있는 풀을 제거하기 힘들고 인력도 많이 소비되어 할 수 없이 제초제를 뿌려서 풀을 제거한다고 한다. 요즘 농사 지역의 인력도 부족하고 인건비도 비싸니 제초제나 농약이 없으면 농사를 지을 수 없는 것이 현실이고 마늘은 약을 뿌리지 않는다고 생각을 했는데 그동안 착각을 하고 살았다.

이곳 무릉리마을을 지나 올레길은 농남봉으로 올라간다.

급경사 계단을 잠시 올라가면 분화구엔 귤나무가 심어져 있고 예전에 일본군이 주둔하며 지역 주민을 강제로 동원하여 진지를 구축한 곳이 남아 있다고 한다. 농남봉은 녹나무가 많아서 녹당오름—농앙오름—농나무오름으로 부르다가 현재는 한자로 표기하며 농남봉(農南峰)이 되었다고 한다.

농남봉 주변의 옛날 사람들은 녹나무가 귀신을 물리친다고 믿었는데 천연 향균 기능이 있고 환경 변화를 측정하는 지표식물이다. 일제강점기에 일본이 군사 요지로 활용하려 나무를 베어 버려 사라졌는데, 최근 농남봉의 모습을 되살리기 위해 녹나무를 심고 있다고 한다.

농남봉을 내려와 마을 안에 위치한 산경도예로 들어간다. 산경도예는 폐교를 이용하여 도예 공방을 운영하고 교육 및 판매를 하고 있는데 잘 운영되지 않는지 조금 어설픈 느낌이다. 이곳 산경도예가 있는 마을은 세계적인 프로 골퍼 양용은 선수의 고향이고 폐교가 모교이고 양용은 선수가 심은 나무와 안내판이 있다. 세계적인 한국 남자 프로 골프 선수 최경주와 양용은 두 분 다 섬 출신이다.

산경도예에서 도로를 건너 신도1리 도원마을 안으로 들어간다. 마을을 통과하여 1132번 지방도 신도교차로를 지나면 마늘밭 사이로 올레길이 이어진다. 보리밭 사이로 걷는 것이 아니고 마늘밭 사이로 걷는다. 마늘밭을 지나다 벌써 마늘을 수확하시는 분이 있어서 "벌써 마늘을 수확하시나요?" 하고 물었더니 "이 마늘은 종자가 틀린 잎 마늘입니다." 하고 답해 주셨다. 식당 등에서 마늘 대가 반찬으로 나오면 어린 마늘을 뽑아서 반찬을 하는 줄 알았는데 잎 마늘 종자가 따로 있는 줄 처음 알았다.

마늘밭을 통과하여 바닷가로 나오니 바람이 엄청나게 불고 있다. 바다에는 너울성 파도가 치고 파도가 높아서 조업 중인 배가 한 척도 보이지 않는다. 옛날부터 제주도엔 바람, 돌, 여자가 많다고 했는데 바람과 돌은 정말 많고 태풍 경보도 없는데 이렇게 바람이 세게 부는 줄 몰랐다.

해안도로를 따라 북쪽으로 내려가면 신도2리 신도포구이다. 신도포구를 지나 올레길은 마을 안으로 들어가서 다시 마늘밭과 양파밭을 지나면서 북쪽 수월봉 쪽으로 간다. 마늘밭을 지나면서 이 부근이 서귀포와 제주시의 경계 지역으로 서귀포 올레길을 완료하고 이제부터 제주시 올레길을 따라간다. 다시 마을 안길을 통과하여 수월봉으로 올라가면 정상에는 수월봉 기상대와 정자가 있다.

수월봉에서 바다 쪽으로 절벽 지대이고 앞바다엔 차귀도가 잘 보인다. 수월봉의 전망은 대단히 좋다. 오늘 바람이 많이 불어 파고가 높고 하늘은 청명하여 차귀도와 수월봉 앞 바다의 풍경이 환상적인 그림이다. 그동안 수많은 곳을 여행했지만 오늘 이곳 수월봉의 풍경은 외국의 유명 바닷가와 비교를 해도 손색이 없을 것 같다. 수월봉 정상에서 바다 풍경 바라보며 방랑 시인 김삿갓 김병연의 시가 생각이 났다. 김병연은 영주 부석사 안양루에 올라 풍경을 보며 "인간 백 세에 몇 번이나 이런 경관 보겠는가"라고 했는데, 내 인생에서 이런 멋진 경관을 본 것이 많지 않다. 몇 년 전 포르투갈 여행 중에 유럽 대륙의 서쪽 끝 까보다로카(로까곶)에서 본 풍광과 매우 닮아 있다. 유라시아 대륙의 서쪽과 동쪽에서 흡사한 풍광을 함께 보았으니 나는 행운아인 것 같아 기분 좋은 날이다.

이번 올레길 걷기 중에 가장 인상에 남는 풍경을 본 것 같아 바람이 불어 힘들지만 기분 좋은 트레킹이다. 수월봉은 제주도 서부 지역 고산리

수월봉

에 위치한 높이가 78m의 작은 언덕 형태의 오름으로 제주에서 가장 아름다운 일몰을 볼 수 있는 곳으로 알려져 있다. 제주도 국가지질공원으로 지정되어 있다. 수월봉은 표고가 낮지만 조망이 대단히 좋아 수월봉 정자에 오르면 차귀도, 죽도, 당산봉, 산방산, 한라산까지 제주 서부 지역이 한눈에 들어온다.

수월봉에는 안타까운 남매의 전설이 전해 오는데 어머니의 병환 치유를 위해 오갈피를 찾아 수월봉 절벽을 오르다 누이 수월이가 떨어져 죽었다. 이에 동생은 녹고도 슬픔에 한없이 눈물을 흘리다 죽고 만다. 그 후로 사람들은 수월봉 절벽에서 흘러나오는 물을 '녹고의 눈물'이라 불렀고, 남매의 효심을 기려 이 언덕을 '녹고물오름'이라 불렀다.

그러나 실제 녹고의 눈물은 해안 절벽의 화산재 지층을 통과한 빗물이 화산재 지층 아래 진흙으로 된 불투수성 지층인 고산층을 통과하지 못하고 흘러나오는 것이다.

엉알 해변을 통과하면 앞쪽으로 차귀도가 그림처럼 보이고, 하얗게 부서지는 파도와 차귀도는 한 폭의 동양화 풍경이다. 엉알길은 수월봉 아래 바다 쪽으로 깎아지른 절벽, 엉알은 큰 바위, 낭떠러지 아래라는 뜻이다. 엉알에 형성된 화산쇄설암층은 약 18,000년 전에 수성화산이 분출하여 생긴 응회환으로 지질학적 가치가 높아 세계지질공원으로 지정되어 있다. 엉알길 절벽은 수월봉 화산이 분출할 때 분화구에서 뿜어져 나온 화산 분출물이 쌓인 화산재 지층이 차곡차곡 쌓여 무늬를 이루고 있다.

차귀도는 제주도에 딸린 무인도 가운데 가장 큰 섬이다. 자주내마을에서 배로 10여 분 걸리는 곳에 있다. 죽도, 지실이섬, 외도 등 세 섬과 작은 부속 섬을 거느리고 있는데, 깎아지른 해안 절벽과 기암괴석이 절경을 이루며 섬 중앙은 평지이다. 주변 바다는 수심이 깊어 참돔, 돌돔, 혹돔, 벤자리, 자바리 등 어족이 풍부하다. 특히 바닷바람에 말린 화살오징어로도 유명하다.

카페를 지나 계단을 올라가면 당산봉이다. 당산봉에서 바라본 차귀도와 용수포구 뒤쪽 풍력발전기의 모습도 환상적이다. 당산봉 능선을 따라 내려오니 사진을 전문적으로 찍는 분들이 카메라 삼각대를 놓고 사진 촬영에 열중이다. 풍경이 멋진 곳은 사진작가들이 귀신같이 알고 찾아오는 것 같다.

당산봉의 옛 이름으로 당오름이다. 옛날 산기슭에 뱀을 신으로 모시는 신당이 있었는데 이 신을 '사귀'라고 했다. 이후 사귀가 와전되어 차귀가 되면서 차귀오름이라고도 불렀다. 그래서 당오름 앞의 섬도 차귀도가 된 것이다. 당오름은 바다에서 화산이 분출된 다음 육지에서 다시 한번 분화구 안에서 새로운 화구구가 솟은 이중식 화산체이고, 북서쪽 벼랑에

차귀도

는 해식동굴인 저승굴이 있다. 당산봉은 높이도 꽤 높고 숲도 무성한 오름인데 험난하지는 않다. 당산봉과 용수포구 사이는 생이기정으로 생이기정은 제주어로 새(鳥)를 뜻하는 '생이'와 절벽을 뜻하는 '기정'이 합쳐진 말로 새가 날아다니는 절벽이라는 뜻을 담고 있다.

생이기정을 통과하면 용수포구이다. 용수포구 입구엔 용수마을 방사탑 2호가 있고, 용수포구는 한국 최초의 신부 김대건(1822~1846년)이 범선 라파엘호(號)로 1845년 9월 28일에 표착한 바닷가이다. 김 신부는 8월 17일 상하이 금가항 성당에서 페레올 주교로부터 사제 서품을 받아 귀국길에 거센 파도로 반파된 배가 이곳에 표착하자 수선 후 10월 12일 충남 강경 황산포구로 안착했다. 현재 용수포구 근처에 김대건 신부의 표착을 기념하여 성김대건신부표착기념관을 건립하여 개방을 하고 있으며 건립 의의는 다음과 같다.

하느님의 은총으로 신비롭게 형성된 이곳 제주의 용수리 해안은 성 김대건 안드레아 신부 일행이 귀국 시에 표착하여 첫발을 디딘 한국 천주교 회사의 현장이다. 박해로 신음하는 조국에 복음의 빛을 밝히고자 사제 서품 즉시 귀국길에 오른 김대건 신부 일행을 섭리의 손길로 폭풍우 속에서 구해 이곳까지 인도해 주신 것이다. 김대건 신부 일행은 이곳 해안에서 비밀리에 미사를 봉헌한 뒤 타고 온 라파엘호가 수리되자마자 순교의 길로 망설임 없이 나아갔다. 그리고 얼마 안 되어 박해의 칼날 아래서 천상의 영광을 안게 된다. 이에 제주의 신앙 후손들은 이곳에 서려 있는 하느님의 섭리와 김대건 신부의 순교 정신을 길이길이 새겨 두기 위해 이 기념관을 세운다.

당산봉의 풍경

제주 올레길 13코스

용수포구 → 특전사 숲길 → 낙천의자공원 → 저지오름 → 저지예술정보화마을: 16.2km

13코스는 제주 올레—시코쿠 오헨로 우정의 길로 명명되어 있다.

용수포구 뒤쪽 작은 절벽은 절부암으로 열부 고 씨의 절개를 기리기 위한 곳이다.

조선 말기 여기 사는 어부 강사철이 죽세공품을 만들기 위해 대나무를 베어 돌아오다 거센 풍랑을 만나 실종되었다. 그의 아내 고 씨는 며칠 동안 남편을 찾아 헤매다가 남편을 찾지 못하자 마침내 소복을 갈아입고 이곳 나무에 목매어 자살하자 남편의 시체가 바위 밑에 떠올랐다고 전해지고 있다. 이를 신통하게 여겨 조정에 알리고 이곳 바위를 절부암이라 새겨 후대에 기리게 하고 해마다 음력 3월 15일에 제사를 지내고 있다.

절부암 절벽을 지나 마을을 통과하면 이곳 밭에는 브로콜리는 키우는 곳이 많고 해안을 벗어나 한라산 중산간 지역으로 해파랑길은 이어진다. 올레길은 다시 1132번 지방도를 횡단하여 용수저수지를 통과하게 되어 있었으나 최근 조류독감 AI의 영향으로 통행을 금지하고 있고 AI 종료 시까지 통행금지라는 플래카드가 걸려 있다. 용수저수지는 1957년도에 인근 논에 물을 대기 위하여 제방을 쌓아 만든 인공 저수지인데 요즘 논

용수포구

에 벼를 재배하지 않고 버려진 논과 습지가 각종 동식물들의 보고라고 하는데 통행이 금지되어 아쉽기만 했다.

그래서 1132번 지방도를 따라 제주시 쪽으로 조금 올라가다 동쪽으로 올레길은 포장도로를 따라간다. 포장도로를 한참 따라가다 특전사 길로 접어든다. 특전사 길은 제주도에 순환 주둔하던 제13공수특전여단의 병사들이 제주 올레를 도와 낸 숲길이다.

50명의 특전사 대원들이 이틀간 총길이 3km, 7개 구간에 걸쳐 사라진 숲길을 복원하고 정비했다 하여 특전사 길이라고 한다. 한때 사람의 왕래가 끊어져 사라졌던 숲속의 오솔길이라 더욱 신비롭다. 특전사 숲길을 나오면 쪼른 숲길, 고목나무 숲길, 고사리 숲길, 하동 숲길, 고망 숲길 등 지루할 새 없이 각각의 개성이 넘치는 아기자기한 숲들이 계속 이어진다.

제13공수여단은 나와 조금 인연이 있는 부대이다. 1978년 신병 훈련을 마치고 13공수여단이 포천 이동에 주둔할 때 특수전 교육을 받으러 갔던 부대이다. 그때는 어렵고 힘든 시절이었지만 세월이 많이 지나니 그때가 추억으로 남는 나이가 된 것 같고 잠시 있었던 부대가 만든 올레길이라고 하니 정감이 더 간다.

특전사 길을 지나 잠시 도로 쪽으로 나왔다 다시 올레길은 고사리 숲길로 들어간다.

고사리 숲길은 고사리가 무성하게 우거진 숲이다. 길 양편에 고사리가 가득해 제주 올레길에서 고사리 숲길로 명명했다고 한다. 여러 가지 이름으로 명명된 숲길을 지나다 보면 소나무재선충으로 고사된 나무를 베어 내는 기계톱 소리가 요란하고 소나무를 베어 낸 밑동의 나무 테를 보면 수십 년에서 백 년은 훨씬 넘은 것 같아 가슴이 아프다. 소나무재선충은 소나무나 잣나무가 한번 걸리면 살아남지 못해서 소나무 에이즈라고도 한다.

재선충은 소나무와 잣나무에 등에 기생해 나무를 갉아 먹는 선충이다.

솔수염하늘소에 기생하며 솔수염하늘소를 통해 나무에 옮는다고 하며 일본은 심각한 피해를 입어 소나무가 거의 고사 상태이고 우리나라는 부산 쪽으로 상륙하여 영남 해안가에 심각한 피해를 주고 있다. 정부에서 막대한 예산을 투입하여 방제를 하고 있지만 그 피해는 날로 들어나고 있는 추세라고 하니 심각한 상황이다.

숲속 길을 통과하여 다시 낙천리 도로로 나오면 이곳이 낙천리 아홉굿 마을이다. 굿은 샘이라는 뜻의 제주어로, 낙천리 아홉굿마을은 아홉 개의 샘이 있는 마을이란 뜻이다. 한경면 낙천리는 350여 년 전 제주에서 처음으로 불미업(대장간)이 시작된 곳이다. 불미의 주재료인 점토를 파낸 아홉 개의 구멍에 물이 고여 샘이 되었고 그때 소와 말, 제주 아낙네들의 물허벅 행렬이 장관을 이루었다는 이야기가 전해져 온다. 지금은 이

샘들은 민물낚시와 농업용수를 조달하는 수원지로 쓰이고 있다.

낙천리 아홉굿마을 입구에 의자 공원이 조성되어 있어 편안하게 쉬어 갈 수 있다. 천 개의 의자를 다양하게 만들어 놓아 색다른 공원으로 볼거리가 충분하다. 가장 먼저 눈에 띄는 것이 거대한 의자 조형물이다. 2007년~2009년에 마을 사람들이 모여 목재를 자르고 다듬어 3층 높이의 의자로 문을 삼고, 모두 1,000여 개의 의자 조형물을 만들어 의자 공원을 세웠다. 올레길은 의자 공원 안으로 이어지는데 길 양옆으로 빼곡하게 늘어선 의자들이 장관을 이룬다.

의자 공원을 통과하여 잣길로 들어선다. 잣길은 화산 폭발에 의해 저지악과 이계악 등이 형성될 당시 흘러내린 돌무더기를 농토를 조성하는 과정에 용선달이와 낙천리를 연결하는 통로가 만들어져 농공 산업의 중추적 역할을 수행한 길이라고 한다.

감귤 비닐하우스를 통과하여 태양광발전소를 지나면 뒷동산 아리랑길로 들어선다. 아리랑길을 통과하면 저지오름 아래에 도착을 하고 오름 중턱은 온통 공동묘지 지역이다. 공동묘지를 통과하여 올라가면 저지오름이다.

저지오름은 제주시 한경읍 저지리에 위치하고 있으며, 해발 고도 239m, 비고 100m, 분화구 둘레 800m, 깊이 62m인 화산체로 깔때기 형태를 띤 원형의 분화구를 갖고 있는 오름이다. 저지오름의 유래는 저지마을의 형성과 동시에 생겨난 것으로 알려져 있으며, 닥모루 또는 새오름으로 불리고 있다.

예부터 저지오름은 초가집을 덮을 때 사용했던 새(띠)를 생산하던 곳이었으나 마을 주민들의 힘으로 나무를 심어 오늘의 울창한 숲을 만들었다고 한다. 그리고 2005년 6월 생명의 숲으로 지정되어 지금에 이르고 있다. 저지오름 전망대에 올라 분화구를 전부 볼 수 있으나 이곳도 재선충으로 소나무가 고사되어 벌목을 하고 소나무 무덤을 만들어 놓은 곳이 많아 안타깝다. 이곳 정상의 조망은 대단히 좋아 한라산 중산간 지역의 전망이 대단히 좋고 멀리 산방산과 모슬봉이 보이고 날씨가 좋으면 수월봉과 차귀도까지 볼 수 있다.

지저오름에서 되돌아 나와 도로를 따라 조금 내려오면 저지예술정보화마을이 있고 여기가 13코스 종점이며 14, 14—1코스 출발점이다.

의자 공원

제주 올레길 14코스

저지예술정보화마을 → 무명천 → 선인장자생지 → 금능해수욕장 → 용수포구 → 한림항: 19.1km

저지예술정보화마을에서 저지오름 옆으로 해서 마을을 통과하면 나눔허브제약 건물이 있다. 시멘트 포장길과 밭둑 사이를 통과하면 큰스낭 숲길이 있다. 큰 소나무가 많은 숲길이다. 제주 올레에서 길을 개척하면서 붙인 이름으로 낭은 제주어로 나무를 뜻한다. 다시 굴렁진 숲길이다. 움푹 패인 지형을 제주어로 굴렁지다고 한다. 제주 올레에서 새롭게 개척한 이 길은 굴곡이 있는 숲길이므로 굴렁진 숲길이라고 이름을 붙였다.

월령 숲길을 지나면 올레길은 무명천 산책길 입구로 들어간다. 무명천을 따라가서 새못교를 지나면 무명천 산책길 출구이다. 이곳부터 월령리로 밭에는 다른 작물은 없고 거의 전부 백련초 선인장밭이다. 백련초는 줄기 모양이 손바닥처럼 넓적한 형상을 하고 있어 손바닥선인장이라고 불리고 있으며, 제주도에서는 백년초로 부르고 있다.

백년초는 매년 4~5월경에 작고 파란 열매가 열려 5~6월경에는 열매에 꽃이 핀다. 이후 꽃이 지면서 열매가 커져 11~12월경에 자주색으로 열매가 익어 수확하게 된다. 백련초의 효능은 백련초 즙을 마시면 구토를 일으키는 위통이 가라앉고 고통스러운 기침을 멎게 하고 체질도 개선시켜 주며 변비에도 효과가 있다. 백련초는 천연기념물 429호로 지정되어 보호되고 있는 부채선인장 속의 한 종류로 북제주군 한림읍 월령리 해안가를 중심으로 자생되고 있다. 이 선인장은 멕시코가 원산으로 옛날 멕시코에서 해류를 타고 제주 서쪽인 월령리 해안가에 밀려와 모래 틈과 바위 사이에 부착하여 번식한 것으로 추측된다.

월령리 삼거리에서 무명천을 따라 내려가면 제주도 서쪽 해안 바닷가와 만난다. 이곳 바닷가에는 월령리 야생 선인장 자생지 군락 지역으로 해안 바위틈과 마을 안에 있는 울타리 형태의 잡석이 쌓여 있는 곳에 넓게 분포되어 선인장의 자생 형태를 잘 보여 주고 있는 국내 유일의 야생 군락이며 분포상 학술적 가치가 매우 높은 곳이다. 선인장 야생 군락지를 지나면 월령포구로 금일도 바람이 많이 불어 어선들이 출어를 하지 못하고 포구에 정박해 있다.

월령포구를 지나면 올레길은 바닷가 자갈길을 걷고 이곳은 해녀콩의 자생지로 다음과 같이 설명되어 있다.

> 콩깍지의 길이는 4~5cm로 강낭콩과 비슷하지만 독이 있어서 먹을 수 없다. 물질을 해야 하는 해녀들이 원치 않는 임신을 했을 때 유산을 위하여 먹었으며 독이 있어 간혹 목숨을 잃는 경우도 있었다고 한다.

자갈길 해변을 걸으면 바다 쪽에 유인도인 비양도가 보인다. 월령에서 한림항까지 내내 비양도를 눈에 담고 걷는다. 걸을수록 조금씩 돌아앉는 비양도는 앞모습 옆모습을 빙 둘러 가며 감상할 수 있다. 비양도는 1002

년(고려 목종 5년)에 분출한 화산섬으로 제주 화산섬 중 가장 나이가 어리다. 바다 산호가 유명하며 어족도 풍부하다고 하고 비양봉 분화구 안에는 한국에서 유일하게 비양나무(제주특별자치도 지정기념물 제48호)가 자생하고 있는 유인도이다.

해변 자갈길을 끝나 금릉포구 들어서면 장수코지 쉼터가 있다. 단물깍 안내판을 지나면 금능으뜸원해변이다. 금능으뜸원해변 야자수 나무와 깨끗한 해변에 파도가 하얗게 부서지는 모습이 이국적인 풍경으로 동남아의 어느 해변 휴양지에 와 있는 착각을 느낄 정도로 아름답다. 금능으뜸원해변에서 보이는 비양도는 아침 햇살에 반짝이고 있고 파도 치는 바다의 풍경이 멋진 곳이다.

금능으뜸원해변 돌탑은 모두 사람들이 간절한 소망을 담아 하나씩 쌓았을 것이다. 우리도 올레길 무사히 완주와 가족의 건강을 기원하면서 간절한 마음으로 돌을 쌓았다. 돌탑 지역을 지나면 협재해변으로 넓은 바닷가 해변 모래가 날아가지 못하게 포장을 덮어 놓았다. 포장을 덮어 놓지 않으면 오늘같이 바람이 많이 불면 모래가 날아가 주민들에게 피해가 가고 모래 유실도 많을 것 같다. 협재해변에서 도로로 나왔다가 다시 마을을 돌아 나와 다시 도로를 따라간다.

다시 도로를 벗어나 옹포리포구로 들어간다. 옹포리포구의 옛 이름은 '독개'로 독은 제주어로 항아리라는 뜻이다. 옹포리포구부터 한수풀 역사 순례길이 있으며 올레길과 다르게 운영 중이고 10km 걸쳐 6개의 길로 되어 있다. 한수풀의 뜻은 한림읍의 옛 지명을 따 붙인 이름으로 한림공고 교사와 학생들이 만든 길이다.

이곳 옹포리포구에 명월포 전적지 기념석이 있고 내용은 다음과 같다.

> 삼별초(三別抄) 항쟁과 목호(牧胡)의 난 때 상륙전을 치른 전적지로 1270년(원종 11) 11월 이문경(李文京) 장군은 삼별초의 선봉군을 이끌고 이곳으로 상륙 고려 관군을 무찔러 승리함으로써 처음으로 제주를 점거하게 되었다. 그 뒤 1374년(공민왕 23) 8월에는 최영(崔瑩) 장군이 3백 14척의 전선에 2만 5천 명의 대군을 이끌고 상륙 몽고의 목호 3천 기를 무찌른 격전의 땅이다.

한림읍 옹포리 용수사와 한국수산자원관리공단 제주지사를 지나 올레길은 4차선 도로로 나오면 길가에 한림고등학교 발상지 표지석이 있다. 4차선 도로를 따라가면 한림항으로 제주로 들어오고 나가는 화물을 취급하는 항구가 있다. 현재에도 항구를 확장 중이고 도로변에는 화물을 가득 실은 화물차가 늘어서 있다.

翰林1理 표지석을 지나면 한림 읍내이고 한림중앙상가를 지나면 좌측으로 한림항 어선 선착장이 있고 제주도 어업 전진기지답게 대형 어선과 많은 배들이 정박해 있고 오늘 바람이 많이 불어 출어를 못 한 어부들이 어구의 손질이 바쁘다.

선인장

비양도

제주 올레길 14-1코스

저지예술정보화마을 → 저지곶자왈 → 문도지오름 → 오설록 녹차밭 → 인향마을: 9.3km

14—1코스는 올레길을 처음 만들 때는 포함되지 않았다가 곶자왈의 아름다움을 보기 위해 새롭게 포함된 길이다. 올레길 14—1코스는 14코스와 반대쪽으로 올레길이 이어진다. 시멘트 포장 임도길을 따라가면 풍력발전기가 보이고 이곳 일대가 저지리로 흙길이 시작되는 부근에 말 목장이 있다. 이곳 일대는 저지리 곶자왈로 화산이 활동할 때 암괴상 아아 용암류가 분포하고 있는 지대에 형성된 숲을 뜻한다.

곶자왈은 제주의 생명수인 지하수를 함양하는 중요한 역할을 하여 멸종 위기 야생동식물을 비롯한 다양한 동식물이 서식하고 있는 생태계의 보고이자 한라산과 해안을 연결시키는 생태 축의 역할을 하고 있다. 저지곶자왈은 서귀포시 안덕면 서광서리에 있는 녹차 재배 단지에서 제주시 한경면 저지리로 이어진 길을 따라 1km가량 간 후 북동쪽에 위치해 있으며, 월림, 신평 곶자왈 지대 중에서도 가장 식생 상태가 양호한 지역으로 녹나무, 생달나무, 후박나무, 육박나무 등 녹나뭇과의 상록활엽수들이 울창한 숲을 이루고 있다.

명성목장을 지나면 올레길은 문도지오름으로 올라간다. 문도지오름(표

문도지오름

고 260.3m)은 사유지로 소와 말 등을 방목해 오던 곳이다. 마을 사람들에게만 알려진 숨은 장소였는데, 제주 올레에서 코스를 개척하던 중 탐사 팀이 방문하였다가 아름다운 풍경에 반하여 14—1코스를 만드는 계기가 되었던 곳이라고 한다. 지금도 목장이 있기 때문에 문도지오름 올레길 주변에 소와 말의 배설물이 많다. 정상 부근엔 바람이 많이 불어 나무가 자라지 못하고 풀만 있어 조망이 대단히 좋다. 동쪽으로 정상 부근에 흰 눈이 아직도 남아 있는 한라산이 보이고 남으로 산방산과 모슬봉이 보인다.

서쪽으로 제주도에서 가장 낙조가 멋지다는 수월봉과 차귀도가 서해의 푸른 바다와 함께 환상적으로 보인다. 북쪽으로 풍력발전 단지의 풍차가 오늘 바람이 많이 불어 힘차게 돌고 있다. 문도지오름에서 내려오면 안내판에 이곳은 '저지곶자왈 산림과학 연구 시험림입니다.'라고 적혀 있고 산림청 국립산림과학원 난대아열대산림연구소에서 관리를 한다고 한다. 이곳 곶자왈 일대에도 재선충 피해 지역으로 현재 소나무재선충

방제 구역으로 지정해 곶자왈 보존을 위해 친환경적으로 산림 사업을 추진하고 있다고 한다.

비포장 임도와 시멘트 임도를 따라 내려오다 올레길은 곶자왈 숲 속 오솔길로 들어간다. 이곳 일대는 저지 백서향 군락 보호 지역으로 불법 채취를 하면 7년 이하의 징역 또는 2천만 원 이하의 벌금 처벌을 받는다는 경고판이 있다. 제주백서향은 팥꽃나뭇과의 상록 소관목이다. 꽃이 백색이고 잎은 상록성이며 긴 꽃받침통을 가져 백서향과 유사하지만 제주백서향은 꽃받침통과 열편에 털이 없고, 장타원형(점첨두) 잎을 가지고 있다. 제주도 동부 지역 곶자왈(선흘, 동복, 김녕 등)과 서부 지역(곶자왈—저지, 무릉 등)에만 분포하고 있는 제주 특산 식물로 상록활엽수림 또는 침엽수가 혼재하는 숲의 가장자리에 주로 자란다.

백서향

백서향 군락지 곶자왈을 빠져나오면 앞쪽으로 넓은 녹차밭이 펼쳐 있다. 녹차밭에서 사진 촬영 후 앞쪽으로 나오면 오설록 티 뮤지엄이 있다. 이곳은 대지 면적은 약 8,100m^2, 연건평은 1,540m^{2}이며 2층 전망대, 유물관, 다점 등으로 이루어져 있다. 제주도에서 나는 먹돌로 녹차 잔 형상의 건물 외관을 마감하였다.

가야시대부터 조선시대까지 만들어진 대표적인 귀한 찻잔이 전시되어 있고, 차를 제조하는 과정과 차를 배울 수 있다. 야외에서는 24만 평 규모의 차 재배지를 관람할 수 있다. 전망대에서는 한라산과 광활한 다원(茶園) 풍경이 내려다보이며, 박물관 주변 정원에는 연못과 산책로가 조성되어 있다. 녹차밭 사이로 난 한적한 산책 코스는 연인들의 산책 길로도 유명하고 오늘도 젊은이들이 건물 내로 끝없이 들어가고 주차장은 만원이다. 오설록 티 뮤지엄 앞 도로 건너편에도 넓은 녹차밭이 있어 사진을 촬영하며 녹차밭의 광경을 즐기고 있다.

오설록 티 뮤지엄에서 서쪽으로 도로를 따라가서 영어교육도시교차로를 지나 올레길은 다시 곶자왈로 들어간다. 이곳 일대에는 말과 돼지를 숲속에 방목을 한다고 하는데 오늘 한 마리도 보지를 못했지만 올레길 곳곳에 말과 돼지의 배설물이 많이 있다.

무릉곶자왈 남쪽은 영어교육도시 부지이고, 곶자왈 공원으로 올레길 11코스가 인근 지역으로 지나간다. 곶자왈 난대림 지역의 침엽 활엽수 지역을 통과하여 나오면 밭에는 마늘을 많이 재배하고 있는 인향마을이다. 마을 입구 연못을 지나 마을을 통과하면 인향동 버스 정류장으로 올레길 14—1 코스 종점이다.

오설록 녹차밭

제주 올레길 15코스

한림항 → 영새샘물 → 선운정사 → 납읍리 난대림 → 고내봉 → 고내포구: 16.5km

한림항은 예로부터 제주도 북서부 중앙 해안의 주요 관문으로 제주 서쪽 동중국해의 풍부한 어장과 가까워 일제강점기에 일본인들의 어업 전진기지로 이용된 역사를 갖고 있다. 일제강점기 말기에 폭격으로 시설이 크게 파괴되었다가 재건되었다고 한다. 여름철에는 남서풍과 태풍의 영향을 받고 겨울철에는 강한 계절풍의 영향을 받는데 한림항 북쪽에 위치한 비양도가 방파제 역할을 해 주어 천연적인 피난항이 되었다.

한림항 앞바다의 비양도는 다음과 같은 전설이 남아 있다.

비양도는 중국에서 온 섬이라는 이야기가 여러 가지로 전해 오는데 대표적인 것 하나만 소개를 한다.

> 고려시대에 중국에 있던 오름이 날아와서 비양도가 되었다는 이야기가 있다. 이 오름이 날아오다가 잘못 왔다고 확 돌아앉다가 그 자리에 멈추고 말았고 그래서 비양도 오름이 돌아앉은 모양새라고 한다. 그리고 이 오름이 갑자기 날아와 협재리 앞바다에 들어앉자 바닷속에 있던 모래가 넘쳐 올라 협재리 바닷

가를 덮치는 바람에 집들이 모래에 파묻혔다고 한다. 그래서 지금도 모래 밑을 파면 사람의 뼈와 그릇, 고운 밭 흙이 나타난다고 하는데 믿을 수 없는 이야기다.

수원리 바닷가를 매립하여 만든 도로를 따라가면 대수포구이다. 대수포구에서 영새샘물을 지나 마을로 들어가면 밭에는 다른 지역과 다르게 브로콜리와 파를 많이 재배하고 있다. 브로콜리 수확이 끝난 밭을 보니 미처 수확을 하지 못한 브로콜리가 꽃을 노랗게 피웠다. 우리가 먹은 브로콜리가 채소 잎인 줄 알았는데 오늘 보니 브로콜리가 꽃인 것을 처음 알았다. 브로콜리꽃이 피기 전에 우리가 수확을 해서 먹는 것이다.

그루터기쉼터를 지나 개울을 따라가면 선운정사가 있고 다시 버들못농로를 따라간다. 버들못 길은 주위에 버드나무가 많았던 연못이다. 못 주변에서 오리가 노는 것이 아름답다고 하여 곽지리 10경 중의 하나로 꼽혔다고 한다. 버들못농로를 걷다가 농로 주변 감귤밭에 들어갔더니 할머니가 까치밥으로 남겨둔 감귤을 몇 개 따서 먹어 보라 주는데 먹어 보니 완숙되어 정말 맛이 좋았다. 우리가 사서 먹는 감귤은 완숙되기 전 수확해서 인공적으로 완숙을 시켜 상품성은 좋지만 맛은 현저히 떨어진다고 한다.

성산포를 출발하면서 농촌 지역을 지나면서 만난 농부분들의 인심이 무척 좋았다. 요즘 세상 사람 간에 정이 없다고 하는데 이곳 제주에 오니 아직까지 농촌의 정이 살아 있는 것 같아 고마웠다. 그동안 여기까지 오면서 만난 분들에게 감사의 말씀을 다시 한번 드린다.

도로로 나와 혜련교회에서 길을 따라 조금 걷다 올레길은 다시 언덕의 작은 길로 들어선다. 천덕로를 건너 마을로 들어가면 이곳 마을은 감귤을 많이 재배하고 있다. 마을 어느 집 정원에 귤나무에 하귤이 많이 달려 있다. 하귤은 원산지가 일본산으로 어른 주먹보다 약간 큰 지름 10cm로 밝은 노란색이다. 3월에 익기 시작을 해서 여름에 수확을 한다고 해서 하귤이라고 한다. 겨울철에 쓴맛이 강해 먹기 힘들고 겨울이 지나면 쓴맛이 점점 감소하기 때문에 여름철에 주스나 식용으로 먹는다고 한다.

마을을 통과하면 납읍초등학교와 금산공원이 있다.

제주 납읍리 난대림 지대(금산공원)은 마을의 '금산공원'이라 불리는 곳이며, 천연기념물 제375호(1993. 8. 19. 지정)로 지정되어 있다. 한라산 서북쪽 노꼬메오름에서 발원한 용암이 애월 곶자왈의 끝자락에 다다른 곳으로 온난한 기후대에서 1만 3천여 평에 자생하는 후박나무, 생달나무, 종가시나무가 상층 목을 이루고 하층에는 자금우, 마삭줄 등 다양한 식물들 200여 종이 숲을 이루는 상록수림이다.

금산공원을 둘레에는 나무 데크를 설치하여 산책로를 만들어 놓았으며 금산공원 중심에는 포제청이 있다. 포제청은 납읍리 마을 포제는 금산공원 내 포제청에서 입춘을 지나 첫 정일(丁日) 또는 해일(亥日)에 남성들이 주관하여 유교식으로 거행하는 마을제(포신, 토신, 서신)이다. 마을의 무사 안녕과 마을의 풍요를 기원하는 제례로 1986년 제주도 무형문화제 제6호로 지정되어 내려오고 있다 한다.

납읍리 공동정호(共同井戶)를 지나면 4·3 유성(4·3 遺城)이 있다.

4·3 유성은 전도에 4·3 사건이 발발하자 마을 주민은 무장대들을 방어하기 위하여 초소를 만들고 당번을 서면서 온 마을 주위를 원형으로 한 바퀴 쌓았으며 성이 높이는 약 4m 25개소에 초소를 설치하는 등 사람이 출입을 철저히 통제하였다. 지금은 둘레성은 사라지고 북문~빌레못 경

사이 약 300m만이 남아서 당시 참혹한 상황을 묵묵히 지켜 주는 듯하다.

4·3 유성을 지나 백일홍길로 들어간다.

백일홍길을 돌아 나와 도로를 따라가다 고내오름(高內峰)으로 들어간다. 애월읍 고내리 마을 남동쪽에 버티어 한라산을 가린, 표고 175m(비고 135m)의 오름이다. 일찍부터 '고니오름 → 고내오름'으로 불렀고, 이를 한자를 빌어 표기한 것이 고내봉(高內峰)이다. 조선시대 때 이 오름 정상에 고내망(高內望)이라는 봉수대를 설치했기 때문에 '망오름'이라고도 한다.

고내리 마을을 통과하여 해안가에 가면 바닷가에 우주물이 있고 이곳이 올레길 15코스 종점이다. 우주물은 다른 곳과 똑같이 바닷가에서 솟아오르는 용천수로 다음과 같은 설명이 있어 소개를 한다.

> 우주물은 예로부터 마을 사람들의 주요한 생활용수로 사용되기도 하고 빨래 물 구실을 하기도 했다. 우주물이라 함은 우자는 '언덕사이 물 우' 자이고 '물노리 칠 주' 자이다. 그러므로 이 물은 언덕 사이로 흘러나오는데 이 물에서 물놀이를 친다는 뜻으로 해석하기도 한다.

납읍제

고내봉

제주 올레길 16코스

고내포구 → 신엄포구 → 구엄마을 → 수산봉 → 항파두리유적지 → 광령1리사무소: 15.8km

고내포구에서 도로를 따라 조금 가면 다락쉼터가 있다. 다락쉼터는 절벽 위에 있는 쉼터로 좌우로 조망이 대단히 좋고 애월읍경은 항몽멸호의 땅(涯月邑境은 抗蒙滅胡의 땅)이라는 거다란 비석과 무인상이 비석을 호위하고 있으며 제주도에 수없이 많은 해녀상도 있다. 다락쉼터를 지나 조금 가면 절벽에 포세이돈 큰 바위 얼굴이 있고, 포세이돈 전설을 억지로 꾸며 놓은 안내판이 재미있다.

애월해안도로를 따라 조금 가다 바닷가 절벽 위 오솔길로 올레길은 이어지고 신엄포구에서 포구 옆길을 따라 이동 후 다시 애월해안로와 오솔길 해안 절벽을 따라간다. 제주도 어디에서나 보이는 한라산이 어제는 구름 때문에 보이지 않았지만 오늘은 날씨가 좋아서 멀리서도 잘 보인다. 어저께 내린 눈이 정상 부근에 하얗게 쌓여 있는지 멀리서 보이는 모습도 멋지다. 샘물 용천수 지역을 지나면 바닷가 검은 현무암과 하얗게 부서지는 파도가 환상적인 모습을 연출하고 있다.

이곳에는 도대불이 있다.

도대불은 제주도 전통 등대로 검은 현무암을 탑처럼 쌓아 놓고 해 질

애월읍경은 항몽멸호의 땅 비석

무렵 뱃일을 나가는 보재기(어부라는 뜻의 제주어)들이 생선 기름 등을 이용해 불을 밝히고 아침에 돌아오면서 불을 껐다고 한다. 신엄 도대불은 1960년까지 있었으나 그 뒤 훼손된 것을 최근 고증을 통해 호롱불을 켤 수 있도록 복원을 했다고 한다.

도대불을 지나면 구엄포구에 구엄리돌염전이 있다.

구엄리 돌염전은 조선 명종(明宗) 14년(1559년)에 강려(姜麗) 목사(牧使)가 부임하면서 바닷물을 햇볕을 이용하여 소금을 제조하는 방법을 가르쳐 소금을 생산하기 시작하였으며 이는 생업의 터전이 되었다.

마을 사람들은 이곳을 '소금빌레'라고 부르고 있다.

최근 염전의 모습을 조금 복원해 놓았고, 예전 소금밭의 길이는 해안을 따라 300m 정도이고 폭은 50m로 4,845m^2(약 1,500평)에 이르며, 생산되는 소금의 양은 1년에 28,800근(17톤) 정도였다고 한다. 바닷물을 증발시켜 소금을 만들었던 구엄 바닷가의 넓은 빌레(평평하고 넓은 바위)라고

구엄리돌염전

하며, 구엄리, 중엄리, 신엄리를 통틀어 엄쟁이 라고 불렀는데 넓게 펼쳐진 바위 지형에서 따온 이름이라고도 하고 예로부터 소금(염)을 만드는 사람들의 마을이라는 데서 붙은 이름이라고도 한다. 1950년대까지 이곳에서 소금을 만들었다고 하고, 구엄리 돌염전에서 생산된 돌소금은 넓적하고 굵을 뿐만 아니라 맛과 색깔이 뛰어나 인기가 있었다고 한다.

구엄포구에서 올레길은 해안을 벗어나 내륙으로 들어간다. 장수물이라는 이정표를 보고 언덕을 통과하면 앞쪽으로 거대한 토성이 나타난다. 이 토성은 항파두리항몽유적지 외성이고 내성은 돌로 쌓은 석성이다. 토성을 통과하여 내성 쪽으로 이동을 하면 항몽유적지가 있고 현재도 유적을 발굴 중에 있다. 항파두리항몽유적지는 700여 년 전에 몽고의 침략군을 물리치고 조국을 지키기 위해 궐기했던 고려의 마지막 항몽 세력인 삼별초가 최후까지 항쟁을 하다 장렬하게 순의한 유적지이다. 삼별초는 고려 조정이 몽고군과 강화를 맺자 이에 반대하여 끝까지 몽골 침략군을 몰아낼 것을 내세워 독자적으로 항몽 활동을 계속하였다.

삼별초는 고려 조정이 몽골과 강화를 맺자 새로운 정부를 세워 강화도에서 전라도 진도로 근거지를 옮기면서 항몽에 나섰으나 진도가 여·몽 연합군의 공격으로 함락되기에 이르렀다. 이후 김통정 장군 중심의 삼별초가 제주도로 건너와 항파두리성을 쌓고 여·몽 연합군과 대결하였던 최후의 항쟁지이다. 삼별초가 축조한 항파두리성은 15리에 걸친 토성과 그 안에 축조한 석성의 이중 성곽으로 이루어졌다.

성 내에는 궁궐과 관아 시설까지 갖춘 요새였으나, 지금은 토성만이 남아 있다. 현재 토성 내에는 **抗蒙殉義碑(항몽순의비)**가 있으며 궁궐이 있던 자리는 현재 발굴 작업 중이고 유물 전시관이 있으나 자료는 빈약하다.

제주도 항몽 유적지는 조선시대와 일제강점기 알려지지 않았으나 해방 후 세상에 알려지기 시작을 했다. 조선시대의 인식은 삼별초가 고려 무인 정권의 무인 장군들을 호위하는 부대였고, 조정에 반대하는 반역의 무리로 인식되어 있었다. 그러나 해방 후 항몽을 한 삼별초가 갑자기 영웅으로 둔갑을 했다고 어느 역사학자는 말을 한다. 군사정권 시절 자신들의 집권 정당성을 위해서 삼별초의 항몽을 영웅시했다고 주장을 하는데 일부 일리는 있는 주장이다.

항파두리 유적지를 이해하기 위하여 삼별초에 대해 간단히 소개를 한다.

삼별초는 고려시대 경찰 및 전투의 임무를 수행하는 사병 부대의 명칭이다. 1231년 몽골이 침입했을 때 고려는 무신정권의 지배 아래 있었다. 최충헌의 뒤를 이어 권력을 잡은 최우는 고려의 백성들이 전국 곳곳에서 몽골군과 맞서 힘겨운 싸움을 벌이고 있는데도 서둘러 도성을 강화도로 옮겼다.

그런 다음 삼별초 등 군사 조직을 정비하여 강화도를 지키게 한 뒤 이전과 다름없이 백성들에게 거둔 세금으로 호화로운 생활을 했다. 사실 삼별초는 최우가 개경에 도둑이 극성을 부리자, 이를 막고 자신을 호위하도록 하기 위해 만든 사병 조직이었다. 처음 이름은 '밤을 지키기 위해 특별히 뽑은 군인'이라는 뜻의 야별초였다. 그러다 나중에 군사의 수가 많아지자 야별초를 좌별초와 우별초로 나누었고, 몽골과의 전쟁 이후에는 몽골군에게 포로로 잡혔다가 탈출한 병사들로 조직된 신의군까지 합쳐 삼별초라 부르게 되었다.

삼별초는 나라의 군대라기보다는 최 씨 정권이 부리는 사병의 성격이 강했지만 몽골과의 전쟁에서 많은 공을 세웠다. 그런데 몽골에 맞서 끝까지 싸우자고 주장한 최 씨 무신 정권 마지막 집권자 최의가 살해당하자 무신 정권도 사실상 몰락하게 된다.

토성을 벗어나 고성 숲길, 승도당길, 별장길 입구를 지나 숲길을 통과하여 감귤밭을 지나 한참을 가면 청화마을이다. 마을을 지나면서 고개를 들어 남동쪽을 바라보면 한라산이 정상 부근에 하얀 눈을 뒤집어쓰고 손에 잡힐 듯이 보인다. 한라산 위에는 하얀 눈이 그리고 산 아래 마을 밭에는 감귤나무와 각종 채소들이 파랗게 자라고 있는 모습이 이국적인 풍경으로 다가온다.

시멘트 포장길을 따라가다 향림사를 지나면 광령초등학교가 나오고 곧이어 광령1리사무소이다.

항파두리 토성

제주 올레길 17코스

광령1리사무소 → 외도월대 → 이호테우해변 → 어영소공원 → 용두암 → 간세라운지: 18.1km

광명리 무수천사거리에서 도로를 횡단하여 무수천을 따라 내려간다. 무수천이라는 이름은 복잡한 인간사의 근심을 없애 준다는 뜻의 이름인데, 때로는 물이 없는 건천이라 하여 무수천이라 부르기도 한다. 무수천은 한라산에서 내려오는 물줄기로 현재는 물이 흐르지 않으나 한라산 산간 지역에 비가 오면 많은 물이 한꺼번에 몰려 내려와 자주 범람을 하는 곳이다. 물줄기에 의해 무수천의 바닥이 깊게 파여 있고, 하천 바닥의 바위도 물과 돌에 의해 깎여 나가 반들반들한 곳이 많다.

창오교를 건너 다시 무수천은 다른 지류와 합쳐져 광명천이 된다. 광명천을 따라 내려가 외도천교 아래로 광명천을 건너 다시 다리 위로 올라간다. 폭우로 광명천의 물이 많은 때는 우회로를 이용하여야 한다. 외도천교를 지나 광명천을 따라 내려가면 월대가 나온다. 이곳 지역에 오면 광명천은 도근천 하류와 다시 만나면서 하천의 수량이 늘어나 상수도 보호 지역으로 지정되어 있다.

월대는 도근천 하류가 광명천과 만나는 곳에 자리 잡은 누대이다.

예부터 밝은 달이 뜰 때 물 위에 비치는 달빛이 아름다워 달그림자를 구경하던 곳이었는데, 수백 년 된 팽나무와 소나무가 강을 향해 휘늘어져 있어 운치를 더하는 곳이다. 새들도 강물 위를 표표히 헤엄치다 날아간다. 예부터 은어와 뱀장어가 많이 잡혔다는데, 이곳에서 나는 은어는 임금님 진상품이어서 보통 사람들은 함부로 잡을 수 없었다고 한다. 도근천은 고려시대부터 조선시대까지 조공물을 실어 날랐다 하여 조공천이라고도 부른다. 규모가 그리 크지 않지만 휴식공간이 잘 마련되어 있어 여름철이면 물놀이를 하는 가족들이 많이 찾는다고 한다. 팽나무 그늘 아래 한숨 자며 쉬어 가기 좋은 곳이다.

광명천이 바다와 만나는 곳에 작은 포구가 있다.

이 포구는 삼별초가 제주에 주둔해 있는 동안 주보급항이 되었던 포구로 1271년(원종 12년) 김통정(金通精) 장군이 귀일촌에 항파두성(抗波頭城)을 쌓으면서 이곳을 해상보급 기지로 삼았다고 한다. 당시 삼별초는 남해 연안 일대에 수시로 공격을 가하여 수많은 물자를 이 포구를 통하여 반입하여 항파두리로 수송하였다.

바닷가 길과 보리밭을 옆에 끼고 걸어가서 현사포구를 지나면 이호테우해변이다. 이호테우해변의 이름을 얼핏 들으면 외국의 지명 같기도 하다. 이 이름은 이호동과 테우를 합친 것이다. 해변은 거무스름한 모래와 자갈로 덮여 있는데 삼양검은모래해변과 더불어 모래찜질 명소로 알려져 있다. 이호테우해변을 지나면 이호항으로 포구의 입구에 등대를 제주말 형태로 만들어 놓아 이색적이라 보기가 좋다.

곧이어 추억愛거리로 굴렁쇠 굴리기, 공기놀이, 고무줄놀이, 팽이치기, 딱지치기, 말타기 놀이 동상을 해변 방파제에 만들어 놓아 정감이 많이 갔다. 추억愛거리 끝에서 우측으로 가면 도두항이다. 도두항은 해안 절

이호테우해변

경과 해저 경관이 매우 뛰어나 제주 관광객 사이에 최고의 관광 포인트로 사랑받고 있으며, 다양한 해양 체험을 할 수 있다.

도두항을 지나면 올레길은 도두봉(도두오름)으로 올라간다.

이곳은 섬머리 도두공원으로 정상에는 예전에 도원 봉수대 터가 있으나 현재는 흔적을 찾을 수 없고 다만 봉수대 자리에 나무 데크를 설치해 놓았다. 이곳의 조망은 대단히 좋아 동쪽으로 제주공항이 한눈에 들어와 비행기의 이착륙을 한눈에 볼 수 있고, 남으로 한라산 북으론 망망대해가 그리고 서쪽으로 도두항과 이호테우해변 쪽 마을의 조망이 대단히 좋다. 도두봉에서 내려오면 일제시대에 봉우리 중턱에 파 놓은 갱도 진지가 있다. 이 진지는 태평양전쟁 당시 일본군이 서비행장(일명 정뜨르 비행장)인 현 제주공항을 방어하기 위해 파 놓은 곳이다.

다끄네물을 지나면 제주도 해안의 명물 용두암이 있다. 1974년 고등학교 2학년 때 제주도에 수학여행을 와서 처음으로 본 것이 용두암이라서 오랫동안 기억이 남는 관광지이다. 용의 머리 형상 그대로를 닮은 용두암은 2백만 년 전 용암이 분출하다 굳어진 바위 높이 10여 미터, 길이가 30미터가 되는 형상 기암으로 지질학적으로 학술 가치가 인정되는 향토적인 자연 문화유산이다. 용두암의 전설은 바닷속 용궁에서 살던 용이 하늘로 오르려다 굳어진 모습과 같다고 하여 용두암 또는 용머리라고 한다.

전설에 의하면 용왕의 사자가 한라산에 불로장생의 약초를 캐러 왔다가, 혹은 아득한 옛날 용이 승천하면서 한라산 신령의 옥구슬을 훔쳐 물고 달아나다가 한라산 신령이 쏜 화살에 맞아서 몸뚱이는 바다에 잠기고 머리만 나와서 울부짖는 것이라고 한다.

용두암은 서쪽 100미터쯤에서 파도가 칠 때 보아야만 살아 움직이는 듯한 생동감이 드러난다고 한다.

용두암 동쪽에 용연이 이웃하여 있다.

용이 살았던 연못이라고 하여 용연이라고 하며, 깎아지른 듯 양쪽 벽이 병풍을 두른 것 같고 물이 맑고 짙푸르러 취병담(翠屛潭)이라고 부르기도 한다. 야간 명소인 용연구름다리를 건너면 계곡에 연못처럼 물이 고인 곳이 용연이다. 예부터 용이 사는 연못이라 하여 용연이라 불렀고, 용은 비를 몰고 오는 영물인지라 기우제를 지내기도 했다. 경치가 뛰어나 조선시대 지방관들이 밤중에 배를 띄우고 주연을 열어 풍류를 즐기곤 했다고 한다.

무근성마을을 지나면 제주 관아가 있다.

제주 관아는 제주를 관장하던 목사가 있던 곳으로 담장 밖에는 관덕정이 있고 담장 안에도 건물이 많으나 발길 바쁜 나그네는 담장 밖에서 잠시 들여다보고 지난다.

관아 입구엔 하마비가 있다. 이곳 관아 주변은 조선시대 유배지로 대표적인 인물로는 광해군, 송시열, 이익, 김정, 김춘택 등 많은 관료들이 유배를 왔다고 한다. 관덕정에서 횡단보도를 건너 골목길로 들어가서 삼도2동주민센터와 천주교중앙성당을 지나면 제주시 간세라운지가 있다.

용두암

관덕정

제주 올레길 18코스

간세라운지 → 화북포구 → 삼양해변 → 닭모루 → 연북정 → 조천만세동산: 19.8km

제주 올레 간세라운지에서 도로를 따라가다 오현단으로 올레길은 들어간다.

오현단은 제주도로 유배를 온 오현(五賢)을 기리기 위해 지은 제단(祭壇)이다. 제주도 기념물 제1호, 1871년(고종 8) 대원군의 서원 철폐령으로 귤림서원(橘林書院)이 훼철된 후, 1892년(고종 29) 제주 유림들의 건의에 의해 귤림서원에 배향되었던 오현(五賢)을 기리기 위해 마련한 제단(祭壇)이다. 오현은 김정(金淨)을 비롯하여, 1601년(선조 34) 소덕유(蘇德裕)·길운절(吉雲節) 역모 사건 때에 안무어사(安撫御史)로 제주에 파견되었던 청음(淸陰) 김상헌(金尙憲: 1669년에 배향), 대정현에 유배되었던 동계(桐溪) 정온(鄭蘊: 1669년에 배향)과 우암(尤庵) 송시열(宋時烈: 1695년에 배향), 제주 목사를 역임한 규암(圭庵) 송인수(宋麟壽 1682년에 배향)를 말한다.

이곳에는 지금도 오현의 위패를 상징하는 조두석(俎豆石)이 놓여 있다. 그리고 이 유적 내에는 '증주벽립(曾朱壁立)'의 마애명과 귤림서원묘정비(橘林書院廟庭碑), 향현사유허비(鄕賢祠遺墟碑) 등이 세워져 있다.

제주도민들은 오현에 대한 자부심이 대단히 많다. 본토의 앞선 지식을 제주도에 전해 주어 학식과 덕망을 흠모하게 되었다. 그래서 오현단을 이름을 딴 오현고등학교가 제주도 최고 사립 명문 고등학교이다. 근래 제주도의 뛰어난 분들 중에 오현 고등학교 출신이 상당히 많다고 한다.

오현단

오현단을 나와 올레길은 다시 제주 동문공설시장으로 들어갔다 나온다. 제주 동문공설시장은 제주도 최대의 재래시장으로 시장을 보는 도민들과 관광객들이 몰려 항상 붐비는 곳이다. 특히 제주도 지역에서 잡히는 해산물이 많이 판매되고 있으며 제주 특산물 옥돔을 파는 가게가 많다. 옥돔도 짝퉁이 많다고 하는데 우리 눈으로 구분을 할 수 없다. 제주 동문시장 2문에서 횡단보도를 건너 산지천을 따라 내려가 용진교 부근에서 횡단보도를 건너면 김만덕 객주를 최근에 복원해 놓았다.

김만덕은 드라마로도 방영이 되었던 인물로 남성 위주의 조선 사회에서는 여성으로 특이하게 역사적 인물로 기록되어 있다. 김만덕은 양인의 딸로 태어나 12세에 부모를 잃고 친척 집에서 생활하였으나 여의치 않아 기녀가 되었다. 제주 목사 신광익에게 탄원하여 양인으로 환원되었다. 객주(客主)집을 차려 제주 특산물과 육지 산물을 교환, 판매하는 상업에 종사해 많은 돈을 벌었다. 1794년 제주에 흉년이 들자 전 재산을 털어 사들인 곡식으로 빈민을 구휼하였다. 그 공으로 정조대왕으로부터 의녀반수(醫女班首)의 벼슬을 받았다. 당시 좌의정이던 채제공은 '만덕전'을 지었고, 추사 김정희는 은광연세(恩光衍世)라는 글을 지어 김만덕의 선행을 찬양하였다. 그 후 김만덕은 한양으로 올라와 임금을 알현하고 평생 소원이었던 한양과 금강산 구경을 하고 제주로 돌아갔다.

김만덕 객주 기념관이 있는 이곳은 건입동으로 거상 김만덕으로 얼이 살아 숨 쉬는 건입동이라는 안내판이 곳곳에 있고, 올레길 18코스 건입동 구간 아스팔트와 시멘트 바닥에 페인트 칠을 해서 찾아가기 쉽게 해 놓았다.

제주항 쪽으로 가다 언덕을 올라가면 칠머리당 영등굿 안내판을 커다란 화강암에 새겨 놓았다. 제주시 건입동 칠머리당에서 열리는 칠머리당 영등굿은 바다의 평온과 풍작 및 풍어를 기원하기 위해 음력 2월 시행하는 대표적인 제주의 세시풍속이라고 한다.

칠머리당 안내판을 지나 올레길은 사라봉으로 올라간다. 사라봉은 사라봉공원으로 조성을 하여 제주시 시민들이 많이 올라와 운동과 휴식을 하는 장소이다. 사라봉은 조망도 좋지만 특히 낙조가 좋은 곳으로 사봉낙조가 유명하다. 제주 시가지 중심에서 2km쯤 떨어진 해안에 자리 잡고 있는 사봉낙조는 성산 일출과 함께 영주십경의 하나다.

그 정상에 있는 팔각정에서 약진하는 제주시가 한눈에 내려다보이고 멀리 펼쳐진 검푸른 바다와 수평선은 매우 아름다우며 비록 해발 148미터에 불과한 봉우리이지만 한번 낙조를 응시해 보면 그 어느 곳에서도 찾아볼 수 없는 황홀한 절경과 바다로 떨어지는 태양의 신비로운 장관을 볼 수가 있다고 한다.

사봉 연대를 지나 올레길은 시멘트 포장길을 따라 내려온다. 사라봉 운동 시설을 지나 올레길은 해안 쪽으로 내려가 절벽 중턱을 따라간다. 사라봉 중턱 올레길을 내려오면 잃어버린 마을(곤을동)로 제주 4·3 항쟁 때 마을 전체가 불타 없어진 곳이며 집터만 남아 당시의 아픈 상처를 말해 준다. 곤을동이 불에 탄 것은 1949년 1월 4일과 5일 국방경비대 제2연대 1개 소대가 이틀에 걸쳐 곤을동 주민 24명을 학살하고 마을을 모두 불태웠다고 한다. 이념에 의한 학살이라는 것이 가슴 아픈 현장이다. 정복 전쟁은 주민을 재산이라 생각해서 땅만 정복하고 죽이지 않지만 종교와 이념 전쟁은 상대를 악마라고 생각해서 정복지 주민들을 가차 없이 학살을 한다.

화북포구는 큰 어항 포구로 많은 어선과 작은 보트 등이 정박을 해 있고 포구 끝에는 환해장성과 별도연대가 있다. 별도연대를 지나 밭 사이로 올레길은 이어지고 삼양3동 마을 회관을 지나 삼수천을 건너면 삼양검은모래해변으로 제주도에서 유일하게 이호테우해변과 함께 모래가 검다. 삼양동의 자랑거리인 삼양검은모래해변은 다른 지역과는 달리 검은 모래사장이 펼쳐져 있어 모래찜질을 하기 위하여 멀리 일본에서도 찾아오는 곳으로 모래찜질의 효용이 알려져 있다. 오늘 오후 해변의 물이 빠져 모래 해변으로 들어갔더니 발도 빠지지 않을 정도로 딱딱하다.

검은모래해변을 지나 삼화포구에서 마을 안으로 들어간다.

원당봉(원당오름)으로 오르다 불탑사 이정표를 보고 따라가면 조계종 불탑사와 천태종 원당사가 길을 하나를 사이에 두고 나란히 있다. 굴탑사(당시 사찰명 원당사)는 전설 속에 등장하는 기황후 1340년경 제2황후로 등극한다는 점으로 미루어 이때쯤 창건된 것으로 추정을 한다. 이후 조선시대 효종 4년까지 절이 유지되었으나 숙종 28년 배불정책으로 훼손되었다.

불탑사는 여러 차례 중수와 화재로 폐허가 된 것을 제주 4·3 사건 이후 재건 및 중창불사를 하여 현재에 이루고 있으며 불탑사에 현무암으로 이루어진 국내 유일의 오층석탑(보물 1187호)를 보유하고 있다.

불탑사를 나와 밭 사이로 들어가면 신촌 가는 옛길로 들어선다.

신촌 가는 옛길은 삼양에 사는 사람들이 신촌마을에 제사가 있는 날이면 제삿밥을 먹기 위해 오갔던 길, 제주도에서는 집안의 제사에 직계가족만 모이는 것이 아니라 일가친척 및 마을 사람들이 모두 모이는 풍습이 있다고 한다. 신촌 가는 옛길에서 나와 도로를 따라 다시 바닷가로 올레길은 들어간다.

바닷가 길을 걷다가 시비코지 팔각정을 지나 작은 하천을 건너 올레길은 닭모루에서 다시 도로 쪽으로 나온다. 닭모루(닭머르)를 지나 신촌마을로 들어가면 신촌포구이다.

포구를 지나 산티아고게스트하우스에서 앞을 보면 죽도가 있다. 원래는 제주도와 떨어진 섬이었으나 현재는 매립을 하여 육지와 연결되어 있고 조류 AI 관련하여 출입을 통제하고 있으나 통제하는 사람이 없어서 통과를 했다. 죽도 안쪽 포구 잔잔한 바다엔 오리가 헤엄을 치며, 철새 도래지로 알려져 있다.

조천초등학교 옆을 지나면 연북정 포구이다.

포구 옆 연복정(戀北亭)은 유배되어 온 사람들이 제주의 관문인 이곳에서 한양의 기쁜 소식을 기다리면서 북녘의 임금에 대한 사모의 충정을 보낸다 하여 붙인 이름이라 한다.

연북정을 지나 조천연대를 지나면 올레길은 다시 바닷가를 벗어나 내륙으로 들어간다.

조천 하동마을 도로를 따라가면 조천만세동산이다.

김만덕 객주

연북정

제주 올레길 18-1코스

추자면사무소 → 추자대교 → 신양항 → 황경환 묘 → 돈대산 → 추자면사무소: 21.1km

제주항에서 추자도으로 가는 퀸스타2호에 몸을 실었다. 이 배는 시속 35노트의 쾌속선으로 차량은 싣지 않고 승객만 실어 나르는 배로 승선감은 대단히 좋지만 오늘 파도가 높아 멀미의 우려가 있는다는 방송을 들으니 은근히 겁이 났다. 출발 전 조망이 좋은 앞에 앉아 있었더니 승무원이 와서 파도가 심하여 앞쪽이 많이 흔들리니 뒤쪽으로 가라고 알려 준다. 뒤돌아보니 앞쪽은 우리 부부만 앉아 있고 모두 뒤쪽에 앉아 있다. 이런 촌놈 오랜만에 쾌속정을 타고 앞쪽이 좋은 줄만 알았는데 또 한 가지 배우고 간다. 배가 출발하여 제주항을 나오니 파도에 배가 엄청 흔들리고 어질어질하지만 참을 만했다. 한참 졸고 일어났더니 벌써 추자도가 보이기 시작을 하고 1시간 10분 정도 소요된 것 같다.

추자도는 한반도와 제주도 사이에 위치한 섬으로 상·하추자도, 추포도, 횡간도 등 4곳의 유인도와 38개의 무인도로 이루어져 있다. 고려 원동 12년(1271년)에 설촌되어 후풍도라 불리었으며 전남 영암군에 소속될 무렵부터 추자도로 불리게 되었다는 설과 조선 태조 5년 섬에 추자나무숲이 무성하여 추자도로 불리게 되었다는 설도 있다. 천연기념물 제333

호 사수도 흑비둘기, 슴새 번식지, 문화재로 최영장군사당, 박씨 처서각이 있고 추자십경이 유명하여 관광객들이 많이 찾고 있으며 특히 감성돔, 황돔, 돌돔 등이 많이 잡히는 청정 해역으로 연중 갯바위 낚시가 잘되어 많은 낚시꾼들에게 각광받고 있다.

올레길은 선착장 주차장을 출발하여 최영장군사당 이정표를 보고 골목으로 들어가서 추자초등학교 옆을 지나면 최영장군사당이 있다. 최영장군은 고려 공민왕 23년(1374년) 탐라(현 제주도)에서 원의 목호(牧胡) 등이 난을 일으키자 정부에서는 최영 장군으로 하여금 진압하게 하였다. 장군은 원정 도중 심한 풍랑으로 이곳 점산곶에서 바람이 잔잔해지기를 기다리는 동안 도민(島民)들에게 어망편법(魚網編法)을 가르쳐 생활에 변혁을 가져오게 하였다고 한다. 그 뒤 이곳 주민들이 이러한 장군의 위덕(威德)을 잊지 못하여 사당을 지었다고 하며 매년 봄과 가을에 봉향(奉享)을 하고 있다.

최영장군사당을 지나 시멘트 포장길을 따라가면 야생 유채꽃이 곱게 피어 있고 낙조전망대를 지나면 북쪽 바람을 피할 수 있는 곳에 해상 가두리 양식장이 그림같이 보인다. 시멘트 포장길을 벗어나 올레길은 봉글레산으로 들어간다.

봉글레산의 조망은 대단히 좋아 상추자항과 읍내가 한눈에 들어오고 남쪽으로 하추자항과 추자도 등대와 전망대가 그림처럼 펼쳐져 보인다. 봉글레산을 내려와 읍내를 다시 통과하여 추자도 등대 쪽으로 올라간다.

추자도 마을은 바람 때문인지 집들이 다닥다닥 붙어 있고, 골목 담장의 벽화는 타일로 되어 있는 것이 특이하고 정겹다. 급경사 길을 잠시 올라가면 우측으론 나바론하늘길(나바론절벽)이고 올레길은 등대 전망대 쪽

추자대교

으로 이어진다. 등대 전망대에 도착을 하여 옥상 전망대에 올라가면 추자도 주변의 섬들과 망망대해가 막힘 없이 잘 보인다.

전망대에서 급경사 길을 내려오면 추자대교 옆에 추자도 발전소가 있다. 추자대교는 섬과 섬을 잇는 교량으로 국내 최초로 건설되었으나 골재를 실은 트럭이 1993년 추락하여 1995년 4월 30일 재설치하였다고 한다.

추자대교를 지나 올레길은 하추자도 산속으로 들어간다.

산 능선을 따라가면 하추자도 신양항이 보이기 시작을 한다. 신양항에서 도로를 따라간다. 야생 유채꽃이 곱게 핀 좁은 올레길을 이어가서 화장실을 지나 황경환 묘 이정표를 보고 따라간다. 황경환은 올레길 11코스 대정성지에 묻힌 정난주 마리아의 아들로 가슴 아픈 사연이 있어 소개를 한다.

갯바위에서 울던 두 살 아기

1801년 신유박해 때 순교한 황사영 알레시오와 제주 관노로 유배된 정난주 마리아 부부의 아들인 황경환이 묻혀 있는 곳이다. 황사영은 1775년 유명한 남인 가문에서 태어나 16세 때 진사시에 합격할 만큼 영특하였다. 그러나 1790년 주문모 신부에게 영세를 받은 후 세속적 명리를 버리게 된다. 1801년 신유박해가 일어나자 그는 충북 제천 배론에 피신하여 이른바 '황사영 백서'를 썼다. 이 백서를 북경의 구베아 주교에게 보내려다 발각되어 체포되고, 대역죄인으로 처형되었다. 어머니 이윤혜는 거제도로, 아내 정난주는 제주 관노로, 그리고 두 살 된 아들은 추자도로 각각 유배되었다.

정난주는 1773년 유명한 남인이요 신자 가문인 정약현의 딸로 태어나 어려서부터 열심히 신앙생활을 하였다. 18세에 때인 1790년 16세인 황사영과 혼인하고 1800년 아들 경환을 낳았다.

1801년 두 살의 아들을 가슴에 안고 귀양길에 오른 정난주는 추자도에 이르러 아들이 평생 죄인으로 살아가야 함을 걱정하여 젖내 나는 어린 것을 예초리 바닷가 갯바위에 내려놓으며 아들의 인적 사항을 적어 놓았다. 사공들에게는 죽어서 수장했다고 말한다. 대정 관노로 유배, 그녀는 38년간 풍부한 학식과 교양으로 주민들을 교화하였다.

그래서 노비의 신분이면서도 '서울 할머니'라는 칭송을 받으며 살아가다가 1838년에 선종하여 대정성지에 묻혀 있다. 갯바위에 놓여진 황경환은 울음소리를 듣고 찾아온 어부 오 씨에 의해 키워졌으며 성장한 뒤에 혼인하여 두 아들을 낳았다. 지금 그에 후손들이 하추자도에 살고 있다.

그리고 추자도에서는 황씨와 오씨가 결혼하지 아니하는 풍습이 생겨났다. 갯바위에서 울던 두 살 아기는 이곳에 묻혀 있다. 그리고 동쪽으로 보이는 바다로 튀어나온 바위가 바로 두 살 아기가 버려져 울던 장소이다. 지금 제주교구에서는 이곳을 새롭게 단장을 하고 성역화할 계획을 세워 놓고 있다.

옛날 대역죄인으로 몰려 죄를 받으면 본인은 능지처사를 당하고 여자들은 노비 또는 관노로 그리고 아들들은 몰살을 당하는 경우가 대부분이었다. 그러나 가족이 천만다행으로 살아남아 후손을 이어가는 경우가 있다. 조선 단종 일 년 발생한 계유정난으로 황보 인 가문이 멸문지화를 당할 때 노비 단량이 황보 인의 손자를 물동이에 넣어 집을 빠져나와 황보 인의 사위 윤당이 살고 있는 봉화로 내려가 노자를 받아서 포항시 호미곶면 구만리로 피신하여 가문을 이어 간다.

그리고 세조 집권기 단종 복위가 발각되어 죽은 집현전 학자 출신 박팽년의 손자가 역시 살아남아 대구 달성에서 가문을 이어 가고 있다. 박팽년이 죽을 당시 며느리가 임신 중이었고 며느리는 친정이 있는 달성의 관노로 내려간다. 박팽년의 며느리는 친정의 도움으로 친정에서 살며 아들을 낳았는데 마침 같은 시기 친정의 노비가 딸을 낳아 관에서 조사를 나오면 노비의 딸과 바꾸어 살아남을 수 있었다고 한다. 며느리가 출산 전 노비가 같이 아들을 낳으면 노비가 자신을 아들을 관에 박팽년의 손자라고 해서 죽일 것이라고 했으니 노비의 주인에 대한 믿음이 눈물겹다. 박팽년의 손자는 성종기에 복권되어 벼슬도 했다고 한다.

황경환의 묘지를 둘러보고 나와 황경환 눈물이라는 샘을 지나 시멘트 포장길을 따라가서 신대산전망대 갈림길에서 올레길은 바닷가 절벽 위

황경환의 묘

길을 따라가면 예초리포구이다. 예초리에서 시멘트 포장길을 따라가 엄장승 바위를 지나 올레길은 추억이 담긴 학교 가는 샛길로 들어간다. 이 길은 예전에 예초리에서 신항에 있는 학교로 넘어가는 샛길이자 지름길이었다고 한다.

샛길을 따라가서 펜션을 지나 올레길은 포장길을 따라 돈대산으로 올라간다. 돈대산은 추자도에서 가장 높은 봉우리로 해발 164m에 불과하지만 조망은 1000m급 이상으로 좋다. 날씨가 좋은 날이면 한라산이 보이고 주변에 막힘이 없어 가슴이 펑 뚫리는 기분이다.

돈대산에서 내려오면 추자도 정수장이다.

정수장에서 도로를 따라 조금 걷다 올레길은 도로 옆에 있는 은달산 길을 걷는다. 은달산 길을 내려오면 추자대교이고 추자도 참굴비 동상을 바닷가에 예쁘게 만들어 놓았다. 추자대교를 지나 마을을 통과하면 추자도항이고 올레길 18—1코스 출발점이자 종점이다.

추자항

제주 올레길 19코스

조천만세동산 → 함덕해변 → 너븐숭이4·3기념관 → 동북리 → 김녕농로 → 김녕서포구: 19.4km

조천만세운동은 1919년 3월 21일부터 24일까지 조천 지역에서 1차는 미밋동산(만세동산)에서, 2~4차는 군중들을 동원할 수 있는 조천 장터를 이용하여 항일 만세 시위를 전개하여, 제주인들에게 민족의식을 일깨우고 이후 제주 지역에 벌어지는 항일운동의 모태가 되었다고 한다. 이를 기념하여 만세동산과 기념비를 세워 호국 영령들의 추모하고 있고, 이런 분들이 있어 오늘의 대한민국이 있는 것이다.

조천만세공원 제주항일기념관을 돌아 뒷문으로 나가면 영산불교 현지사 주차장이 있다. 이곳부터 밭 사이 올레길을 걸어가면 다시 바닷가로 올레길은 이어진다. 바닷가로 나오면 관곶이 있다. 이곳은 제주에서는 해남 땅끝마을과 가장 가까운 곳(86km)이라고 한다. 옛날 조선시대에 조천포구로 가는 길목에 있는 이곳이 제주에서 북쪽으로 길게 뻗어 있어 각종 선박들이 항로하는 데 큰 도움이 되어 관곶이라고 불리게 되었다. 조천포구가 제주 관문 역할을 함으로써 제주 목사, 선비, 유배자, 상인, 일반인 왕래와 도민의 상거래가 성행했던 곳이다.

관곶을 돌아오면 육지에는 양식장이 있고 자연적인 포구 안쪽에는 하

조천만세공원 제주항일기념관

얀 모래가 바닷속에 깔려 있어 파란 바닷물과 검은 현무암이 환상적이 모습을 하고 있는 신흥 해수욕장이다. 밀물 때는 투명한 물빛이 신비롭고, 썰물 때에는 백사장 전체가 드러나며 이때 장관을 이룬다고 한다. 신흥리 포구 안쪽의 작은 포구에는 숭어 새끼들이 잔뜩 몰려 들어와 한가롭게 따뜻한 햇살을 즐기고 있고 신흥초교 폐교 자리엔 다문화교육센터가 있다. 제주에도 많은 외국 여성들이 결혼 이주를 해 와서 살고 있다. 이들을 한국 사회에 동화시켜 살 수 있게 하는 교육은 필수이고 이것이 사회적 책임인 것 같다.

제주대학교 해양과학연구소를 지나 정주항을 통과하면 앞쪽으로 제주에서 가장 멋진 해수욕장인 함덕서우봉해변이 환상적인 모습으로 나타난다. 한덕서우봉해변은 고운 모래가 넓은 해변에 걸쳐 있다. 하얗고 고운 모래와 파란 바닷물이 그림 같은 풍경을 연출하고 검은 현무암과 하얀 모래는 묘한 조화가 이루어진다. 해변 앞쪽의 울린여에는 원형 다리로 연결을 하였고 울린여의 식당과 카페엔 휴일을 맞이하여 손님들이 북적인다.

너무 아름답고 이국적인 풍경에 반해 발길이 떨어지지 않지만 오늘의 일정 때문에 아쉬움을 뒤로하고 출발했다.

함덕서우봉해변에서 서우봉으로 급경사를 계단을 올라간다.

서우봉은 살찐 소가 뭍으로 기어 올라오는 듯한 형상이라고 하여 예부터 덕산으로 여겨져 왔다. 동쪽 기슭에는 일본군이 파놓은 21개의 굴이 남아 있다. 서우봉 산책로는 함덕리 고두철 이장과 동네 청년들이 2003년부터 2년 동안 낫과 호미만으로 만든 길이라고 하는데 그분들의 노고와 정성에 감사를 드린다.

서우봉은 함덕리와 북촌리 경계에 위치한 표고 111미터의 원추형 화산체 오름이다.

서우봉 둘레길 중턱에 서우낙조 명소가 있다. 에메랄드빛 바다 수평선으로 연출하는 붉은 노을은 영주 10경 중 하나인 사봉낙조와 비교해도 손색이 없을 만큼 아름답다고 하는데, 오늘 낮에 보니 서우봉에서 보는 함덕서우봉해변의 풍경도 환상적이다.

서우봉둘레길을 내려오면 작은 해동포구가 있다. 해동포구를 지나 마을을 통과하면 길가에 너븐숭이4·3기념관이 자리 잡고 있다. 너븐숭이 4·3기념관은 현기영의 소설 〈순이 삼촌〉의 배경이기도 한 북촌리 4·3 사건 당시 가장 큰 피해를 당한 마을이다. 군인들이 무장대 진압 과정에서 가옥 대부분을 불태웠고 남녀노소를 가리지 않고 많이 사람들이 희생되었으며 제주 4·3 사건 당시 북촌리에서 가장 많은 사상자를 발생을 했다.

한마을 323가구 가운데 207가구 479명이 희생되었으며 해방 후 한국전쟁 기간 동안 가장 가슴 아픈 현장이기도 하다. 현재 기념관과 위령비를 세워 그날의 아픔을 위로하고 역사의 교훈으로 삼고 있다.

너븐숭이에서 마을을 통과하여 환해장성을 통과하면 북촌포구로 앞바다에는 다려도라는 작은 섬이 있다. 다려도는 무인도로 섬의 모양이 물개를 닮았다고 하여 한자로는 달서동(獺嶼島)이라고 쓴다. 해산물이 풍부하고 어종도 다양하여 낚시꾼들이 많이 찾는 곳이다. 원래 다려도 주변은 제주도에서도 최고의 미역밭이었으나 요즘은 해녀들이 미역 대신 우뭇가사리를 채취하기 위해 이곳을 즐겨 찾는다고 한다. 4·3 사건 때 토벌대를 피해 북촌리 사람들이 다려도에 숨기도 했다고 한다.

북촌마을을 통과하여 올레길은 1132번 제주 일주도로를 횡단하여 동쪽으로 가다 주유소 공사 중인 곳에서 내륙 깊숙이 들어간다. 도로에서 동복리 운동장이 사이엔 말을 키우는 말 목장이 몇 군데 있는데 말은 많지 않고 조랑말이 아니고 대형 말을 키우고 있다. 동복리운동장은 일반 운동장이 아닌 대형 잔디 축구장이 있는 것이 신기하다.

육지 쪽의 전지훈련 팀에게 대여하기 위하여 만든 것 같은 느낌은 있는데 너무 한적한 숲속이라 조금 생뚱맞은 기분도 든다.

이곳에서 올레길 19코스 중간 지점 스탬프를 찍고 이동을 하면 벌러진 동산이다. 벌러진동산은 두 마을로 갈라지는 곳, 혹은 넓은 바위가 번개에 맞아 벌어진 곳이라고 해서 벌러진동산이라 부른다고 한다. 나무가 우거져 있고 용암이 굳어 만들어진 넓은 공터가 있으며, 아름다운 옛길이 남아 있는 지역이다.

곶자왈 숲속에는 동복북촌풍력발전단지가 있다.

함덕서우봉해변

제주에너지공사에서 발주한 풍력발전기 15기가 있으나 오늘은 한 기도 돌지 않고 있다.

바람이 많기로 유명한 제주도이지만 오늘은 바람 한 점 없어 발전기가 돌지 않은 신기한 모습을 볼 수 있었다. 제주도에 이렇게 바람이 불지 않은 날이 며칠이나 될까 싶은 것이 너무 신기롭다. 풍력발전단지를 통과하여 올레길은 다시 밭 사이로 지루하게 이어지고 묘산봉 옆 통과 부근 무밭에서 수확하고 남겨진 작은 무를 뽑아 먹었더니 역시 제주 무는 맵지 않고 맛이 좋다.

묘산봉 근처를 버스 승강장을 지나 마을을 통과하면 좌측으로 김녕항이 있다. 김녕항은 북제주 쪽에서 제법 큰 항구이고 다리를 건너면 올레길 19코스 종점이다.

제주 올레길 20코스

김녕서포구 → 월정해변 → 광해군기착비 → 평대해변 → 제주해녀박물관: 17.6km

김녕항에서 마을 안길과 바닷가로 올레길은 이어지고 김녕성세기해변에 김녕 옛 등대가 있다. 구좌읍 성세기알 바닷가에 세워진 이 옛 등대는 속칭 도대불이라 한다. 바다에 나간 고기잡이배가 무사히 돌아올 수 있게 하기 위해서 1915년경에 세워졌다고 한다. 그 후 허물어졌다가 1964년 마을 사람들의 요청에 의해서 다시 지은 것이다. 처음에는 속칵으로 나중에는 석유 호롱으로 불을 켜 불을 밝혔다.

도대불을 지나면 김녕성세기해변이다.

이곳은 빨간 등대와 풍력발전기 그리고 파란 바닷물이 어울려 그림엽서 같은 풍경을 자아내고 있다. 썰물 때면 넓은 백사장이 펼쳐지는데다 수심이 얕고 파도가 높지 않아 어린이들이 놀기에도 좋은 곳이다. 오늘 아침은 바닷물이 만조로 백사장에 물이 들어와 있어 물에 잠긴 하얀 모래와 파란 바닷물이 환상적이 그림이다. 여기에 더해 물속의 검은 현무암은 더 운치를 더해 주고 있다.

김녕성세기해변을 지나면 김녕국가풍력실증연구단지가 있다. 본 인증단지는 연평균 풍속이 7.2m/sec 내외로 국제 규격에 의한 대형 풍력발전기 인증이 가능한 천혜의 환경 조건을 갖추고 있는 곳으로 발전기 종류도 다양하고 풍력발전기 제조 및 설치 회사도 여러 회사 제품이다.

풍력실증연구단지를 지나면 이곳 해안에도 환해장성이 남아 있다. 환해장성(環海長城)은 말 그대로 해안을 둘러 쌓은 성이다. 제주 해안을 길게 둘러친 장성이라 해서 '제주의 만리장성'이라 일컬어지기도 한다. 그 역사는 고려시대로 거슬러 올라간다. 1270년 고려 관군이 삼별초의 입도를 막기 위해 쌓기 시작을 해서 같은 해 제주로 들어와 고려 관군을 물리친 삼별초 역시 환해장성을 계속 쌓았다. 이때 환해장성의 용도는 고려군과 몽골군의 공격에 대비한 것으로 바뀌게 된다. 조선시대 들어서서도 환해장성은 계속 보수되거나 신축되었다. 이때는 왜구 또는 정체를 알 수 없는 낯선 배인 이양선의 출몰이 잦았기 때문이다. 이곳 환해장성은 조선시대 때 쌓은 것이라고 한다.

이곳 일대는 김녕 월정 지질 트레일로 바닷가에 투물러스(용암 언덕)가 길가 해안에 있다. 이곳 해안과 같이 검고 평평한 용암대지를 제주도 말로 빌레라 부른다. 빌레는 토마토 주스처럼 잘 흘러가는 용암이 얇고 넓게 퍼져 흐르면서 만들어진다. 이런 용암은 땅 위를 흘러가다가 온도가 낮아져 앞부분이 먼저 굳어지면서 뒤에서 계속 따라오던 용암이 앞으로 흘러가지 못하고 부풀어 올라 언덕처럼 솟아오른 지형을 만들게 된다. 그리고 용암의 표면은 4각형에서 6각형으로 갈라져 있는데, 이곳은 뜨거운 용암이 식으면서 부피가 줄어들면서 생긴 구조이다. 부풀어 오른 모양에 육각형으로 갈라진 모양이 마치 거북이의 등 모양을 닮았다고 해서 지질학자들은 이런 지형을 거북등절리라고 부른다고 한다.

용암 언덕을 지나면 월정 카약을 타고 곳이 있다.

김녕해변

간판에 〈슈퍼맨이 돌아왔다〉 촬영지이고 이휘재와 축구 선수 이근호의 사진이 함께 있다.

이곳에서 올레길은 내륙으로 들어가고 밭과 언덕은 온통 모래로 되어 있어 작물이 자라기 힘든 지역인 것 같고, 밭 뚝 사이에는 고운 모래가 쌓여 있다. 다시 마을을 통과하여 해안으로 나오면 제주에서 카페 거리로 유명한 월정해변이다. 월정해변은 하얀 모래와 풍력발전기 그리고 파란 바닷물이 이국적인 풍경을 자아내고 있다. 금일 휴일을 맞이하여 해변에는 많은 관광객들이 봄 바다를 즐기고 있으며 특히 젊은 남녀 커플들은 커피를 마시고 월정해변을 배경으로 사진 찍기에 바쁘다.

해변가 나무 데크에 큰 개 두 마리가 누워서 누가 지나가던가 신경을 쓰지 않고 편안히 있는 것을 보니 개 팔자가 상팔자인 것 같아 웃음이 나왔다. 월정해변 끝 부근에서 올레길은 다시 내륙으로 잠깐 들어갔다 바닷가로 나오면 어등포구가 있다.

월정해변

이곳 포구는 광해 임금의 유배 첫 기착지이다.

光海君(광해군)은 1623년 인조반정에 의해 혼란무도(昏亂無道) 실정백출(失政百出)이란 죄와 폐모살제(廢母殺弟)로 폐위, 처음 강화도 교동(喬桐)으로 유배되었다. 이어 1637년 유배소를 제주로 옮기려 사중사(事中使) 별장 내관 도사 대전별감 나인(內人) 서리(書吏) 나장(羅將) 등이 임금을 압송하여 6월 16일 이 어동포(於登浦)로 입항하여 일박하였다. 이때 호송 책임자인 이원로(李元老)가 왕에게 제주라는 사실을 알리자 깜짝 놀랐다. 마중 나온 목사(牧使)가 “임금이 덕을 쌓지 않으면 주중적국(舟中敵國)이란 사기(史記) 글을 아시죠.” 하니 눈물이 비 오듯 하였다고 한다. 주성(州城) 망경루 서쪽 배소에서 1641년 7월 1일 67세로 생을 마치니 목사 이시방(李時昉)이 염습, 호송 책임 채유후(蔡裕後)에 의해 8월 18일 출항, 상경하였다. 훗날 광해군은 연산군과 달리 성실하고 과단성 있게 정사를 펼쳤으나 당쟁의 와중에 희생된 임금으로 평가받고 있다.

어등포구를 지나 올레길은 내륙으로 들어가 구좌 농공단지 옆을 통과하여 로봇 스퀘어 부근에서 잠시 바닷가로 내왔다가 다시 내륙으로 들어가 벵듸길을 통과한다. 이 길을 통과 중에 밭에서 당근을 수확하는 것을 보았다. 다른 곳에서는 당근을 재배하지 않고 구좌읍 지역 중산간 지역에서 재배되는 당근이 제주 당근으로 우리나라 최상품이다.

평대리해변과 내륙을 돌아 나오면 구좌읍 세화해수욕장이다.

이곳도 하얀 모래와 파란 바닷물 그리고 검은 현무암이 한 폭의 동양화를 보는 것 같다.

세화해변을 지나 올레길은 내륙으로 들어가 제주 해녀 항일 기념 공원에 도착을 한다.

제주 해녀가 유네스코 인류무형문화재에 등재되었다는 플래카드를 제주 해안 곳곳에서 볼 수 있고 이곳 기념관에 가면 해녀의 일상과 항일운동에 관한 기록을 볼 수 있다.

제주에서 해녀는 잠녀라고도 불린다.

문헌으로는 1105년(고려 숙종10) 탐라군의 구당사로 부임한 윤응균이 "해녀들의 나체 조업을 금한다."라는 금지령을 내린 기록이 있고, 조선 인조 때도 제주 목사가 "남녀가 어울려 바다에서 조업하는 것을 금한다."라는 엄명을 내렸다. 이건의 제주풍토기에는 제주 해녀들의 생활 모습이 상세하게 묘사되어 있는데, 그녀들이 관가나 탐관오리들에게 가혹하게 수탈당하고 생활이 매우 비참함을 말하고 있다. 예부터 제주 여성은 밭에서 김을 매지 않으면 바다에서 물질을 해야 하는 운명에 순종하여 왔다고 할 수 있다.

소녀들은 7~8세부터 헤엄치는 연습을 시작하여 12~13세가 되면 어머니로부터 두렁박을 받아 얕은 데서 헤엄쳐 들어가는 연습을 했다. 15~16세가 되면 바닷속에서 조업(물질)을 시작하여 비로소 잠녀(해녀)가 되고 17~18세에는 한뭇잡이 해녀로 활동한다.

제주 해녀가 유네스코 인류무형문화재에 등록된 사유는 다음과 같다.

첫째, 물질 자체가 가냘픈 여인들인데도 거친 파도를 무대로 무자맥질을 하면서 해조류, 패류 등을 캐고 생계를 꾸려 나가는 점에서 이색적 직종이란 점이다.

둘째, 제주 해녀들은 바닷물 속 15~20피트에서 물질 하는 게 일반이지만 필요에 따라선 70피트(약 21m)까지 들어가서 2분 남짓 견딘다는 거다.

셋째, 한 달 평균 15일 이상 물질할 수 있다는 점과 분만하기 직전, 직후에도 무자맥질을 한다는 사실이다.

넷째, 행동반경이 동북아시아 일대로 뻗쳤다는 사실이다. 제주 섬 연안에서만 무자맥질하는 게 아니라, 한반도 곳곳 연안과 일본, 중국, 러시아 바다에까지 진출했었다.

제주 올레길 21코스

제주해녀박물관 → 별방진 → 토끼섬 → 하도해변 → 지미봉 → 종달마당: 11.3km

올레길 21코스는 제주도 올레길 21개 코스와 기존의 코스에 더해 늦게 포함된 코스 5개 코스(1—1, 7—1, 10—1, 14—1, 15—b, 18—1)를 포함해 총 27코스 약 437km로 되어 있는 마지막 코스이다.

제주해녀박물관과 제주 해녀 항일 운동 기념 공원을 통과하여 올레길은 외적의 침입을 알리는 통신수단이었던 연대가 있던 연대 동산을 통과하면 넓은 인조 잔디 구장에서 젊은이들이 축구를 하고 있다. 축구장을 지나 낯물밭길로 들어간다. 낯물밭길은 제주도 면수동의 옛 이름으로 낯물마을에 있는 밭길이라는 뜻이다.

밭과 밭 사이 올레길을 지나면 별방진(別防鎭)에 도착한다. 조선시대 군사적 요충지에 설치된 진(鎭)은 왜구의 침입을 대비하기 위하여 성곽이 축조되었다. 별방진은 1510년(중종 5년) 목사(牧使) 張林(장림)이 왜선의 정박지가 근처의 우도에 있기 때문에 김녕 방호소(防護所)를 이곳으로 옮겨 별방으로 이름하였다.

진을 둘러 쌓고 있는 진성은 지형적으로 남쪽은 높고, 북쪽은 낮은 타원형 성곽이다.

별방진

성안에는 각종 관사(官舍), 창고와 샘이 2곳에 있었다. 성곽의 규모는 둘레가 1,008m, 높이는 4m 정도이다. 동, 서, 남쪽의 3곳에 문이 있고, 옹성(甕城) 3개소, 치성(雉城) 7개소가 있었다. 축성 때 흉년이 들어서 부역하는 장정들이 인분(人糞)까지 먹어 가며 쌓았다는 이야기가 전해 오기도 하는 곳으로 민초들의 고생으로 만들어진 성을 보니 가슴이 아프다. 그 당시 변변한 장비도 없이 오직 맨몸으로 성을 쌓으면서 얼마나 고통스러웠는지 상상이 가지 않는다. 왜구들의 침입이 빈번하던 시기 할 수 없는 일이라고 이해는 하지만 불쌍한 민초들을 생각하면 안타까운 일이다.

별방진을 지나 바닷가로 가면 신동코지 불턱이 있다.

불턱은 해녀들이 옷을 갈아입고 바다로 들어갈 준비를 하는 곳이며 작업 중 휴식하는 장소이다. 이곳에서 물질에 대한 지식, 물질 요령, 어장의 위치 등 물질 작업에 대한 정보 및 기술을 접수하고 습득한다. 신동코지 불턱을 지나면 길가에 각시당이 있다. 각시당은 영등할망(바람의 여신)

에게 해녀들과 어부 그리고 타지에 나가 있는 신앙민들의 무사 안녕과 풍요한 해산물 채취를 기원하는 의례를 치르는 곳으로 고복자 심방이 모든 의례를 집전한다. 해녀들의 신앙인 영등맞이굿은 매년 2월 13일 치러지고 있으며 영등할망, 선왕 그리고 신앙민의 몫으로 메(쌀) 세 그릇, 둘레떡, 생선, 과일, 야채, 전, 삶은 계란, 지전 등을 해녀들 마다 정성스럽게 준비해 와서 올린다.

각시당을 지나 해안도로를 따라 올레길은 이어지고 무너진 환해장성 안쪽으로 잠시 들어갔다 올레길은 다시 도로로 나오면 올레길 21코스 토끼섬에서 지미봉 입구까지 통제 안내가 있다. 고병원성 AI 발생 방지를 위하여 철새 도래지 인근 올레길을 AI 심각 단계 해제될 때까지 통제를 한다고 하는데 출입을 통제하지 않고 바다에 들어가 해산물을 채취하는 사람들이 많다. 올레길 앞바다에 작은 섬이 있는데 토끼섬으로 불리고 있으며 천연기념물 제19호로 지정된 문주란 자생지라고 한다.

올레길은 다시 하도어촌체험마을인 영등바당으로 들어간다.

어촌체험마을은 해녀들의 안내에 따라 바다로 들어가 소라, 성게 등 해산물을 잡아 보는 물질 체험을 할 수 있다고 하는데 날씨가 쌀쌀해서 찾는 사람이 없는 것 같고 이곳에서 우도와 성산일출봉이 잘 보인다.

어촌체험마을에서 해안 모래사장을 지나면 하도해수욕장이다.

오늘 오후엔 썰물로 해수욕장의 물이 모두 빠져나가 완만한 해변이 넓게 펼쳐져 있다.

하도해수욕장의 내륙은 용항포로 바다와 방조제를 쌓아 막혀 있고 남쪽으로 수문이 있어 밀물 때 바닷물이 들어왔다 썰물 때는 빠져나가며 철새 도래지로 한겨울이면 많은 철새들이 찾아와 겨울을 나고 있다. 현재

하도해변

는 고병원성 AI 발생 방지를 위하여 출입을 철저히 통제를 하고 있다. 하도해수욕장을 지나 도로를 횡단하여 무밭을 지나 올레길은 제주도 올레길 마지막 오름인 지미봉(지미오름)으로 올라간다.

급경사 길을 힘겹게 오르면 지미봉이다.

지미오름(只未岳)은 제주시 구좌읍 종달리 마을 북동쪽에 있는, 표고 166m(비고 160m)의 오름이다. 일찍부터 지미오름이라 불렀고, 이것을 한자로 只未山, 地未山, 地尾峰(지미오름)으로 표기하였으며 地尾峰의 표기를 중시하여 제주목의 땅끝에 있는 봉우리라는 뜻으로 해석하기도 한다. 이 오름 정상에는 조선시대 때 정의현 소속의 指尾望(지미망)이라는 봉수대가 있었다고 한다. 말굽형 굼부리가 북쪽으로 벌어져 있으며 돌담 둘린 밭들이 옹기종기 모여 있다. 굼부리의 일부 지역은 풀밭을 이루지만 대부분은 활엽수가 우거져 있다. 굼부리를 제외한 대부분의 오름 둘레에는 삼나무, 소나무(해송)가 우거져 있다.

지미오름의 조망은 대단히 좋다.

제주 올레길을 걸으며 많은 오름을 올라 보면 조망이 모두 좋지만 지미오름의 조망이 제일 좋은 것 같다. 특히 바닷가 가까이 위치하고 있어 조망이 더 좋은 것 같다. 동쪽으로 소가 누워 있는 것 같은 우도가 바다 건너에 보이고 남으론 성산일출봉이 환상적인 모습으로 다가온다. 서쪽으로 제주도 중산간 지역의 넓은 평원과 집들이 보이며 날씨가 청명한 날은 한라산도 보인다고 하는데 금일은 운무가 있어 한라산이 보이지 않는다.

북쪽으론 하도해변의 넓은 백사장과 아름다운 해안선이 멋지다.

지미오름을 내려와 마을을 통과하면 종달포구이다.

종달포구에서 해변을 따라 해안도로를 따라가면 제주 올레길 마지막 지점인 종달바당이다.

종달바당에 도착하여 퇴직 후 계획했던 버킷 리스트 중에 하나인 제주 올레길을 무사히 완주하였다. 약 20일간 올레길을 걸으며 제주의 아름다움을 보고 느낄 수 있는 뜻깊은 시간이었다. 올레길 걷기 중에 도움을 주신 모든 분들에게 지면을 통해 감사의 말씀을 드린다. 그리고 지난해 해파랑길에 이어 이번 올레길도 함께 걸어 준 아내에게도 우선 감사의 말을 전한다. 중간에 힘든 곳도 있었는데 말없이 묵묵히 따라와 주고 숙소에서 식사까지 준비하느라 고생을 많이 하였다.

지미오름의 풍경

뚜벅뚜벅
일만 리 도보여행

초판 1쇄 발행 2023년 9월 5일

지은이 권숙찬
펴낸이 이기봉
편집 좋은땅 편집팀
펴낸곳 도서출판 좋은땅
주소 서울특별시 마포구 양화로12길 26 지월드빌딩 (서교동 395-7)
전화 02)374-8616~7
팩스 02)374-8614
이메일 gworldbook@naver.com
홈페이지 www.g-world.co.kr

ISBN 979-11-388-2257-2 (03980)